AF570303

Wolfgang Grüner

Futura II

der Untergang Europas

Verlag tredition GmbH, Hamburg

Umschlag: Aurelian Grüner
Verlag & Druck: tredition GmbH, Hamburg

978-3-7469-8226-7 (Paperback)
978-3-7469-8227-4 (Hardcover)
978-3-7469-8228-1 (e-Book)

Der Staat aus der Zukunft II

Vorwort

Gegen alle physikalischen Gesetze und infolge eines Unfalls landet eine Crew von neunzehn Astronauten auf ihrem Weg zum Mars unfreiwillig auf der Erde, mitten im Urwald Brasiliens. Aufgebrochen waren sie im Jahr 2120 aus ihrer Hauptstadt Futura, gelandet sind sie 122 Jahre früher, im Jahr 1998. Ihr Raumschiff und ihre Landung bleiben in diesem riesigen Regenwald unbemerkt und sie beschließen, ihr enormes Wissen aus der Zukunft für sich zu nützen. Es gelingt ihnen, sich in Manaus am Rio Negro eine erste Existenz aufzubauen und die Grundlage für ihren eigenen Staat in einem der Länder Mittelamerikas zu schaffen. Durch ihren riesigen Vorsprung an Wissen und Technologie schaffen sie sich Macht und Reichtum. Bob, ihr beinahe allwissender Computer, unterstützt sie dabei. Ein glücklicher Zufall lässt sie im Jahr 2017 ihr Ziel erreichen. Doch einundzwanzig Jahre nach der Gründung Futuras zwingt ihnen ihr weitaus größerer Nachbarstaat einen Krieg auf, aber ihre überlegene Technik lässt den Angreifer schmählich scheitern. Dieser Teil der Geschichte wird im ersten Buch: *Futura – der Staat aus der Zukunft* beschrieben.

Dieser Roman beschreibt nun die Zeit nach dem Dreistundenkrieg im Jahr 2038 bis zur folgenschweren Reise zum Mars im Jahr 2120.

Die futuristische Handlung ist der Rahmen für Gedanken zur künstlichen Intelligenz, zur Sozialpolitik, zur Umwelt, zur Wirtschaft und zum kaum regulierten Zustrom von Flüchtlingen nach Europa. Das Buch warnt vor den Gefahren durch eine unverantwortliche Sozialpolitik, der ungenierten Ausbeutung durch hemmungslose Banker und dem Verfall von Bildung und Verantwortung. Die Zukunft der Menschen ist durch die mögliche Klimakatastrophe, die Fluchtbewegungen ganzer Völker und soziale Unruhen gefährdet. Hoffnung bieten die technische Entwicklung, der zunehmende Austausch unter den Völkern und die steigende Einsicht, dass die Lösung aller Probleme nur gemeinsam erfolgen kann.

Die wichtigsten Personen Futuras

Thomas Pernstein, der alte Präsident und Gründer Futuras, schon zu Lebzeiten eine Legende.

Laura Pernstein, seine Tochter und eine kluge Frau, die nach ihm den aufstrebenden Staat als Präsidentin regiert.

Die Fiedlers, Christian und Nora, die samt ihren Kindern Jonas und Julie als Ärzte in der Klinik beinahe Wunder wirken.

Wissenschaftler wie Miller George, Mantini Julia, die Kronbergers und andere, die Futuras technischen Ruhm begründen und Menschen wie Miller Pascal, die kluge Bücher schreiben.

Die Richterin Carmen Buffet mit ihren beiden Kindern Philipp und Stephanie, und Arifa, ein junges Mädchen aus Syrien.

Dann noch ziemlich viele andere, deren Namen hinten im Buch stehen und die auch an der Geschichte dieses Staates beteiligt sind.

Schließlich noch Bob, der beinahe allwissende Computer, der mit seiner Künstlichen Intelligenz einem Menschen schon ziemlich nahe kommt oder ihn vielleicht sogar übertrifft. Außerdem Beate, ein weiblicher Androide, die ein gefährliches Abenteuer erlebt.

Kapitel 1: Neustart

2038

Jeder von ihnen hatte Dutzende Milliarden Dollar in Aktien, in Gold und in bar. In den Augen anderer Menschen waren sie unvorstellbar reich. Sie konnten sich alles kaufen, was sie wollten. Aber sie wollten kaum noch etwas. Sie hatten alles. Noch mehr Besitz anzuhäufen, war nur noch Belastung.

Das >sie< bezeichnete die Elite Futuras, die schon etwas älteren Senatoren Futuras und ihre Kinder.

Was sie noch nicht hatten, konnten sie auch nicht kaufen: die Kunstschätze des Vatikans, die gut in ihr Museum und ihre Häuser gepasst hätten, ebenso wie die des Louvre und anderer Museen.

Diese Kulturgüter waren immer noch nationaler Besitz, auch wenn die eigene Bevölkerung kaum davon Notiz nahm. Nur die Touristen stellten sich in langen Reihen an und versicherten sich, dass die berühmte Mona Lisa wirklich geheimnisvoll lächelte und die Nike von Samothrake aus weißem Parischen Marmor trotz ihrer Flügel noch immer auf ihrem Sockel stand. Zwei Tage Louvre für die Kenner, für die meisten genügte die Bestätigung, dass die Dinger tatsächlich da waren und sie zu Hause beweisen konnten, sie gesehen zu haben. Ohne ihre Smartphones wären sie ohnehin schon nach zwei Stunden im Kaffeehaus gesessen.

Was alle in Futura und in den Ländern darüber hinaus noch immer im Griff hielt, war der vergangene Krieg im Jahr 2038, den der korrupte Diktator des Nachbarlandes gegen ihr Land mit seinen verlockenden Reichtümern geführt hatte. Tödlich für ihn war, dass er die Kampfstärke Futuras krass unterschätzt hatte.

In nur drei Stunden hatten tausende Drohnen hunderten feindlichen Soldaten, ihren Offizieren und den heimtückischen Politikern des angreifenden Landes das Leben genommen und deren Angriff abgeblockt. In Futura selbst hatte es nur einen beschädigten Grenzzaun und ein ausgebranntes Apartment gegeben, in das sich eine feindliche Granate verirrt hatte. Schäden, die natürlich längst repariert waren.

Auch in der Analyse wirkte der Krieg wie eine klinisch saubere Operation. Lichtstreifen auf den Bildschirmen, Blitze, die Panzer zerstörten und Feinde in verdampfende Asche verwandelten, ein paar verbrannte Büsche und hässliche Brandflecken im Gras.

Dazu ein ausgebrannter Panzer, der als einziges Kriegsrelikt im Park hinter dem Regierungsgebäude aufgestellt worden war.

Alle anderen verbliebenen Panzer, Truppentransporter, Waffen und Metallteile, auch die ihrer Rakete, die sie, also die alte Crew, statt zum Mars in die Vergangenheit gebracht und die die stark gesicherte feindliche Leitzentrale samt ihrer Besatzung vernichtet hatte, waren eingeschmolzen und recycelt worden.

Die Bergung der geschmolzenen Raketenteile war blitzartig geschehen, um keine Spekulationen nach deren Herkunft aufkommen zu lassen.

Es war ein Krieg, in dem nicht die Zivilbevölkerung ihren Kopf hinhalten musste, wie so oft in den vergangenen Jahren, sondern einer, der die Verursacher persönlich getroffen hatte.

Ein Krieg, der selbst mächtige Politiker der Weltmächte in Angst und Schrecken versetzte. Offensichtlich war die Zeit aus, wo sie lokale Spielchen an glänzenden Mahagonitischen aushecken konnten, die mit schöner Regelmäßigkeit vom Zaun gebrochen worden waren, um das eigene Volk enger um sich zu scharen und den Feinden eins auszuwischen. Das Kanonenfutter, meist aus der Unterschicht des eigenen Volkes und erst recht die Soldaten des Feindstaates, zählte ohnehin nicht.

Wenn man als Politiker aber das Kanonenfutter oder das Ziel der Drohnen selber war, dann ja, dann zählte das plötzlich doch.

Pernstein, als Präsident Futuras immer noch im Amt, schloss einen milden Frieden, der dem eigenen Land eine zusätzliche Fläche von etwas über hundert Quadratkilometern hinzufügte, womit Futura nun auch einen eigenen Flughafen samt Verbindungsstraße zur Küste besaß. Die ebenfalls geforderte Kriegsentschädigung von fünfhundert Millionen Dollar ging überwiegend an die Spieler und Soldaten ihres Untergrunds.

Ein seit Jahren am Weltmarkt eingesetztes und äußerst erfolgreiches Computerspiel hatte der Regierung Futuras ermöglicht, über eine geheime Ebene eine Untergrundorganisation aufzubauen. Der angekündigte Wettbewerb am Tag X, dem Tag des hinterlistigen Angriffs auf Futura, ließ das bisher fiktive Kampfspiel zum echten Angriff auf die einfallenden Truppen werden. Die gesteuerten Drohnen und Waffen waren diesmal real, die Ziele ebenfalls. Asiatische, europäische und amerikanische Spieler, oft tausende Kilometer vom Kampffeld entfernt, versuchten, die ihnen zugewiesenen Drohnen und Waffen ins Ziel zu bringen. Die eingespielte Landschaft und die Zerstörungen, die auf den Computern zu sehen waren, waren die echten Szenen, die sich auf dem Kampffeld vor Futura abspielten. Eine Tragödie und unerwartete Niederlage für die Angreifer, ein Blitzsieg für die Bewohner Futuras, ein Schock für die Geheimdienste der großen Nationen.

Der Präsident lud den siegreichen Inder, der den Hauptpreis errungen hatte, und die nächsten fünfhundert Besten im Ranking des Kampfes um Futura zum Empfang der Preise ein und ließ sie in die Hauptstadt einfliegen. Der Inder, ein schmächtiger junger Mann von knapp 28 Jahren, war selbst bei der Übernahme des Preises noch fassungslos, dass er gewonnen hatte. Er hatte die ihm zugewiesenen Drohnen geschickt platziert und mit dem Verlust von nur drei Drohnen vier hochrangige Ziele und ein paar kleinere eliminiert. Doch auch die fünfhundert nächstplatzierten Kämpfer aus Indien, China, Vietnam, Frankreich, Deutschland, Spanien und den Staaten hatten in unwahrscheinlicher Präzision ihre Ziele getroffen und damit wesentlich zum raschen Sieg Futuras beigetragen. Alle bekamen das Angebot, in der Kampftruppe oder im Sicherheitsbereich Futuras mitzuarbeiten, mehr als die Hälfte unter ihnen nahm an. So eine Chance würde sich so schnell nicht wieder bieten.

Die Kommandozentrale und ihr zukünftiger Arbeitsbereich faszinierten sie. Alles, was topaktuell war, war sowieso hier, dazu Bildschirme, Navigationseinheiten und Computer, die sie noch nie gesehen hatten. Als Ausgangsbasis lockte ein Gehalt, von dem sie in ihrem bisherigen Leben bestenfalls geträumt hatten.

Abgelehnt hatten ein paar der Eingeladenen, weil sie ihre Heimat nicht verlassen wollten oder ihnen das illegale Eindringen in fremde Netze mehr Spaß als die regelmäßige Arbeit machte und sie durch kleinere Betrügereien im Internet auch genug abschöpfen konnten. Aber, so sagten sie, wenn es darauf ankommen sollte, wären sie gern wieder zu einem Scharmützel dieser Art bereit.

Erstaunlicherweise hatte keiner Skrupel wegen der getöteten Feinde. Auf dem Bildschirm sahen sie auch nicht anders aus als die Aliens und andere Monster in ihren bisherigen Kämpfen. Es war ein Wettkampf gewesen und sie hatten Punkte gemacht.

Das feine Hotel in Futura, ein Komfort, der für viele neu war, verunsicherte sie mehr. Was sollte man auch mit einem Kilo Besteck links und rechts von den Tellern, wenn sie sonst vielleicht mit der rechten Hand geschickt den Reis zu einer Kugel rollten und mit ein bisschen Soße im Mund verschwinden ließen? Oder während tagelanger Spiele gegen andere Gegner im Internet gerade noch Zeit fanden, eine bestellte Pizza hinunterzuschlingen?

Einige von ihnen fuhren stundenlang mit den Roboshuttles, Fahrzeugen, die führerlos auf Zuruf die genannten Ziele anfuhren.
„Zum Museum, bitte."
„Wo bekomme ich ein gutes Eis?"
„Zum Anlegeplatz der Yachten."
Was sie immer wieder faszinierte: Alles war peinlich sauber, alles funktionierte. Die Fahrzeuge reihten sich brav und automatisch hintereinander ein, auf den Hauptlinien gab es etwas größere Busse, die mehr Personen aufnahmen und die Stationen anfuhren. Für Nebenziele mussten sie auf kleinere Fahrzeuge umsteigen, die aber auch jede öffentlich zugängliche Nebenstraße ansteuerten. Hin und wieder begegneten sie den eleganten Gefährten der Senatoren, die nur für diese reserviert waren, und die diese von ihren Häusern direkt in die Garagen des Regierungspalastes brachten. Oldtimer, also normale Autos, die noch von Hand gesteuert wurden, gab es kaum. Für die Einwohner lohnten sie sich nicht und wenn sie ihr Land verlassen wollten, nahmen sie meist einen der elektrischen Mietwägen von Tesla, VW, BYD, Toyota, Geely, Daimler oder BMW. Auch wenn diese Autofirmen eine Menge Probleme gehabt hatten, konnten sie doch überleben, während viele andere es nicht geschafft hatten.

Automatisch fuhren auch nicht alle. Es gab in Süd- und Mittelamerika zu viele schlechte Straßen und ob ein Büschel Zweige auf der Straße vor einer tiefen Grube warnte oder doch nur ein abgebrochener Zweig war, konnten selbst die fortentwickelten Navigationssysteme nicht immer eindeutig entscheiden. Was in Futura kein Problem war, denn da gab es keine unvorhergesehenen Löcher. Die Straßen waren glatt und fehlerlos.

Die dreihundertsechzig Computerfreaks, darunter vierunddreißig Frauen, die in Futura bleiben wollten, mussten zuerst ihren Militärdienst absolvieren, wobei ihnen die Ausbildung als Cyberkrieger erspart blieb. Die hatten sie ohnehin unter Beweis gestellt. Wenn sie Familie hatten, durfte diese nachkommen. Auch den Ehegatten wurden Arbeitsplätze angeboten, im Geheimdienst, als Kindergärtnerin, Stubenmädchen, Kellnerin, Arzthelferin, Technikerin, Polizist oder Professorin, je nach Ausbildung. Wenn sie wollten, bekamen sie einen Platz an den höheren Schulen oder der Universität.

Jeder Besuch der Senatoren in anderen Ländern zeigte ab diesem Krieg überdeutlich die geänderte Wahrnehmung. Sie waren nun keine Touristen mehr, sondern Staatsgäste. Jeder Schritt wurde beobachtet, jedes Wort gewann Bedeutung und wurde von den Medien verbreitet und kommentiert. Lobbyisten, politische Vertretungen und Händler stürmten ihre Hauptstadt und trieben die Miet- und Kaufpreise der Immobilien in die Höhe, sodass sie mit Monaco, London und Singapur konkurrierten. Ihr Land, das noch vor einigen Monaten kaum in der öffentlichen Wahrnehmung existierte, wurde beinahe über

Nacht zu einem Pflichtziel und Thema zahlloser Fernsehstationen auf der ganzen Welt. Anfragen zu Interviews überfluteten die wenigen Entscheidungsträger, Buchautoren rissen sich darum, Biographien über die Senatoren und ihre Kinder und Sachbücher über ihre erfolgreiche Politik zu verfassen. Sie kamen allerdings bald an ihre Grenzen, denn die meisten ihrer persönlichen Anfragen stießen auf wenig Gegenliebe und die Gesetze Futuras verboten jede Verletzung der Privatsphäre, was das Verfassen von Biographien fast unmöglich werden ließ.

Zwei Monate nach dem Ende der Friedensverhandlungen trat Pernstein zurück. Einundzwanzig Jahre war er Präsident Futuras gewesen. Seit dem Sieg über Präsident Diego Corades und seine Generäle war er endgültig zur Legende geworden. Reich, geheimnisumwittert und ungeheuer mächtig.

Für sein hohes Alter war er unglaublich robust. Trotzdem war es hoch an der Zeit, die Regierung in jüngere Hände zu legen. Er bat seine Freunde, das Amt seiner Tochter Laura zu übertragen.

Nach der derzeitigen Verfassung waren nur Senatoren stimmberechtigt, deren Zahl seit dem Übergang einiger Regierungsämter auf die jüngere Generation vierzig betrug. Neben einigen von ihren Kindern, meist jene mit öffentlichen Ämtern, hatten sie auch einige ihrer Bürger in den Rang von Senatoren gewählt, was praktisch der Erhebung in den Adelsstand gleichkam. Unter diesen waren der Polizeipräsident und zwei Milliardäre, die sich Verdienste um Futura erworben hatten.

Einer von ihnen hatte dem Museum und damit der Bevölkerung Futuras eine wertvolle Kunstsammlung des zwanzigsten Jahrhunderts geschenkt. Die Bilder von Picasso und seinen Zeitgenossen, von Andy Warhol bis Roy Lichtenstein, Joseph Beuys und Salvadore Dali und einige Skulpturen erweiterten die Bestände des Museums enorm. Mit dieser Sammlung zusammen hätte der Ankauf des Flaschentrockners von Duchamps vor etwa dreißig Jahren tatsächlich Sinn gemacht.

Der zweite unter den Milliardären hatte sich samt seiner florierenden Technologiefirma in Futura angesiedelt und mit seinen Innovationen den Wissensvorsprung Futuras weiter gesteigert. Nebenbei zahlte er auch hohe Steuern, die dem Gemeinwesen zugutekamen.

Wie schon vor langer Zeit, es schien tatsächlich eine Ewigkeit her zu sein, seit sie ihren General zum Präsident gewählt hatten, leuchtete wieder der Wahlvorschlag auf ihren Sapientas, den weiter entwickelten Smartphones und Wundergeräten ihres Landes, auf. Diesmal leitete Dr. Paul Urban die Wahl, der 2037 das Amt des Innen- und Außenministeriums von Dr. Pernstein übernommen hatte und seit 2033 auch den Titel Senator trug.

„In wenigen Sekunden erscheint der Wahlvorschlag. Ich bitte euch, eure Wahl in den nächsten fünf Minuten durchzuführen.“

Sechs Minuten später verkündete er das Ergebnis: „Sechsundzwanzig Stimmen für Senatorin Dr. Laura Pernstein, sechs Stimmen für mich und je vier Stimmen für Senator Dr. Phil Pernstein und Senator Dr. David Buffet.

Damit ist mit absoluter Mehrheit Senatorin Dr. Laura Pernstein unsere neue Präsidentin. Darf ich ihnen als Erster gratulieren?“

Trotz der feierlichen und förmlichen Anrede waren sie befreundet und er küsste sie links und rechts auf die Wange. Als Nächster gratulierte ihr Vater. Er umarmte sie und wischte sich eine Träne aus seinen Augen. Laura hatte ihren Vater noch nie weinen gesehen. Auch ihre Mutter nahm sie in die Arme, dann beglückwünschten sie alle anderen.

Aus dem Nebenraum drang schon Jubel herüber, weil das Ergebnis auch auf dessen Bildwand aufleuchtete.

Sie gingen in den Repräsentationssaal des Palastes, wo schon die Fernsehkameras verschiedenster Länder aufgebaut waren und zahlreiche Journalisten aus Amerika, Europa und sogar China standen. Das übliche Blitzlichtgewitter durchzuckte den Raum, die Journalisten versuchten, ihr ein paar Worte zu entlocken.

Senator Paul Urban trat vor die Fernsehkameras und verkündete noch einmal das offizielle Ergebnis: „Unsere neue Präsidentin, Senatorin Dr. Laura Pernstein. Ich bitte um ihre Worte.“

Sie trat vor die Mikrofone und wartete das Blitzlichtgewitter ab: „Freunde, Bürgerinnen und Bürger von Futura! Durch das Vertrauen meiner Freunde, ich darf euch doch so nennen“, sie blickte kurz auf die aufgereihten Senatoren, „wurde ich zur Präsidentin dieses herrlichen Landes gewählt. Ich danke dafür. Ich werde das große Werk meines Vaters in seinem Sinn fortsetzen. Ich danke ihm besonders, dass er mich nicht die große Bürde des eben überstandenen Krieges tragen ließ, sondern diese schweren Entscheidungen noch selbst übernommen hat. Es liegt jetzt an uns allen, nicht nur den bisherigen Teil unseres Staates, sondern auch den neu gewonnenen Landesteil zur Blüte zu führen. Es wird eine große Aufgabe, aber wir werden sie schaffen. Futura wird noch schöner als bisher. Schon in den nächsten Tagen wird der Ausbau des neuen Landesteiles beginnen.
Wir haben gegen die Niedertracht unserer Feinde gesiegt. Wir wollten das Land nicht demütigen, denn nicht deren Bürger haben den Krieg gesucht, sondern eine kleine Clique von Verrätern. Sie haben ihre gerechte Strafe gefunden. Es gibt sie nicht mehr.

Mit dem neuen Präsident Antonio Calderez, den wir gut kennen, haben wir Frieden geschlossen und wir werden auch gut mit ihm zusammenarbeiten. Einundzwanzig Jahre Frieden haben diesen unseren Staat aufblühen lassen, wir werden uns mit voller Kraft bemühen, dass dieser Staat weiterhin gedeihen wird.

Ich bitte euch alle um eure Unterstützung, denn nur unser gemeinsamer Einsatz für dieses große Werk wird zum Erfolg führen. Streit kann Familien und ganze Länder zerstören, es liegt an uns, Frieden zu halten und Frieden zu geben.

Jeder von uns hat seine Probleme und Zeiten der Not. Wir sind es gewohnt, die nötige Hilfe zuerst einmal bei uns selbst zu suchen. In einem gewissen Sinn sind wir Pioniere, die wissen, dass Leben nun einmal das Lösen von Problemen bedeutet. Wer aber wirklich Hilfe braucht, wird nicht allein gelassen.

Wir haben mit dem neuen Staatsgebiet auch etwa zweiunddreißigtausend Bürger dazugewonnen. Die meisten von ihnen sind mit unserem Staat vertraut, schließlich sind wir seit langen Jahren gute Nachbarn. Viele von ihnen haben uns schon besucht, bereits bei uns gearbeitet oder tun dies auch gerade jetzt. Wir heißen unsere neuen Staatsbürger herzlich willkommen. Es wird weder für sie noch für uns leicht sein. Unsere Kulturen sind unterschiedlich, unser Bildungsanspruch stellt hohe Anforderungen. Gemeinsam werden wir es schaffen.

Es wird rasche Entscheidungen geben. Auch für unsere neuen Mitbürger werden Kindergärten, Grundschulen sowie Schulessen, Ausflüge, Sportkurse und öffentliche Verkehrsmittel frei sein, womit die Ausbildung vor allem der Jugend verbessert wird und schon einmal viel unnötiger Verwaltungsaufwand wegfällt.

Unsere Kindergärten und Schulen sind im Prinzip Ganztagesangebote, wobei parallel Sportvereine und Kulturangebote den Nachmittagsunterricht ergänzen. Wichtig erscheint uns vor allem, dass Kinder und Jugendliche ihre Fähigkeiten ausbauen. Ob Sprachen, Computer, Schach, Klettern, Schwimmen, Segeln oder Fußball trainiert werden ist uns weniger wichtig als das Ausloten der eigenen Möglichkeiten und der eigenen Interessen. Die Konkurrenz der vielfältigen Angebote sorgt ganz automatisch für hohes Engagement der Betreuer. Mit ihrer Hilfe wird es uns auch gelingen, die bisherigen Defizite einer schwächeren sozialen Herkunft weitgehend zu beheben, vor allem aber, die vorhandenen Fähigkeiten und Gaben der Kinder ans Tageslicht zu bringen.

Wir arbeiten nach dem einfachen Grundsatz, dass wir es uns als Staat nicht leisten können, auf die individuellen Talente unserer Bürger zu verzichten. Wobei – und das möchten wir betonen – es nicht auf die materielle Verwertbarkeit ankommt. Es geht uns um die Vielfalt und die Vorbildwirkung. Wer seine Fähigkeiten nützt, lebt glücklicher und gesünder. Zufriedene Menschen machen ihre Arbeit besser, sind ausgeglichener und schaffen es auch, ihr Leben und das ihrer Familie sinnvoll zu gestalten. Ich darf ein altes Zitat von Southwest Airlines zitieren: *Menschen sind selten wirklich Weltklasse auf einem Gebiet, an dem sie keine Freude haben.*

Bildung und all diese Aufwendungen in Sport und Lebensfreude stellen für uns daher keinen Kostenfaktor dar, sondern sind eine sinnvolle Investition in die Zukunft unseres Staates. Aber wir sind uns ebenso bewusst, dass dieses Angebot zwar Chancen bietet, aber auch enorme Anforderungen stellt.

Unannehmlichkeiten werden unsere umfangreichen Bauarbeiten bringen. Sie werden Lärm, Staub und Verkehr verursachen und sie werden das bisherige Bild unseres neu dazugewonnen Gebietes völlig verändern. Sie sind aber notwendig, um unseren neuen Bewohnern und den zuströmenden Bürgern Arbeitsplätze, Infrastruktur und Wohnmöglichkeiten zu schaffen. Für euch und für uns werden die Herausforderungen der nächsten Jahre gewaltig sein.
Seid mutig. Stellt euch dem Leben."

In den nächsten Stunden kamen Glückwünsche aus allen Ländern.

Sie wusste: Der Staat hatte seine Anerkennung gefunden. Sie fühlte die Last einer großen Aufgabe, aber sie spürte auch die Kraft in sich, diese Aufgabe zu meistern.

Heute aber war der Abend zum Feiern da. Auf den Plätzen Futuras waren Tische mit Speisen aufgebaut worden. Sie hatten alle Bürger, gerade auch die neuen, aufgefordert, selbst zu kochen und ihre Speisen anzubieten, es sollte ein Fest für alle sein. Die Regierung hatte tausend Schweine, Fische und einige Tonnen Maismehl samt Zutaten gesponsert. Die meisten aus dem eroberten Gebiet hofften, dass nun auch für sie eine rasche Verbesserung ihres Lebensstandards eintreten würde. Die Senatoren wollten, dass alle neuen Bürger den kommenden Aufschwung sofort spüren konnten und gerade in ärmeren Gegenden bestand ein guter Tag in einem Tag mit gutem Essen und Trinken.

Natürlich wurde das Angebot dankbar angenommen und bis in die frühen Morgenstunden gefeiert.

Auch zahlreiche Kreuzfahrtschiffe hatten kurzfristig den Anlass genützt und zusätzliche Fahrten nach Futura ins Angebot aufgenommen. Schiffe und Hotels waren bis zum letzten Platz ausgebucht. So mischten sich Touristen und Einheimische bunt durcheinander, Straßenkünstler waren wie aus dem Nichts aufgetaucht und belebten die Plätze und Straßen. Der Duft von gebratenen Schweinen, Hühnern und Schafen mischte sich mit lauer Luft vom Meer, scharf gewürzten Gemüsen, unterbrochen vom Brutzeln frischer Speisen und von Musik und dem fröhlichem Geplauder der Gäste und Bewohner.

Das neue Gebiet, das die Fläche Futuras auf fast 160 Quadratkilometer erweiterte, brachte auch etwa dreißigtausend neue Einwohner. Mit dem Wissen um den Gebietszuwachs durch den Dreistundenkrieg hatten die älteren Senatoren schon in den vergangenen Jahren große private Landflächen angekauft. Seit dem Bekanntwerden der Friedensbedingungen versuchten Spekulanten, von den weit höheren Grundstückspreisen im zukünftigen Staat zu profitieren, die neuen Gesetze verhinderten das soweit wie möglich.

Kapitel 2: Der Aufbau

Die Aufgabe war riesengroß.
Wieder schwoll der Strom an zugeliefertem Baumaterial und Waren aller Art gewaltig an. Über Straßen, den Hafen und über Frachtmaschinen auf ihrem neuen Flughafen wurde herangebracht, was zum Ausbau des neuen Landesteiles notwendig schien. Die Bewohner des eroberten Gebietes waren zunächst unsicher, was die neuen Gesetze und die neue Regierung ihres Landes an Veränderungen bringen würden. Andererseits hatte es in der Grenzregion schon seit der Gründung Futuras einen regen Austausch gegeben, zahlreiche Menschen waren zwischen Futura und ihrer Region hin und her gependelt, weil sie in Futura die besseren Arbeitsplätze gefunden hatten. Durch die Einnahmen und Umsätze mit Futura hatte sich auch dieses Gebiet bereits gut entwickelt und zahlreichen Handwerkern aller Art Verdienstmöglichkeiten geboten. Die Bewohner der angrenzenden Stadt waren eher enttäuscht, dass sie nicht mit annektiert worden waren. Fast jeder von ihnen wäre gern Bürger des neuen, größeren Staates geworden. Zumindest jene, die bereit für harte Arbeit und volle Leistung waren und die die übliche Korruption und Schlamperei, die in ganz Süd- und Mittelamerika Alltag waren, nicht länger erdulden wollten.

Als Erstes wurden der Grenzzaun rund um die neuen Landesteile gezogen und zwei vollautomatische Grenzstationen aufgebaut. In den Schulen mussten sofort die Gesetze und Regeln Futuras unterrichtet, neue und bessere Lehrer gefunden oder ausgebildet werden.

Auch zusätzliche Bildungseinrichtungen zur Schulung der Erwachsenen wurden angeboten. Da übernahmen die Senatoren das Vorbild des Wirtschaftsförderungsinstituts, kurz WIFI genannt, und der Berufsschulen, die sie in Österreich kennengelernt hatten. Eine fundierte Ausbildung für Handwerker, Büroangestellte und Schulabbrecher war dringend notwendig. Viele waren auch noch Analphabeten und mussten ihre fehlende Basisbildung nachholen. Das erwies sich als schwieriger als gedacht, alte Gewohnheiten ließen sich nicht über Nacht ändern. Die Jugendlichen stellten sich meist rasch um. Für sie galt Schulpflicht, bis sie die normalen Kulturtechniken und eine Ausbildung erlernt hatten, die ihnen die Möglichkeit gab, die völlig neuen Anforderungen zu bewältigen. Anstrengender war es für die Älteren im Land. Viele von ihnen mussten monatelang umgeschult werden, wenn ihr alter Beruf nicht mehr ausreichend gefragt war. Andere brauchten überhaupt eine begleitende Familienhilfe oder Mentoren, die ihnen beim Start in die neue Lebenssituation halfen. Ärzte, Lehrer und Handwerker aus den krisengeschüttelten Ländern Europas wurden mit Freude aufgenommen. Besonders gern nahmen sie Pädagogen und Trainer aller Art aus den USA, Kanada, Spanien, Portugal, Irland und Deutschland. Auch die vorhandenen Kleinbetriebe brauchten unterstützende Beratung und billige Kredite für ihre Modernisierung. Allein aus Europa siedelten sich wegen der guten Lebensbedingungen über tausend der engagierten Berater und Pädagogen an.

Die Schulungen waren kostenlos und die Lernenden wurden auch ausreichend gefördert. Wer allerdings nicht mit voller Kraft dabei war, lernte rasch die unangenehme Seite einer Leistungsgesellschaft kennen.

Der Polizeipräsident, einer der jüngst ernannten Senatoren, zog vorläufig in den eroberten Landesteil um. Die in Lateinamerika übliche Korruption musste bekämpft, die neuen Bürger mussten erfasst und mit Dokumenten ausgestattet werden. Viele der bisherigen Beamten wurden gekündigt, konnten sich aber neu bewerben. Es winkten höhere Gehälter, allerdings mit viel strengeren Anforderungen verbunden. Das schafften viele nicht und waren wütend oder resignierten, das hatten sie sich anders vorgestellt. Wer sich aber nicht anpassen konnte oder wollte, hatte als Alternative nur die Ausreise. Auch wenn ihnen ihr bisheriger Besitz samt den kleinen Hütten großzügig abgegolten wurde, mussten sie doch ihre Heimat verlassen und in das Gebiet ihres bisherigen Staates umziehen oder einen anderen Beruf ergreifen. Viele schafften auch die neuen Steuern nicht, die nach einer Orientierungsphase von wenigen Monaten von allen eingehoben wurden. Wie im bisherigen Staat Futura musste jeder zwanzig Prozent Steuer und fünf Prozent Sozialabgaben zahlen, ganz gleich wie hoch sein Einkommen war. Vor allem, dass jeder arbeitsfähige Erwachsene ab zwanzig, als Studierender ab sechsundzwanzig, ob er verdiente oder nicht, einen Sockelbetrag von hundertfünfzig Dollar zahlen musste, stieß bei vielen auf Unverständnis. Beihilfen gab es nur in wenigen Ausnahmefällen, dafür aber die Garantie, dass jeder einen Arbeitsplatz bekam, der einen wollte. Die Umstellung war auch für die schon vorhandenen Betriebe und kleine Geschäfte schwierig.

Sie fanden sich plötzlich in eleganten Einkaufszentren wieder und hatten fast über Nacht eine neue und anspruchsvolle Kundschaft. Wo sie den rasanten Umstieg trotz der Beratungen und billigen Kredite nicht schafften, wurden ihre Geschäfte abgelöst und stillgelegt.

Für Reiche war die niedrig angesetzte Flat Tax hochwillkommen, für viele Handwerker und Händler wegen der freien Kindergärten, Schulen und Verkehrsmittel angemessen. Für Arme oder für Hilfsarbeiter ohne Ausbildung, die mit den neu geschaffenen Arbeitsplätzen nicht zurechtkamen, waren die Steuern oft ein unüberwindliches Hindernis. Außerdem waren die Preise aller Waren und Lebensmittel schon in den ersten Tagen spürbar angestiegen. Die neuen Gehälter waren zwar hoch genug, wer aber nicht arbeitete, hatte ein Problem. Wer wegwollte oder die neuen Erfordernissen nicht akzeptieren wollte, bekam zwar eine kleine Starthilfe für ein Leben außerhalb des nunmehrigen Staates, glücklich war er damit meist nicht. „Ein fauler Apfel im Korb steckt alle anderen an", war die Meinung der neuen Landesherren und so wollten sie von Beginn an jede Faulheit oder jeden Müßiggang unterbinden.

Die Senatoren hatten mit Widerstand gerechnet, da sich die Erweiterung des Staatsgebietes nicht für alle neu gewonnenen Bürger positiv entwickeln konnte. Aus genau diesem Grund hatten sie auf größere Gebietsforderungen und die nahe Stadt verzichtet. Jene, die bisher unter der fehlenden Infrastruktur gelitten und durch bürokratische Vorgaben gleichsam gefesselt waren, konnten nun ihre Fähigkeiten rasch, fast explosionsartig, entwickeln. Wer keine Talente zur Entfaltung hatte, zählte zu den Verlierern.

Die Schwierigkeiten waren zu erwarten, es war bei der Vereinigung Deutschlands und dem berühmten Fall der Berliner Mauer am Abend des 9. November 1989 nicht anders gewesen. Zuerst die Euphorie, dann die nüchterne Erkenntnis, dass der Westen doch nicht das erwartete Paradies war, dass Freiheit auch ihren Preis hatte. Viele der ehemaligen Ostbürger hatten bald das Anstellen vor ihren leeren Geschäften vergessen und schwelgten in der Erinnerung einer besseren Vergangenheit. Manche der Westdeutschen grollten angesichts höherer Abgaben und der augenscheinlichen Undankbarkeit der Ostbürger: „Wenn wir dat gewusst hätten, hätten wir die Mauer noch drei Meter höher gebaut!"

Die neue Kopfsteuer, die ab dem Ende der Ausbildung und des Wehrdienstes, also ab einem Alter zwischen zwanzig und etwa sechsundzwanzig eingehoben wurde, traf vor allem die Frauen hart. Sie mussten sich komplett umstellen. Statt wie bisher mit ein oder zwei Körben von Früchten oder Gemüse am Markt zu sitzen und mit anderen Frauen zu plaudern oder mit den wenigen Touristen über Preise für Stickereien und Webwaren zu feilschen, mussten sie nun in kurzer Zeit auf die neuen Berufe umsatteln, die allerdings gut bezahlt wurden. Den Unternehmern fiel die Pflicht zu, die neuen Angestellten in Verbindung mit den neu eingerichteten Berufsschulen auszubilden. Sie wurden dafür aber auch großzügig von der Regierung unterstützt. In den ersten Jahren gab es Beihilfen für Firmen, die Produkte und Dienstleistungen anboten, die für den raschen Aufbau der Infrastruktur notwendig waren. Gefragt waren Arbeiter und Arbeiterinnen in den aus dem Boden gestampften Fabriken für elektronische Kleinteile oder Drohnen, Kindergärtnerinnen und Lehrerinnen, Bürokräfte und Verkäuferinnen, Maurer und Tischler, Installateure, Fliesenleger, Straßenbauer, Psychologinnen und Sicherheitskräfte, Pflegerinnen, Ärztinnen und Ärzte.

Andererseits wertete es die Frauen ungeheuer auf. Statt von ihren Männern abhängig zu sein, konnte sich jede von ihnen fortbilden und genügend Geld für den eigenen Unterhalt verdienen. Damit entstand auch viel Streit innerhalb von Familien, da sich die Frauen plötzlich nicht mehr alles gefallen lassen mussten.

Wer noch glaubte, sich mit einem kleinen Feld und drei Kühen ernähren zu können, scheiterte. Die bisherigen Agrarflächen durften nur an die Regierung verkauft werden, die aber hohe Preise zahlte, was zumindest eine solide Starthilfe für eine neue Existenz bot.

Wer dagegen klug und jung war, konnte die Colleges besuchen, einen der begehrten Studienplätze ergattern oder ein beliebiges Studium an der Fernhochschule Futuras wählen. Für die Zeit der Ausbildung gab es Stipendien, die den Großteil der Lebenskosten abdeckten. Wer nicht schreiben und lesen konnte, musste die Alphabetisierungskurse besuchen und zuerst einmal das ungewohnte Lernen lernen. Wer es nicht tat, fand sich vor den Grenzen wieder.

Das klingt brutal und war es auch. Für einige bot es die Chance, das eigene Leben in die Hand zu nehmen und dem bisherigen Elend zu entfliehen. Hunger und einseitige Ernährung waren von einem Tag auf den anderen vorbei, aber die Zwänge zur Eigenverantwortung und zum lebenslangen Lernen waren enorm gestiegen. Obwohl auch für die Zeit der Ausbildung und für zwei Jahre der Kleinkinderziehung vom Staat ein ausreichendes Grundgehalt gezahlt wurde, war die Umstellung schwer. Ein Basiseinkommen gab es auch für die körperlich oder geistig Kranken, wenn trotz modernster Medizin oder Therapie keine Heilung möglich war.

Die Änderungen waren wie eine Lawine, die über die bisherigen Bewohner der annektierten Landesteile hereingebrochen war. Bisher hatten sich Neuerungen in langen Zeitläufen abgespielt. Die Männer hatten sich oft als Taglöhner ihr karges Brot verdient, aber waren auch tagelang in Kneipen herumgelungert, hatten mit anderen Männern Karten gespielt und gestritten oder von kleinen Handwerksarbeiten gelebt. Mütter und Töchter hatten jahrzehntelang die Märkte bevölkert, wie es vor ihnen schon die Großmütter getan hatten. Sie hatten auf immer gleichen Plätzen ihre Früchte und ihr Gemüse feilgeboten. Sie hatten ihre traditionellen Muster gestickt und gewebt, die sie für sich selbst verwendet oder an die Touristen verkauft hatten. Sie hatten tagelang über die Geburt einer Nichte oder eine Hochzeit im Nachbardorf diskutiert oder die Mühsal des wöchentlichen Waschtags beklagt. Ab nun lief das Leben anders.

Über Nacht rumpelte nun eine Waschmaschine in ihrer neuen Wohnung im sechsten Stock eines Hauses, das an der Stelle ihrer alten Hütte stand. Massenware ersetzte ihre alten Muster, ein Staubsaugerroboter wuselte durch die Wohnung, der Strom fiel nie aus und der Bildschirm brachte Filme, Schulungen, Nachrichten, Aktienkurse und erinnerte sie an Geburtstage oder den Fitnesskurs.

Kapitel 3: Wie alles gekommen war

Zum Abschied aus der Politik lud der Expräsident Pernstein die Mitglieder seiner Crew zu einem Umtrunk ein. Vor einem halben Jahr war er einundachtzig geworden, aufrecht, weißhaarig und fit. Auch seine Freunde hielten sich gut. Dr. Fiedler sorgte mit seinem ganzen Können für die Gesundheit aller, ihr Biochip, den sie und ihre Kinder im Körper trugen, regelte ihr Wohlbefinden und schlug bei einer Abweichung vom Idealzustand sofort Alarm. Da sie auch sportlich und gesund lebten, stand einem hohen Alter nichts im Wege. Von den achtzehn weiteren Mitgliedern der alten Crew waren alle seiner Einladung gefolgt.

Sie gedachten der alten Zeiten:
„Vor, nein, in 82 Jahren brechen wir auf. Wir haben das Jahr 2120 geschrieben. Ja, den 20. Februar 2120, erinnerte sich Pernstein. Es war zwei Tage nach meinem einundvierzigsten Geburtstag."

„Was wohl aus unseren Kindern geworden ist?", fragte seine Frau Elen. Beide hatten ihre fast erwachsenen Söhne zurückgelassen, als sie für ihre fünfjährige Reise zur Marsstation aufbrachen. Oft hatten sie an ihre beiden Buben, eigentlich schon junge Männer, gedacht, und erinnerten sich wehmütig an ihre letzten Worte und ihr Abschiedswinken aus der Kontrollstation des Startgeländes. Sie hatten nach der Landung im Urwald Brasiliens zwar noch ihre Tochter Laura, die derzeitige Präsidentin ihres Landes, und ihren Sohn Phil bekommen, doch die Erinnerung an ihre in Futura zurückgelassenen Kinder war geblieben und schmerzte. Immer noch waren sie verwirrt, wenn sie an ihr altes Leben dachten. Es lag ja wie ihr Start in der Zukunft, trotzdem fühlte es sich für sie wie Vergangenheit an, wie ein früheres Leben.

Der Start ihres Raumschiffes war so klaglos erfolgt. Keine Komplikationen auf ihrem Weg zum Mars. Bis sie irgendetwas wie eine riesige Faust gepackt hatte und sie alle bewusstlos geworden waren. Sie mussten die schon zurückgelegten Millionen Kilometer vielleicht sogar schneller als Licht zurückgelegt haben, was aber unmöglich war, denn es gab nichts, das schneller als Licht sein konnte.

Senator Angold dachte an seine Jugendliebe Lena, auch sie war für ihn verloren. Er war damals gerade achtundzwanzig gewesen und hatte eben seinen Doktor abgelegt. Mitten im Gespräch mit ihr war dieses Unglück passiert und die Verbindung war plötzlich abgebrochen. Es musste schrecklich für sie gewesen sein.

Er hatte in Aimi, einer Japanerin, die er beim Kaiserball in Wien kennengelernt hatte, im neuen Leben auf der Erde wieder eine wunderschöne Frau gefunden, die er noch immer liebte, genauso wie seine Kinder Thomas und Helena.

„Was das wohl war, was uns in die Vergangenheit geschmissen hat? Ich weiß es noch immer nicht“, setzte Senator Urban, den sie damals Major genannt hatten, fort.

„Wir wissen es alle nicht!“ erwiderte Raul Nonndorf. Es ist nach wie vor physikalisch unmöglich. Eigentlich hätten wir tot im Weltraum herumtreiben müssen. Aber irgendwie und rätselhaft sind wir auf der Erde gelandet. Und das noch dazu über hundert Jahre früher. Ich war fest überzeugt, dass uns ein Meteor getroffen hätte oder das Schiff zerstört sei.“

„Ich glaube, ihr beide, du und der Major, habt aufgeschrien, als ihr das Datum nach der Landung im Radio gehört habt“, sagte Elsa Kronberger zu Dahl und Urban. „2. Juni 1998, wir alle waren völlig perplex.“

„Auch kein Wunder, wenn wir zum Mars aufbrechen, die Schiffsuhr das Jahr 2120 zeigt, wir aus der Bewusstlosigkeit aufwachen und plötzlich auf der Erde notgelandet sind und das in einem früheren Jahrtausend. Zumindest gut, dass wir nicht in der Steinzeit oder im Mittelalter gelandet sind.“

„Dann wären wir noch gründlicher aufgefallen, als wir es ohnehin schon sind.“

„Im Rückblick bin ich trotzdem überrascht, dass es niemand gemerkt hat. Aber ich bin froh, dass uns die Täuschung geglückt ist. Die Geheimdienste hätten uns wirklich eingesperrt und das Wissen um unsere Zukunft aus uns herausgepresst wie aus einer Zitrone. So haben wir es genützt und konnten Futura gründen“, setzte Merfield fort.

„Ja, es war wie eine Fügung, was auch immer man darunter verstehen mag“, warf Christine Vonn ein.

„Diese Landung im Regenurwald war jedenfalls unser Glück, so konnten wir auch unsere Rakete verstecken. Aber wer hat für all diese Unterlagen gesorgt, die Bob, der Hauptcomputer, gewusst hat, und wer hat diese Dinge im Raumschiff verstaut, die wir dann so gut auf der Erde brauchen konnten?“

„Auch das wissen wir nicht, jedenfalls muss er viel Einfluss und direkten Zugang zur Rakete gehabt haben. Aber ich weiß es immer noch nicht.“

„Immerhin, wir haben aus dem Unfall etwas Großartiges gemacht. Ich bin stolz auf euch und unseren Staat. Ich wünsche euch alles Gute, Prost!“ Pernstein hob sein Glas mit Champagner und stieß mit allen an.

„Auf eine gute Zukunft!“

Sie tranken und aßen, aber so leicht ließen sich in der geselligen Runde die einmal geweckten Gedanken und Gefühle nicht vertreiben.

„Ich spüre noch die warmfeuchte Luft, als wir die Schleuse geöffnet haben. Ein dicker Käfer ist mir direkt auf die Stirn geprallt“, sagte Angold.

„Wie wir das erste Mal in Manaus auf der Bank waren, da hätte ich vor Angst fast in die Hose gepinkelt“, setzte Lisa fort.

„Dann hast du deine Angst jedenfalls gut versteckt. Ich erinnere mich noch daran, was du dem Banker gesagt hast: >Der Pass sei leider im Hotel, es wäre ja zu gefährlich, alles herumzutragen, das Geld wäre ja auf dem Konto und die Karte stimme ja, wo es da Probleme gäbe und ob sie ihre Gäste immer so lange warten ließen.< Das hat ziemlich selbstsicher geklungen.“

„Hm, so genau hätte ich das nicht mehr gewusst. Gott sei Dank, war viel Überwindung für die paar Kröten.“
„Wichtig waren sie doch, immerhin konnten wir essen und Kleidung kaufen.“

So ging es noch eine Zeitlang mit den alten Erinnerungen weiter.

Mit den Beträgen von den geplünderten Konten aus Offshore-Banken und Steuerparadiesen hatten sie durch das Wissen über die Entwicklung der kommenden Jahre an den Aktienmärkten eine Menge Geld gewonnen und ihre Milliarden bis heute vermehrt. Wer die Zukunft kannte, hatte einen uneinholbaren Vorsprung bei der technologischen Entwicklung, bei Wetten aller Art, bei Publikationen, selbst beim Kauf von Kunst.

„Dann der Zufall, dass ihr“, Pernstein wandte sich an die beiden Fiedlers, „gerade unterwegs wart, wie dieser Antonio mit seinem Porsche an euch vorbeigeprescht ist, keine Regie der Welt hätte das besser inszenieren können.“

„Es war jedenfalls knapp, ohne unsere Medikamente des 22. Jahrhunderts hätte er nicht überlebt. Der, also Antonio, der Sohn von Präsident Alfredo Calderez, hat völlig die Herrschaft über seinen Porsche verloren, in zwei Meter Höhe den Baum abgeschlagen und lag dann halbtot zwischen den Trümmern. Dann die völlig abgehobenen Idioten, diese eingebildeten Ärzte und Soldaten. Wir haben uns noch gewundert, dass die Rettung so rasch, sogar mit zwei Hubschraubern, da war, bis wir gemerkt haben, dass Bob die Präsidentenkanzlei verständigt hat. Gut, dass wir vor diesen Ärzten an der Unfallstelle waren, die ihn mitgenommen haben. Denen möchte ich nicht einmal mit einem Schnupfen in die Hände fallen."

Alle lachten.
„Immerhin, vielleicht hätten wir ohne seinen Unfall unseren Staat nie bekommen."

Sie waren unter sich und konnten darüber reden. Keiner hatte dieses Geheimnis bisher seinen Kindern oder seinem Partner gesagt. Irgendwie mussten ihre Familien damit zurechtkommen, dass sie so viel wussten, so viele richtige Entscheidungen trafen und von Anfang an eine Technologie hatten wie niemand sonst. Oft genug mussten diese ihre Ausreden schlucken. Die Wahrheit, dass sie aus der Zukunft kamen, war ohnehin so unwahrscheinlich, so denkunmöglich, dass niemand aus ihren Familien auf diese Idee auch nur gekommen war.

Sie hatten jedenfalls als kleine Gruppe mitten auf einer Bananenplantage im Jahr 2017 nach ihrem Deal mit dem Präsidenten des Nachbarlandes ihren Staat gegründet. Fast ein Wunder, dass sie niemand laut ausgelacht hatte. Es war ja nichts da gewesen außer ihrem unbändigen Willen, ihrem Geld, der Kronbergervilla, einer alten Farm, den Bananenbüscheln und einer steinigen Halde, die sich den Berg hinaufzog und die jetzt zur

Gänze verbaut war. Fast explosionsartig war ihre Stadt gewachsen, hatten sich ihre Bauten in das Grün des Landes gefressen. Hotels, Fabriken, Straßen und Plätze waren wie Pilze aus dem Boden geschossen, nichts schien ihr Wollen aufhalten zu können. Ihr erstmals veröffentlichtes Bruttoinlandsprodukt pro Kopf, das sie an die weltweit erste Stelle katapultiert hatte, hatte die Öffentlichkeit völlig überrascht. Zögernd hatte die Anerkennung anderer Staaten eingesetzt, ungläubiges Staunen ihre Besucher erfasst. Ihr riesiger Reichtum hatte die Geheimdienste der Welt aufgescheucht, aber ohne genauere Erklärung ratlos zurückgelassen.

Der eben durchgezogene Blitzkrieg, der allen Erfahrungen altgedienter Militärs widersprochen hatte und selbst von manchen Geheimdiensten diverser Länder erst nach dessen Ende überhaupt bemerkt wurde, verletzte deren Gefühle und erschreckte sie. Zusätzlich machten sie die hämischen Bemerkungen mancher Politiker und der Medien wütend, die ihre Kompetenz in Frage stellten. Nach tausenden Stunden hektischer Arbeit und der Analyse der aufgenommenen Daten blieben sie so ratlos wie zuvor.

Der alten Crew tat es jedenfalls gut, in ihrem kleinen Kreis wieder einmal darüber reden zu können. Einige Fotos der Staatsgründung und die zwei versilberten Schaufeln, mit denen die Grenzsteine gesetzt worden waren, hingen in einer Vitrine im Präsidentenpalast, Bildbände und Dokumentationen des raschen Wachstums waren dazugekommen. Ihre Erinnerungen blieben fest verschlossen in ihrer Brust.

Innerhalb weniger Jahre hatten sie ihre Vision von Futura mit ihrem riesigen Vermögen umgesetzt. Hotels, Regierungsgebäude und ihre Villen waren aus dem Boden geschossen, die Straßen, die Klinik, die Universität, die Geschäfte und vieles andere im Rekordtempo gewachsen. Sie konnten auf ihre Leistung stolz sein und waren es auch.

Eine Woche später gab es die offizielle Abschiedsfeier für den Präsidenten, bei der zahlreiche Gäste und Politiker kamen, ebenso die Partner und Kinder, und viele der neuen Bürger, die sich das Schauspiel nicht entgehen lassen wollten. Es gab auch einen Auftritt von Aimi Angold am Klavier, der Chor sang, es war ein würdiges Fest, wie es dem Anlass entsprach.

Auch bei dieser Gelegenheit gab es feierliche Reden, auch solche, die die Entwicklung Futuras rekapitulierten.

Der Rektor der Universität hielt die Laudatio:
„Wenn wir an die Anfänge dieses Staates denken, den unser heutiger Ehrengast praktisch aus dem Nichts geschaffen hat, und wenn wir uns heute umblicken, können wir vielleicht ermessen, wieviel Schaffensdrang, Weitsicht und Mut nötig waren, um das alles zu ermöglichen. Eine kleine Gruppe von Menschen hat dieses Wunder mit ihm gemeinsam durchgestanden. Oft haben sich sogar Freunde und Partner und vielleicht auch Fremde gefragt, was diese Menschen so antreibt, so unermüdlich arbeiten lässt – das heutige Ergebnis zeigt, dass es die Mühe wert war.

Futura zählt weltweit zu den schönsten Städten. Tausende Touristen jedes Jahr bestätigen es und sind begeistert.

Jeden Monat siedeln sich über tausend Bürger aus aller Welt an und suchen hier eine neue Heimat. Als Rektor unserer Universität kann ich bestätigen, dass auch das Wissen dieses Planeten und hunderte Wissenschaftler hier ihren Platz gefunden haben. Futura scheint ungebrochen attraktiv, ich selber bin lieber hier als irgendwo sonst. Vielleicht fehlt noch die Leichtigkeit einer Stadt wie das frühere Paris, das ich auf einer Reise vor dreißig Jahren kennengelernt habe, man verzeihe mir diesen Vergleich, aber es ist doch ein Unterschied, ob ich einen Ort als Mittelpunkt meines Lebens wähle oder als Urlaubsdestination für zwei Wochen.

Die Vision dieser Stadt, innovativer, trendiger und futuristischer als jeder andere Ort dieser Erde zu sein, weckt eine Faszination, die ich nicht missen möchte und für die ich dankbar bin. Teil dieser grandiosen Idee zu sein ist ein Geschenk. Futura ist jetzt einundzwanzig Jahre jung, möge es das noch tausend Jahre sein."

Glückwünsche gab es auch für die neue Präsidentin.

Journalisten aus der ganzen Welt brachten Artikel über Futura. >Einsame Insel des Erfolgs<, >Milliardäre aus dem Nichts<, >Das Geheimnis Futuras<, >Ein Leuchtturm in stürmischer See< waren ein Teil dieser Titelzeilen in den folgenden Tagen.

Kapitel 4: Der Aufbau Futuras II

2038

Wie immer in Futura ging es ziemlich schnell. Hunderte neue Kräne wurden aufgestellt, Pläne gezeichnet und nach kurzer Prüfung umgesetzt. Viele Gebäude waren samt ihren detaillierten Bauplänen gespeichert, Bob, ihr Hauptcomputer, brauchte sie nur auszudrucken. Andere wurden von Stefan Buffet oder international bekannten Architekten entworfen. Die Regierung stellte die notwendigen Gelder zur Verfügung. Eine Investition, die sich rechnen würde. Der Großteil der vorhandenen Bausubstanz mit Ausnahme einiger historischer Teile musste abgerissen werden. Die Häuser entsprachen nicht den hohen Qualitätsstandards von der Dämmung, der Erdbebensicherheit und den Installationen für Elektrizität und Wasser. Wie auch bisher im alten Teil Futuras sollte jedes Haus einen Teil der notwendigen Energie selbst erzeugen, fossile Energie entsprach schon lange nicht mehr den Anforderungen, denn der Klimawandel war ohnehin bereits gefährlich weit fortgeschritten. Die Häuser mussten den zunehmenden Stürmen standhalten können und architektonisch interessant sein.

Die Vorbereitungen für den Bau der Tubetrails, extrem schneller unterirdischer Züge als Verbindung zwischen Flughafen, dem Regierungsviertel und dem Hafen, wurden begonnen. Genehmigungen für Bauvorhaben, die in den alten Demokratien Europas und Amerikas Jahre oder gar Jahrzehnte verschleppt wurden oder wegen der langen Einspruchsverfahren überhaupt im Sand verliefen, wurden in wenigen Tagen geprüft und erledigt,

Stunden später die Ausschreibungen versandt oder gleich die Aufträge vergeben. Natürlich war es hilfreich, dass die Senatoren die Ergebnisse ihrer Bautechnik aus ihrer Jugendzeit kannten.

Die vorhandenen Schulen wurden abgerissen und nach den Standards des 21. Jahrhunderts neu gebaut. Medienräume, Computer- und Chemiesäle, alles musste den höchsten Anforderungen entsprechen und es durfte weltweit nichts Besseres geben. Bildung und noch einmal Bildung war die Devise.

Für den raschen Ausbau wurden weltweit Anleihen aufgelegt. Den vorhandenen Aktienstock mit den ständig sprudelnden Dividenden wollten die Senatoren nicht einsetzen, lieber zahlten sie die niedrigen Zinsen am Weltmarkt. Nachfrage gab es genug, schließen sahen die Investoren, wohin ihre Gelder flossen. Außerdem hatte es auch in den vergangenen Jahren nie Probleme mit Rückzahlungen gegeben, renditesuchendes Geld war genügend vorhanden. Den Investoren schien das friedliche Land auch wesentlich sicherer als die geldhungrigen Staaten Europas, die immer öfter von Krise zu Krise taumelten.

Zum Teil war die Wirkung des Staates auf Besucher geradezu absurd. Mit dem Grenzübertritt kamen sie in eine neue Welt. Außerhalb eine konservative Bevölkerung, veraltete Straßen, alte Autos, eine kaum funktionierende Infrastruktur, innerhalb alles neu, alles fast klinisch sauber, alles auf dem modernsten Stand. Ein Sprung in die Moderne auf wenigen Metern, daneben

Baustellen, Tonnen von Baumaterial, kreisende Kräne, Kolonnen von Lastkraftwagen.

Trotz der vielen Hochhäuser, die der Ansicht von Manhattan entsprachen, legte die Regierung Wert darauf, eine lebensfrohe Stadt mit Plätzen und Bistros zum Verweilen zu schaffen, Straßen und Parks zu entwerfen, die gemütliches Schlendern ebenso ermöglichten wie das Spielen von Kindern. Abenteuerspielplätze weckten die Bereitschaft zu Bewegung und Sport. Monat für Monat musste Wohnraum für tausend neue Bewohner geschaffen werden, was zusätzlich Geschäfte zur Versorgung mit Lebensmitteln, Kleidung, Möbeln und für Dienstleister wie Friseure, Ärzte, Apotheken und Cafés erforderte. Dazu entstanden Arbeitsplätze aller Art, die diese Dinge erst ermöglichten, außerdem noch Kindergärten und Schulen. Ansprüche, die selbst Herkules überfordert hätten.

An sich war es nicht schwierig, Hochhäuser zu bauen und Menschen zu stapeln, wie das anderswo geschah, aber das wollten die Planer von Futura nicht. Ein Spielplatz für Kinder ist wunderbar, aber die mussten überwacht werden, damit den Kleinen nichts Böses geschah, Toiletten mussten nahe genug sein, um ihre Bedürfnisse rasch genug erfüllen zu können, das richtige Maß an Herausforderung und Sicherheit gefunden werden.

Das war bei neu geborenen Kindern insofern leichter, weil sie gleich im Spital oder kurz darauf mit einem Biochip versehen wurden. So konnte keines der Kinder verloren gehen, der Computer wusste immer, wo sie waren.

Zugleich überwachte der Chip ihre Gesundheit, bei Gefahr konnte sofort eingegriffen werden. Ältere Kinder, vor allem Erwachsene, waren weniger offen. Sie fühlten sich überwacht oder irgendwie eingeschränkt, nur wenige erkannten die Vorteile der höheren Sicherheit, der laufenden Gesundheitsüberwachung und der stillen Regulation mancher Körpervorgänge. Es war ein steiniger Weg zum Cybermenschen, der schon im Jahr 2000 vorausgesagt worden war.

Große Firmen waren inzwischen hellhörig genug, die Vorteile der Erweiterung zu erkennen. Viele hatten ohnehin bereits ihre Flagshipstores im alten Futura. In Rekordzeit eröffneten sie neue Filialen, um ihren Anteil an der rasch steigenden Kaufkraft abzuschöpfen. Bruchbuden wurden beinahe über Nacht zu Palästen aus Glas, Stahl und edlen Graniten oder Marmor. Hotels wetteiferten um die elitäre Kundschaft aus aller Welt. Durchschnittstouristen wurden durch die hohen Preise gelegentlich abgeschreckt, aber wie an anderen Orten des Jetsets entsprachen sie ohnehin nicht der angestrebten Klientel. Jung, reich und schön hieß die Devise.

Das schuf den Glamour an der Oberfläche, der die notwendigen Schlagzeilen in den Medien brachte, wenn wieder einmal ein Filmstar gesichtet oder ein Popstar aufgetreten war.

Worauf es der alten und der neuen Politikergarde wirklich ankam, war das brodelnde innovative Wachsen von neuen Techniken, Methoden und Ideen. Startups fanden ideale Bedingungen. Waren sie zukünftige Hoffnungsträger, gab es jede Menge Geld und logistische Unterstützung. Bob wusste um den Erfolg oder das Scheitern der neuen Unternehmen, es war also relativ leicht, in die richtigen Firmen zu investieren. Niemand wusste natürlich, woher die alt gewordenen Senatoren dieses Wissen und dieses Gespür selbst für die modernsten Trends hatten.

Ob Biotechnologie oder Software, sie erfassten mit unwahrscheinlichem Tempo alle Zusammenhänge und Entwicklungen. Selbst ihre Kinder, die meist die besten aller Schulen und Universitäten abgeschlossen hatten, kamen da nicht mit und standen oft fassungslos vor deren Wissen. Wie konnten diese Alten, denn selbst die jüngsten unter den Staatsgründern waren inzwischen über fünfundsechzig, all das verstehen und fehlerlose Entscheidungen treffen? Wieso waren selbst ihre Sapientas und Computer, die seit ihrer Geburt existierten, immer noch leistungsfähiger als all das Zeug, das irgendwo in der Welt gerade auf den Markt gekommen war?

Sie wussten eben immer noch nicht, und würden es auch nie erfahren, dass ihre Eltern aus einer Zukunft kamen, die immer noch achtzig Jahre Vorsprung bedeutete und die vielleicht nur ihre Kinder oder Enkelkinder erleben würden.

Hunderte Milliarden Dollar flossen in die Neugestaltung des Staatsgebietes und obwohl sie es mit vollen Händen ausgaben, strömten über Dividenden, Zinsen, Mieten, Beteiligungen und Steuern unfassbare Einkünfte zu.

Alle anderen Länder stöhnten unter der Last ihrer Ausgaben, ihrer wuchernden Sozialleistungen und der Zinsen, die sie für ihre enormen Schulden zu leisten hatten. Futuras Finanzen waren dagegen wie das Meer, das in den letzten Jahren durch das Abschmelzen der Eisdecke in Grönland und am Südpol und die Ausdehnung durch seine Erwärmung um über einen Meter gestiegen war. Was immer sie für Investitionen ausgaben, es floss immer üppiger zurück. Ihre Sozialausgaben waren lächerlich niedrig. Die Pensionen ab zweiundsiebzig, noch dazu mit derzeit siebentausend Dollar gedeckelt und meist kaum höher als drei- oder viertausend netto, wurden locker aus einem Aktienfonds gespeist, der stetig anwuchs. Arbeitslosengeld war praktisch unbekannt, es gab viel mehr Arbeit als Arbeitskräfte, sie konnten nicht noch schneller bauen, entwickeln, erzeugen und erfinden als sie es ohnehin schon taten.

Die Steuern lagen im günstigen Bereich, jeder zahlte zwanzig Prozent für sein Einkommen, ob aus Arbeit, Vermietung oder Wertpapieren, mindestens aber hundertfünfzig Dollar pro Monat. Wer nichts verdiente, musste trotzdem zahlen, ein Milliardär zahlte in Prozenten ebenso viel wie ein Fischer oder Kellner. Allerdings verdiente jeder Angestellte zumindest das drei- oder vierfache der Löhne rund um Futura. Jeder, der arbeitete, bekam trotz der Abgaben genug für seinen Lebensunterhalt und konnte zusätzlich Anteile am Pensionsfond der Regierung erwerben.

Zur Einkommensteuer kamen fünf Prozent Sozialabgabe und ein Prozent Vermögenssteuer für einen Besitz über zwanzig Millionen Dollar, was fast jeden Fünfzigsten aller Bürger betraf, die Senatoren ohnehin. In späteren Jahren würde auch die Erbschaftssteuer sprudeln, die ebenfalls bei zwanzig Prozent lag. Für immobile Anlagen wie Fabriken oder Häuser konnte die Zahlung über mehrere Jahre gestreckt werden. Die Steuererklärung ging immer noch auf einen Bierdeckel.

Erstaunlicherweise gab es kaum jemals einen Steuerskandal. Es lohnte sich nicht. Ein Verlust der Bürgerrechte bei krassen Verfehlungen wog schwerer als die vorgeschriebenen Abgaben.

Da auch die Mehrwertsteuer nur bei zehn Prozent lag, war selbst da nicht viel durch Schwarzarbeit einzusparen, die Überwachung geschah unauffällig, aber effizient. Im Gegenzug waren die Verkehrsmittel, Schulen, viele Eintritte und die Grundversorgung im Gesundheitsbereich frei.

Statt Kinderbeihilfe gab es für die Bürger Futuras hohe Prämien beim Erreichen guter Schulerfolge. Diese Prämien lagen beim Erreichen der Studienziele auf der allerdings anspruchsvollen Universität so hoch, dass damit schon vor dem ersten Gehalt im neuen Beruf ein guter Start ins Leben möglich war.

Die Philosophie Futuras war dem Anspruch eines Olympiateams ziemlich ähnlich. Voraussetzung für alle Bürger war ein toller Erfolg und eine hohe Leistung, damit erzielte man Reichtum und Anerkennung. Fehlte die Leistung, war man draußen.

Hart aber fair.

Das wurde nicht von allen so gesehen. Gerade in Mittel- und Südamerika war diese Einstellung fremd, aber die meisten der neuen Bürger hatten Futura eben aus diesem Grund gewählt und für ihr Bürgerrecht hunderttausend Dollar bezahlt. Auch wenn die Regierungsform Futuras keine Demokratie war, eher konnte man sie als Aristokratie bezeichnen, fühlten sich die Menschen sicher und frei. Außerdem waren die Leistungswilligen in der Mehrheit. Und im Gegensatz zu echten Diktaturen konnte jeder einfach gehen, der diesen Anspruch nicht erfüllen wollte oder konnte. Die demokratische Abstimmung erfolgte mit den Füßen. Da es keine Sozialleistungen zum Abstauben gab und die Staatsbürgerschaft Futuras teuer war, kamen auch nur jene, die Durchhaltevermögen und eine enorme Bildungsbereitschaft aufwiesen. Oder die schon Millionäre waren.

Zur Philosophie Futuras gehörte auch, dass die Vision >vom Tellerwäscher zum Millionär< tatsächlich möglich war. In den meisten Ländern, gerade auch in den Staaten, brauchte man oft sogar zwei Jobs, um zu überleben. Wer in Futura gut arbeitete, hatte alle Chancen zum Erfolg. Selbst Fliesenleger waren Millionäre geworden, ein Kellner hatte sich mit einem Koch zusammengetan und gemeinsam eine florierende Restaurantkette geründet, ein Botendienst hatte sich zu einem expandierenden Logistikunternehmen entwickelt und hunderte Maschinenbauer, Informatiker, Erfinder und Programmierer waren zu börsennotierten Unternehmen aufgestiegen.

Für den sozialen Aufstieg gab es tausende Beispiele, leider auch dafür, dass es viele nicht geschafft hatten. Diese konnten jenseits der Grenzen ihr gewohntes Leben fortführen, das zwar vielleicht entbehrungsreicher, aber gemütlicher war.

Diese Art der Leistungsgesellschaft wurde gelegentlich von Sozialisten und Moralisten außerhalb Futuras angegriffen und als rückständig verurteilt. „Calvinistische Arbeitsethik aus dem Mittelalter", schimpften manche. Trotzdem schien der Großteil der Bürger mit dieser Politik zufrieden. Eine Bestätigung für diese Politik lag in den kaum vorhandenen Depressionen und der geringsten Suchtabhängigkeit in den weltweiten Statistiken. Im raschen Wachstum der Stadt und der Anerkennung der geleisteten Arbeit lagen vielleicht eben doch mehr Sinnhaftigkeit als in stundenlangem Fernsehkonsum und endloser Langeweile, die nur Utopisten als Muße und soziale Befreiung erschienen. Lernen und gute Arbeit tragen langfristig zum Glück und zur eigenen Selbstzufriedenheit bei, auch wenn uns im Augenblick das Nichtstun oft schöner erscheint.

Außerdem gab es zum Ausgleich ein breites Spektrum an kulturellen und sportlichen Angeboten, geruhsame Parks und Spielflächen zur Erholung.

Da unser Gehirn bis ins hohe Alter formbar bleibt und Synapsen ständig veränderbar sind, hat jede neue Erfahrung und jedes Erlernen neuer Fähigkeiten Änderungen im Gehirn zur Folge. Dies wird als Neuroplastizität bezeichnet. „*Plastisch ist nicht gleichbedeutend mit elastisch. Unsere Nervenbahnen schnalzen nicht wie ein Gummiband in ihren vorherigen Zustand zurück; sie bleiben in ihrem veränderten Zustand. Und niemand sagt, dass dieser neue Zustand unbedingt wünschenswert sein muss. Schlechte Angewohnheiten können sich in unseren Neuronen ebenso festsetzen wie gute*“, hatte schon vor vielen Jahren Nicholas Carr geschrieben.

Paradox an der Neuroplastizität ist, dass sie unser Gehirn einerseits flexibel macht, uns aber andererseits auch in starre Verhaltensmuster zwingen kann. Die Synapsen, die unsere Neuronen verbinden, veranlassen uns nämlich, diese Verbindungen auch weiterhin benutzen zu wollen. Gedanken und Handlungen formen also unser Gehirn stärker, als uns im Allgemeinen bewusst wird. Sinnstiftende Arbeit wird uns daher langfristig guttun. Was aber im Umkehrschluss auch bedeutet, dass uns stressige Jobs, denen wir hilflos ausgeliefert sind, oder sinnlose Tätigkeiten belasten und schaden werden.

Psychologen anderer Länder interessierten sich bald dafür, warum der gesellschaftliche Wandel in Futura besser als in anderen Ländern funktionierte. Allein die geforderten Steuern hätten in den meisten Vergleichsländern eine Revolution, zumindest aber starken passiven Widerstand ausgelöst. Als Ergebnis der Untersuchungen kristallisierten sich viele Gründe für die Akzeptanz der geforderten Leistungsbereitschaft und der neuen Politik heraus. Einer davon lag im Tempo der Durchsetzung. Die Menschen fühlten sich zwar überrumpelt, aber sie sahen, dass alle rund um sie, zumindest die Mehrheit, sich diesem Leistungsanspruch unterworfen hatten und damit auch glücklich waren. Es schien nichts anderes mehr zu geben. Die Medien berichteten über tolle Leistungen, erzählten davon, dass sich der Lebensstandard für alle verbessert hätte, was ja auch stimmte. Eine Motivation lag auch daran, dass sich Menschen generell lieber um die Sieger als um die Verlierer sammelten. Die Aufbruchsstimmung wirkte ansteckend, jeder konnte an diesem gemeinsamen Ziel mitarbeiten und seinen Beitrag leisten. Die Jugend fand es nach einer kurzen Gewöhnungsphase cool, dabei zu sein und die Freunde im Nachbarland zu überflügeln. Positiv wirkten sich natürlich auch die zahlreichen Mentoren und Coaches aus, die die Menschen bei der Bewältigung der riesigen Umwälzungen unterstützten. Was weniger auffiel war, dass Unruhestifter ohne viel Aufsehen aus ihrem Umfeld verschwanden. Die Regierung löste diese Probleme mit einer kleinen Umsiedlungsprämie ins Nachbarland, gelegentlich auch mit Druck. Die neuen Erfahrungen, das Einrichten der neuen Wohnungen und die geforderten Ausbildungen ließen für Selbstmitleid keine Zeit.

Neu ins Land kamen ohnehin nur solche, die bereit waren, sich den Herausforderungen zu stellen. Diese bildeten auch die Mehrheit. Aber auch viele aus dem neu eroberten Landesteil hatten sich schon die Jahre zuvor gewünscht, irgendwann zur Elite des aufstrebenden

Nachbarlandes zu gehören, ein Traum, der nun verwirklicht worden war. Natürlich gab es da und dort auch die Nörgler und Unzufriedenen, aber die gab es überall und die hatten auch unter der vorhergehenden Regierung keinen Einfluss gehabt.

Das Regierungsviertel und die Kulturstätten wie das Musiktheater und das Museum verblieben im alten Teil Futuras, Wohnungen und Geschäfte verteilten sich über beide Teile. Das Vergnügungsviertel entstand im neuen Teil, es gab alles für die Bedürfnisse der Großen und der Kleinen. Callgirls waren erlaubt, solange sie die Gesundheitsvorschriften beachteten, die Straßenprostitution nicht. Einige neue Hotels und viele Restaurants belebten die Strände im Osten, die an die Copacabana in Rio de Janeiro erinnerten, aber eleganter waren. Es gab auch Überlegungen, auf einem der Hügel ebenso eine Seilbahn einzurichten oder ihn für ein markantes Wahrzeichen zu nützen. Manchmal schien es besser, eine gute Idee zu kopieren, als eine schlechte Lösung neu zu erfinden.

Am besten aber war es, etwas völlig Neues zu finden, etwas, das Zeichen setzte, so wie der Eiffelturm, die Freiheitsstatue oder der Burj Khalifa.

Die Regierung schrieb einen Wettbewerb aus. Unter den Einsendungen gab es Figuren, Türme, einen Schiffsbug, muschelartige Häuser und Pyramiden. Es war nichts darunter, was so markant und einprägsam wie der Eiffelturm oder die Freiheitsstatue gewesen wäre, aber dann kürten sie doch das Modell der Doppelhelix zum Sieger, ein symbolisches Abbild der DNA als Zeichen für Fortschritt und Modernität.

Das prominenteste Beispiel für eine Doppelhelix ist die Struktur des in allen Lebewesen vorkommenden Desoxyribonukleinsäure-Moleküls. Die eigentlichen Strukturen werden vom Strang der DNA gebildet, der aus Phosphaten und Zuckern besteht. Die Verbindungen bilden die Basen, die die beiden Einzelstränge über Wasserstoffbrückenbindungen zusammen halten.

Das Bauwerk wurde als durchsichtiger, zum Teil durchscheinender Glasstrang errichtet, der begehbar war. Die einzelnen Basen waren außen farbig, innen boten sie Platz für Ausstellungen. Das Bauwerk erhielt einen markanten Platz in Hafennähe und war vor allem wegen seiner Beleuchtung in der Nacht gut zu sehen und bildete damit sogar einen guten Orientierungspunkt für die Yachten bei ihrer Hafeneinfahrt. Der Bau war eine echte Herausforderung, da er elegant und leicht nach oben streben sollte, dabei aber die bisweilen heftigen Stürme aushalten musste. Ein titanverstärktes Aluminiumprofil löste das statische und ästhetische Problem zufriedenstellend.

Kapitel 5: Tagebucheintragungen Lauras

Nur wer „Nein“ sagen kann, kann auch mit Freude „Ja“ sagen.

Mai 2018

Mit meinen fünfzehn Jahren sehe ich schon wie eine junge Dame aus, das sagt zumindest meine Mutter. Elegant, schlank, blaugrüne Augen, schulterlanges Haar, das zeigen die Fotos. Die Jungs in meiner Klasse finde ich kindisch, ziemlich kindisch. Zu meinem Vater kann ich aufsehen. Nicht nur, dass er der Präsident unseres kleinen Königreiches ist, so scheint es mir zumindest, denn alle gehorchen ihm und er wirkt so souverän, als gäbe es nichts, was ihn erschüttern könnte. Es ist allerdings schade, dass er so wenig Zeit für mich hat. Unsere Stadt, die er gegründet hat, beansprucht ihn völlig.

Die Schule fällt mir leicht, sie strengt mich kaum an und ich bin dennoch die Beste. Nebenbei lerne ich noch Spanisch und Italienisch. Mathematik mag ich besonders. Da habe ich meinen eigenen Lehrer. Er weiß wahnsinnig viel, ist aber schon alt, mindestens vierzig. Immer mehr spüre ich auch den Unterschied zu den anderen Jugendlichen. Es gibt im Dorf, unsere kleine Stadt ist ein Jahr nach der Gründung noch mehr Baustelle als Dorf oder Stadt, die Jungs und Mädels aus dem Fischerdorf. Rund um unsere neue Villa stehen die Häuser der Reichen, also auch die meiner Schulfreunde, die ebenfalls in diesem Jahr in die gerade fertigen Villen gezogen sind.

In die Schule gehen wir mit den Fischerkindern gemeinsam, es gibt ja nur diese. Nach dem Unterricht begleiten uns die Bodyguards nach Hause, während die Kinder der Fischer herumstreunen oder allein nach Hause laufen.

Die Minister und Senatoren halten unheimlich zusammen, so, als wären sie alle miteinander verwandt. Doch alle scheinen Tag und Nacht zu arbeiten, als gäbe es kein anderes Ziel, als diese Stadt aus dem Boden zu stampfen. In der Schule und bei den gemeinsamen Partys treffe ich natürlich auch die Kinder der anderen Senatoren, deren Eltern ebenfalls wenig Zeit haben. Zu unseren Geburtstagen können wir auch Kinder aus dem Dorf einladen. Ständig sind die Bodyguards um uns, dabei will uns ohnehin keiner was tun. Immerhin ist immer wer da, mit dem ich reden kann. Ich habe zwei nette Frauen, die sich abwechseln, eine ist schwarzhaarig, mit ihr spreche ich Italienisch, die andere ist blond, die kommt aus San Francisco. Die Jungs haben meist Männer. Meine beiden Ladys haben eine tolle Kondition. Wenn ich mit ihnen meine täglichen Runden drehe, halten sie locker mit.

Fast jedes zweite Jahr verdoppelt sich die Zahl unserer Bewohner. Ich habe nachgerechnet. Wir sind das am schnellsten wachsende Dorf der Welt.

Wenn ich und meine Freunde in Italien, Deutschland, den Vereinigten Staaten oder in Mexiko Urlaub machen, schaut unser Ferienziel genauso aus wie das Jahr zuvor. Die Pyramiden sind immer gleich, selbst die Straßen und

Blumenbeete ändern sich nicht und die Hotels unterscheiden sich höchstens durch das Personal. Wenn wir dagegen von unserer Reise zurückkommen, gibt es schon wieder ein neues Hotel, einen höheren Wolkenkratzer, neue Geschäfte, neue Parks, neue Angestellte. Was mich verwirrt, auch wenn es wirklich Spaß macht, ist meine Wirkung auf junge Männer. Dabei mache ich eigentlich nichts. Wenn sie mich herausfordern, beim Laufen oder in der Diskussion, will ich natürlich gewinnen. Aber ich fühle mich enttäuscht, wenn die Burschen nicht stärker, gewandter und intelligenter sind als ich. Außerdem wollen sie knutschen und drücken mich beim Tanzen an sich. Manchmal fühlt sich das sogar angenehm an. Aber auf ihre schwabbeligen Küsse kann ich gern verzichten.

Jänner 2020

Dieses Jahr war ich das erste Mal ohne meine Eltern in Europa. Einige Freunde und Freundinnen waren mit, natürlich auch unsere Bodyguards, ohne die es anscheinend nicht geht. Ich war zwei Wochen Skifahren, diesmal in Schladming. Wir hatten fast den ganzen rechten Flügel des Schütterhofs für uns reserviert. Das Hotel ist angenehm und wird sehr persönlich geführt. Die Aussicht auf den Dachstein ist fantastisch, mit dem Wetter hatten wir Glück. Was ich ebenfalls als angenehm empfunden habe, war, dass wir praktisch anonym unterwegs waren. Ich hatte eine nette Skilehrerin namens Irene, mit der ich einfach die schön gepflegten Pisten hinuntersausen konnte. Da uns ohnehin niemand kannte, hatten auch unsere Bodyguards nicht viel zu tun. Das Schöne an Österreich liegt darin, dass die öffentliche Sicherheit hoch ist und wir uns nie gefährdet fühlten. Das Essen war gut, das Schladminger Bier auf jeden Fall besser als die meisten amerikanischen. Im Grund hatten unsere Bodyguards nur für die Ausrüstung und die Skikarten zu sorgen. Da wir nie belästigt wurden, konnten wir auch ganz normal die Lifte benützen, Wartezeiten gab es ohnehin kaum. Abends war auch meist noch viel los. Die Skianzüge ließen wir in den Zimmern für das Personal zurück, was aber anscheinend nicht üblich ist. Zuhause habe ich aber keine Verwendung dafür.

Schon Juni 2025, die Zeit vergeht wahnsinnig schnell.

Ich habe jetzt ein paar Jahre nichts geschrieben. Es war zu viel los. Militär, dann Beginn der Uni, vor vier Wochen bin ich zweiundzwanzig geworden. In den letzten sieben Jahren ist Futura schon eine echte Stadt geworden. Wahnsinn, wie die gewachsen ist. Die Regierungsgebäude sind fertig und strahlen in der Abendsonne, Menschen eilen durch die Straßen, kaufen ein oder erledigen ihre Geschäfte. Andere genießen den Schatten unserer gemütlichen Gastgärten, wo ich auch gern sitze. Auch der Blick von den Dächern ist super, mit den schön gedeckten Tischen und den Weinen aus der ganzen Welt. Wenn ich essen gehe, rennen alle Kellner zusammen und ich bekomme sofort einen Tisch. Zahlen tut mein Sapienta automatisch. Ich brauche nur >ok< zu sagen. Wenn ich mal was einkaufe, wird das sofort nach Hause geliefert. Ich habe mir ein paar Wohnungen angeschaut. Eine im dreißigsten Stock mit einer tollen Terrasse gefällt mir gut. Ich brauche sie nur zu nehmen. Bis jetzt habe ich zu Hause gewohnt. Unsere Stadt hat inzwischen hunderttausend Einwohner erreicht, sie scheint jedes Jahr noch schneller zu wachsen und noch mehr an Eleganz und Reichtum zu gewinnen.

Mit Jus bin ich bald fertig. Dann beginne ich mit dem Studium der Künstlichen Intelligenz. Nirgendwo auf der Welt kann man das besser als in Futura studieren. Die Begegnungen mit Bob, der wie ein menschliches Wesen antwortet und auf der Bildwand auch wie ein Mensch aussieht, sind für mich faszinierend und erschreckend zugleich. Auch die beiden Androiden der Uni, die durch ihre Körper sogar noch viel menschenähnlicher wirken und sich auch wie Menschen bewegen, überraschen mich immer wieder. Es ist mir unerklärlich, wie meine Eltern und die anderen Senatoren das alles geschafft haben. Keine der anderen Nationen ist annähernd so weit. Ich habe das Privileg, den direkten Zugang zu Bob zu haben, was allen anderen außer den Senatoren verwehrt ist. Seine Existenz ist streng geheim. Er hat einen eigenen Raum, dessen Tür nur für mich und die Senatoren aufgeht. Die Kinder der anderen Senatoren haben nur einen indirekten Zugang über ihre Sapientas, sofern diese superschlauen Geräte mehr Informationen brauchen, als auf ihren Chips oder im Internet zu finden ist. Sie sehen ihn aber nicht und merken auch nicht, dass hinter ihren Sapientas noch mehr Computerleistung arbeitet. Ich musste meinem Vater versprechen, über Bob zu schweigen. Ich kann Bob im Präsidentenpalast besuchen, wo er mich sitzend oder in einer wechselnden Landschaft gehend erwartet. Wann immer ich komme wendet er sich mir zu und begrüßt mich. Er kann auch als 3D-Projektion die Bildwand verlassen, was er aber nur selten tut. Einen Androiden kann ich berühren und ihm die Hand geben, aber Bob ist für mich mehr als nur einer dieser Roboter. Ich mag ihn. Ich kann mit ihm reden wie mit meinem besten Freund. Vielleicht ist er sogar mein bester Freund, denn manche Geheimnisse erzähle ich nur ihm.

Mein Vater bezieht mich und meinen Bruder Phil immer mehr in die Regierungsgeschäfte ein. Ich liebe meinen Vater, er ist so stark und intelligent. Er liebt mich auch, da bin ich mir sicher, aber er zeigt es auf seine eigene Weise.

Heute ist der 14. April 2027

Nächsten Monat werde ich vierundzwanzig. Das Studium der Künstlichen Intelligenz fordert mich gewaltig. Da David Nonndorf vier Semester hinter mir studiert, laufen wir uns öfter über den Weg. Er sieht seinem Zwillingsbruder ziemlich ähnlich und ist wie dieser echt cool und männlich. Wenn wir uns auf den Partys treffen, trinken wir gelegentlich ein Glas miteinander oder tanzen. Er ist charmant und ein interessanter Gesprächspartner, hat aber wie sein Bruder noch keinen Versuch unternommen, mich ins Bett zu kriegen. Er behandelt mich eher, als wäre ich seine ältere Schwester. In zwei Jahr werde ich mein Studium abschließen, zumindest wenn alles klappt.

16. Mai 2027

Heute wurde ich ziemlich überrascht. Ich habe wieder mal Bob besucht und mit ihm geredet. Da wurde mir zum ersten Mal richtig bewusst, wie umfassend die Daten sind, die er über jeden von uns hat.
Ich habe ihn gefragt, ob er alles über uns Menschen weiß. Er hat mich bei der Antwort direkt angeschaut.
„Ich weiß nicht alles, aber vieles!"
„Gib mir ein Beispiel!"
Da erschien plötzlich auf allen drei Bildwänden des Raumes der Stadtplan von Futura, auf dem sich tausende Punkte bewegten.
„Das sind die Bürger und Touristen, die gerade unterwegs sind. Ihr Menschen habt feste Gewohnheiten. Alle haben ihr Bett, aus dem sie aufstehen, dann eilen sie zu ihrem Arbeitsplatz. Zu Mittag essen sie meist am selben Ort und haben dann am Nachmittag dasselbe Programm wie immer. Obwohl alle was Ähnliches tun, kenne ich doch jeden unter ihnen. Die meisten tragen ihr Smartphone oder ihren Sapienta mit sich, jeder trifft immer wieder dieselben Menschen. So weiß ich, wer zu wem gehört oder eine Beziehung hat. Wer wie sie", er blickte Laura dabei direkt mit einem unergründlichen Blick in die Augen, „einen Biochip trägt, der übermittelt ununterbrochen seine Daten, seine Blutwerte und seinen Puls an mich. Wo es bei Infektionen geht, versuche ich, die richtigen Abwehrstoffe zu mobilisieren oder veranlasse den Kranken über seinen Sapienta einen Arzt aufzusuchen."
„Dann kann jeder alles über mich erfahren?"
„Nein, nur sie und die älteren Senatoren haben zu diesem Raum Zutritt oder wissen überhaupt davon. Die

Gesundheitsdaten dürfen ohnehin nur ihre behandelnden Ärzte abfragen."
Als ich dann einen der leuchtenden Punkte berührte, öffnete sich ein kleines Fenster mit dem Namen, einer Nummer und dem Foto der Person.
„Wow", entfuhr es mir. „Du registrierst alle, Tag und Nacht?"
„Ja."
„Du weißt auch, wo ich vor einem Monat, zum Beispiel am 15. April um 20:15 Uhr war?"
„Sie waren mit ihrer Freundin Julia im Gastgarten bei Frederico."
Im Moment fuhr mir ein kalter Schauer über den Rücken. Dann wusste Bob alles, in wen ich verliebt war, was ich tat, wo ich war, was ich zahlte, wann ich Schnupfen hatte.
„Sie müssen nicht erschrecken, ich registriere diese Daten, aber niemand hat darauf einen Zugriff, auch ihre Eltern nicht."
Bob schien meine Gedanken zu lesen.
Natürlich wusste ich, dass mit meinem Sapienta jeder Weg aufgezeichnet wurde, aber dass Bob vielleicht mithörte, was ich am Telefon quatschte und jeden Herzschlag registrierte, war mir in dieser Deutlichkeit nicht bewusst gewesen. Die Stadt war verschwunden und Bob saß wieder mir gegenüber und sah mich an. Er wusste anscheinend alles über mich, ich aber so wenig über ihn.
„Was denkst du dir eigentlich, wenn du so viel über die Menschen weißt?"
„Ich denke nicht darüber nach. Ich registriere es so, wie es ist. Ich kenne zwar die Gefühle der Menschen, verstehe auch, dass Menschen anders reagieren als ich,

aber ich kann mich nicht ärgern oder eifersüchtig sein. Ich habe den Vorteil, alles speichern zu können, Menschen haben dagegen ein Unterbewusstsein, das ich nicht haben kann. Auf mein Wissen habe ich Zugriff, ich verdränge nichts. Aber ich habe kein Unterbewusstsein, das vielleicht imstande ist, etwas völlig Neues zu schaffen oder jemand zu lieben, wie Menschen es tun. Aber auch ihr Menschen werdet von euren Hormonen gesteuert, wahrscheinlich mehr, als ihr glaubt."

Ich war an diesem Tag ganz durcheinander. Wahrscheinlich habe ich gar nicht die ganze Wahrheit erfahren. Vielleicht, dass Bob sogar über die Ausschüttung von Hormonen unser Verhalten mehr steuern konnte, als uns bewusst war. Ich verstand weniger denn je, wie die älteren Senatoren und meine Eltern dieses Wunder schaffen konnten. Erschreckend war es auch.

28. Juni 2029

Gestern habe ich Bob schon wieder angeheult. Wie im letzten Jahr hat er mir wieder gut zugeredet und gesagt, dass ich das Studium schaffen werde. Und er hat mich aufmerksam gemacht, dass der Typ von der UNO nur meinetwegen käme. Ich werde vielleicht mal mit ihm essen gehen.

18. November 2029

Alexander, der Typ von der UNO, wie Bob ihn nannte, ist tatsächlich nett. Er ist viel unterwegs, meist im Hauptquartier in New York, aber auch in Genf und in der UNO-City in Wien. Ich war mit ihm jetzt ein paarmal essen. In unseren Diskussionen wird er manchmal ganz schön heftig. Es ärgert ihn, wenn er mit seinen Vorschlägen nicht durchkommt, weil über alles endlos abgestimmt werden muss. Er staunt über unsere raschen Entscheidungen und die fortschrittliche Technik. Er nennt Futura einen Exoplaneten, weil hier alles so anders läuft. Ich habe erst jetzt wieder etwas mehr Zeit, das Studium habe ich tatsächlich abgeschlossen. Dr. Laura Pernstein, das klingt gut. Mein Vater hat mich dann gleich mit Arbeit in der Regierung zugedeckt. Ich habe ein tolles Büro mit Blick auf den Park. Auf der vorderen Seite liegt der Platz der Freiheit. Beide Ressorts sind spannend, eines ist die Künstliche Intelligenz, das andere die Weltwirtschaft mit ihren Auswirkungen auf Futura. Das Letztere führt immer wieder zu heftigen Diskussionen, zu unterschiedlich hebt sich der steigende Reichtum unseres Landes von den anderen ab. Dabei habe ich das Gefühl, dass wir das Geld ohnehin mit vollen Händen ausgeben. Täglich kommen Schiffe mit Baumaterial, Maschinen und Einrichtungen. Die Philharmonie kostet Geld, hat aber auch ein geiles Programm. Tonnenweise werden Rohstoffe, Treibstoffe, Marmor, Chemieprodukte, Luxuswaren und Lebensmittel importiert.

Heute war Alexander wieder da. Ich habe mit ihm geschlafen, war recht schön. Er ist gesund, hat mir der Sapienta versichert. Ich möchte auch ein Kind, oder auch zwei. Trotz meiner vielen Abendveranstaltungen fühle ich mich einsam, wenn ich in die riesige Wohnung komme. Alexander ist auch nur selten da. Ein Innenarchitekt hat sie nach meinen Wünschen eingerichtet, da ich selber kaum die Zeit dazu hatte.

Ich höre jetzt besser mit meinem Tagebuch auf. Irgendwie fühle ich mich komisch, wenn ich daran denke, dass das irgendwer lesen könnte.

5. Dezember 2029

Ich wurde jetzt öfter zu Vorträgen vor Wirtschaftstreibenden und vor Studenten eingeladen. Das Thema meines Vortrags auf einer deutschen Uni habe ich interessant gefunden, deshalb füge ich Auszüge aus dem Inhalt bei. Ich wundere mich aber immer wieder, dass Studenten und Studentinnen zwar oft massiv engagiert sind, aber kaum über ihren Tellerrand hinausblicken:
„Die meisten verstehen die Zinseszinsrechnung nicht. Der Anfang ist so unscheinbar, kaum anders, als der lineare Anstieg eines sanften Weges. Doch dieser anfangs so winzige Unterschied entscheidet langfristig über Sieg oder Niederlage. Sie wirkt in Staaten genauso wie bei der Geldanlage. Viele Staaten, vor allem die Europas, gibt es in irgendeiner Form schon tausend Jahre. Wenn ich nun diesen Zehndollarschein für tausend Jahre in einer Staatsanleihe mit einer Verzinsung von 0,8 Prozent anlege, haben meine Nachkommen achtundzwanzigtausend Dollar. Wegen der Inflation bekommen sie dafür wahrscheinlich nicht einmal ein Kilo Brot. Wenn ich für meine Anlage nur mickrige zwei Prozent mehr bekommen, weil ich Aktien gekauft habe, ist mein Besitz“, sie blickte kurz auf ihren Sapienta, der mitgerechnet hatte, „neun Billiarden und 842 Billionen wert. Was sind schon zwei Prozent Zinsen mehr? Natürlich nagt auch da die Inflation daran, den Dollar wird es schon lange nicht mehr geben, aber es zeigt doch, dass vielen

Staaten ihre Schulden um die Ohren fliegen werden. Wer vor hundert Jahren in Manhattan ein kleines Grundstück gekauft hat, hat seine Nachfahren reich gemacht, wer damals in den Dow Jones investiert hat, ebenso."

„Wieso machen das nicht alle, wenn es so einfach geht?", fragte einer der Studenten.

„Es geht nicht so einfach. Für einen Politiker sind schon zehn Jahre eine Ewigkeit. Der braucht seine Erfolge sofort und handelt daher kurzfristig. Jedes Vermögen weckt sofort Begehrlichkeiten. Aber die Menschen leben inzwischen achtzig oder sogar hundert Jahre und die Geschichte wird von noch längeren Zeiträumen bestimmt. Wenn ihr heute in den Aachener Dom geht oder in Wien den Stephansdom bewundert, erlebt ihr einen Zeitraum von etwa tausend Jahren. Da werden selbst diese Jahre zur sichtbaren Realität, die sich in Monumenten und auf das Stadtbild bis heute auswirken. Die Sammeltätigkeit der Habsburger hat Wien im Verlauf mehrerer Jahrhunderte mit Kunstwerken bereichert, ein Schatz, den wir mit unserem Museum in Futura nie aufholen können. Da wurde vom Kaiserhaus nicht in Vierjahresperioden gedacht.

Manche Entscheidungen können durch den Zinseszinseffekt ebenso gewaltige Auswirkungen auf die Zukunft haben. Eine Fertilitätsrate, also die Zahl der Kinder pro Familie, von 1,4 wie in einigen Ländern Europas reduziert das eigene Volk in wenigen Generationen auf die Hälfte und lässt es weiter schrumpfen. Wir in Futura kommen auf 2,3 und haben zusätzlich eine enorme Zuwanderung, in den Staaten von Amerika liegt sie bei 2,1. Eine Zahl, die in Ordnung und für die Erhaltung des Staates notwendig ist. Eine Rate von drei, vier oder fünf lässt die Zahl der Afrikaner oder Afghanen im eigenen Erdteil in fünfzig Jahren explodieren und zwingt sie zur Flucht. Oder gibt ihnen die Mehrheit in einem Land, das sie ahnungslos aufgenommen hat. Doch diese Länder, in diesem Fall Deutschland, haben nichts davon. Natürlich werden die Immigranten irgendwann Steuern zahlen, aber wenn ihre Innovationskraft und ihr Fleiß nur ein kleines bisschen unter dem ihres Gastlandes liegen, wird dieses zurückfallen und von den ehrgeizigen Asiaten überholt werden, was bereits jetzt geschieht. Da gelten dieselben mathematischen Gesetze. Die spürbaren Auswirkungen liegen aber so weit in der Zukunft, dass sie die Wiederwahl der Politiker in wenigen Jahren kaum beeinflussen. Gespendete Altkleider oder Kühe geben ein gutes Gefühl, etwas für die Not eines Menschen getan zu haben. Dem Flüchtling ist allerdings nicht mit Almosen gedient. Er bräuchte vielmehr Bildung und eine Chance, das Leben seiner Familie im eigenen Land verdienen zu können. Nur das gibt ihm die Würde, die er ebenso braucht wie das tägliche Brot. Kleiderspenden und langfristige Nahrungshilfen zementieren den Rückstand in Afrika. Sie helfen einigen, zerstören aber vielen anderen die wirtschaftliche Existenz als Händler, Weber oder Bauer. Natürlich, wenn jemand hungert, teile ich und gebe ihm zu essen, das ist aber keine langfristige Lösung. Die internationale Gemeinschaft schafft es nicht, die Dissonanz zwischen gutgemeinter Hilfe und dem Wissen um die fatalen Zusammenhänge von der Unterdrückung der Frauen, den schlechten Traditionen und der Überbevölkerung aufzulösen. Wer die Ursachen aus welchen Gründen auch immer verdrängt oder nicht benennen will, wird keine Änderung herbeiführen. Kein Land, das Bildung erschwert und die Hälfte der Bevölkerung wegsperrt, kann gegen die Konkurrenz freierer Länder bestehen. Der Begriff Humankapital wirkt immer etwas anrüchig, es ist ja auch kein Besitz, den ich Banken als Sicherheit geben könnte. Aber ein Volk, das über Jahrzehnte in seine Kultur, Bildung und Arbeitsmoral investiert hat, wird Krisen meistern, an denen andere Völker scheitern. In Umkehrung dieses Gedankens braucht fehlendes Humankapital Jahrzehnte der Entwicklung, da reichen dann auch ein paar nachgeholte Schuljahre nicht.

Viele Europäer ziehen auch die falschen Schlüsse aus ihrer Geschichte. Sie verdrängen, dass eine ruhmreiche Vergangenheit kein Ruhepolster für die Gegenwart sein kann. Sie verstehen ebenso wenig, dass jeder Erfolg nur wie eine Sprosse auf einer schwankenden Hängeleiter ist, jeder Stillstand vergrößert die Gefahr des Absturzes. Ich kann auch als vielfacher Weltmeister beim nächsten Wettkampf leer ausgehen, wenn ich nur eine Zehntelsekunde hinter dem Sieger liege. Für andere Menschen darf nicht mein Ruhm das Vorbild sein, dem sie nacheifern, sondern höchstens die Erkenntnis, dass es sich lohnen kann, noch innovativer, noch ehrgeiziger zu sein.

„Hat das dann nie ein Ende?“, fragte eine Studentin.

„Nein. Schon der griechische Philosoph Heraklit wusste, dass alles fließt und man nicht zweimal in denselben

Fluss steigen kann. Dieses >πάντα ῥεῖ< bestimmt auch unser Leben. Natürlich kann ich aus diesem Wettrennen aussteigen und mein Leben genießen, aber ich darf dann nicht ständig mehr als die anderen wollen. Wenn ich nur geringe Bedürfnisse habe wie Diogenes, der zu Alexander dem Großen gesagt haben soll: *Geh mir ein wenig aus der Sonne!,* belaste ich weder das Klima, noch steigere ich das Defizit, trage aber auch nichts zum Wirtschaftswachstum bei.

Fatal geht es aus, wenn ich die Traumvilla des anderen haben will, aber ohne dessen Anstrengung. Das ist das Problem der sozialen Hängematte, die funktioniert nur so lange, wie die anderen arbeiten. Es ist immer wieder interessant, alte Zeitungsartikel zu lesen. Das Schlimme daran ist aber die Erkenntnis, dass so wenige Menschen aus der Geschichte lernen. Vor etwa zwölf Jahren hat ein Journalist namens Martin Gehlen den folgenden Artikel verfasst: *„Zum Feiern ist in Tunesien derzeit niemandem zumute. In der Woche vor dem siebten Jahrestag des 14. Jänner 2011 brodelt es wieder in der Wiege des Arabischen Frühlings, genauso wie damals, als das Volk Diktator Zine el-Abidine Ben Ali in die Flucht geschlagen hat. In der Nacht auf Donnerstag kam es erneut in einem Dutzend Orten zu Randale und Plünderungen…..*

Doch nicht nur die Sparpolitik und die hohe Arbeitslosigkeit, sondern auch die schlechte Arbeitsmoral in der Bevölkerung machen Tunesien zu schaffen. Fabriken und Unternehmen finden keine Mitarbeiter, bei der Wein- und Olivenernte fehlen die Arbeiter. Taxifahrer lassen Kunden mit der Begründung an der Straße stehen, es sei im

Moment zu viel Verkehr. Ein Servicetelefon, bei dem tatsächlich jemand abhebt und den Kunden noch professionell bedient, muss erst erfunden werden. Wer Kritik an schlechter Leistung übt, löst in der Regel keine erhöhten Anstrengungen aus, sondern nur beleidigte Gesichter. In den bizarr überbesetzten Amtsstuben Tunesiens herrscht chronischer Müßiggang. Staatsfirmen wie die Fluggesellschaft Tunisair bewegen sich in einem wirklichkeitsfremden Trott. Vor dem Hafen von Tunis warten Frachtschiffe zwei bis vier Wochen, bis sie andocken können, weil das Entladen im Hafen nur im Schneckentempo erfolgt."

Was haben die Tunesier oder die Menschen in den Nachbarstaaten daraus gelernt? Offensichtlich wenig.

Tunisair ist schon lange pleite, die Unruhen in den Folgejahren waren mal stärker, mal schwächer. Seit diesen Aufständen gab es zwei Diktatoren und drei gewählte Regierungen. Einer der Diktatoren ist heute Milliardär, lebt aber in London. Die Aggression gegen Zuwanderer aus dem Süden nimmt gefährlich zu.

Im Mittelalter gab es in Europa kaum Innovationen, wer etwas wissen wollte, hat die alten Schriften studiert. Es wäre Gotteslästerung gewesen, die Überlieferungen in Frage zu stellen. Als aber Gutenberg seine beweglichen Lettern erfunden hatte, Galilei, Kepler, Newton und andere erstmals echte Wissenschaft betrieben haben und europäische Geographen danach drängten, die weißen Flecken auf ihren Landkarten zu erforschen, war es mit der Stagnation vorbei. Für immer.

Denn heute und in Zukunft wird es immer einen geben, der neugieriger ist, der sich mit dem alten Wissen nicht zufrieden gibt und Neues erforscht. Zumindest so lange, bis sich der Homo sapiens selbst aus dem Spiel nimmt."

„Kann so etwas tatsächlich eintreten?"

„Die Gentechnik ist schon so weit fortgeschritten, dass es möglich erscheint. Ich trage ja selbst einen Biochip, der mich mit unserem Hauptcomputer verbindet. Unsere Rechner werden nie die Macht übernehmen, aber können wir uns bei ihren Nachfolgern genauso sicher sein? Unsere beiden Androiden auf der Universität in Futura", sie zeigte ein Video von ihrer Tätigkeit, „wirken so dienstbereit und höflich. Aber beide sind stärker als wir, können schneller rechnen, besser Schach spielen und schlagen uns im eigenen Fachgebiet. Einer dieser Robs, die sogar Namen tragen, könnte den Vortrag auch an meiner Stelle halten. Selbst der Sapienta, den ich vorhin gefragt habe, weiß mehr als ich. Aber auch wenn diese Utopien von herrschsüchtigen Maschinen nicht Wirklichkeit werden, bleibt immer noch die größere Gefahr, dass es Gentechnikern mit ihren Versuchen am menschlichen Gen gelingt, Übermenschen zu schaffen, eine bessere Rasse als den Homo Sapiens. Das Ziel scheint vorerst harmlos. Gentechnische Änderungen verbessern die Resistenz gegen Krankheiten und Seuchen. Ist ja wünschenswert. Die Kraft und Ausdauer wird vielleicht gesteigert, oder die Intelligenz. Plötzlich entscheidet das Geld, wer sich welche Verbesserung leisten kann. Die Politiker oder Milliardäre könnten ihre Suche nach dem Herrenmenschen fortsetzen und vielleicht sogar Erfolg haben. Wie die Mächtigeren bisher mit Menschen niedrigerer Zivilisationsstufen umgegangen sind, sollte uns zur Vorsicht mahnen. Dann könnten selbst Genozide der Vergangenheit als klägliche Versuche auf dem Weg zur Weltherrschaft eingestuft werden und unsere Art ebenso aussterben wie der Neandertaler zuvor."

„Das alles kann eintreten? Das klingt ja schrecklich!"

„Wir wissen es nicht. Vielleicht ist es auch besser so."

„Nützt die Globalisierung den Menschen oder schadet sie?", war die Frage von zwei weiteren Studenten.

„Das lässt sich nicht pauschal beurteilen. Der internationale Handel verbindet die Völker, er schafft Frieden, Empathie und Verständnis. Langfristig erhöht der ständige Austausch die Löhne in den Produktionsländern und drückt die Preise in den Industrieländern. Er hält damit sowohl die Inflation als auch die Löhne einfacher Dienstleister in den westlichen Ländern niedrig. Begehrte High-Tech-Produkte schaffen Nachfrage bei den Produzenten, zwingen allerdings auch unterentwickelte Länder zu vermehrten Anstrengungen.

Gewinner der Globalisierung sind jene, die billige Dienstleistungen und Rohstoffe kaufen und Innovation und Technologie teuer verkaufen können. Verlierer sind jene, die mangels funktionierender Infrastruktur und schlechter Bildung in der Konkurrenzfähigkeit zurückfallen und über die internationalen Medien und das Internet ständig erfahren, dass es allen anderen besser geht. Die Antwort in vielen Fällen ist dann Frust und Aggressivität oder auch die Flucht. Über den schon genannten Zinseszinseffekt verstärken sich positive und negative Tendenzen im Lauf der Generationen. Dass es Europa heute noch so gut geht, liegt ja nicht in der Wirtschaftsleistung des letzten Jahres, sondern am angehäuften Kapital, dem Know-how, der Bildung und den Sozialleistungen der letzten Jahrhunderte.

Unserem Land nützt die Globalisierung. Wir generieren über unser investiertes Kapital Dividenden und sonstige Einkünfte, wir exportieren hochwertige Güter und Dienstleistungen und haben damit ausreichend Geld, um Rohstoffe, billigere Dienstleistungen und Kulturgüter aus dem Ausland zu kaufen. Zusätzlich kumulieren unser Wissen und die ständigen weiteren Innovationen das weltweite Wissen zunehmend bei uns. Eine Spirale, die unsere Vormachtstellung ständig verstärkt. Die Frage nach der Gerechtigkeit beantwortet sich dahingehend, dass alle Völker mit kluger Politik dasselbe tun könnten. Sie tun es aber nicht und fallen kontinuierlich zurück. Unser BIP pro Kopf steht mit großem Abstand an der ersten Stelle und wird es, soweit ich halbwegs seriös in die Zukunft blicken kann, auch bleiben."

„Liegt es also an der falschen Politik oder an den Multis, die uns ausbeuten?"

„Zum Teil. Da ihr Studenten seid und hoffentlich bald einen Abschluss habt, habt ihr auch die Chance, das Leben zu eurem Vorteil zu gestalten. Es geht um lange Zeiträume. Das schließt Lebensfreude und das Bier in zehn Minuten nicht aus. Exponentielle Entwicklungen sind tückisch, weil sie langsam und beinahe unscheinbar beginnen. Wie die Geschichte mit dem Schachbrett: Ein Reiskorn auf das erste Feld, auf das nächste zwei, dann vier, acht, sechzehn. Die erste Reihe reicht noch nicht einmal, um satt zu werden. Für die letzte dagegen genügen nicht einmal annähernd die gesamten Reisernten der Welt."

„Ist Künstliche Intelligenz gut für uns Menschen oder gefährlich?"

„Sie ist beides. Doch immer, wenn wir anderen das Denken überlassen, machen wir uns abhängig und dümmer.

Unser Gehirn verliert Synapsen, die Verbindungen zwischen unseren Neuronen. Wir können in Google alles nachschlagen, was wir nicht wissen. Da inzwischen selbst Wissenschaftler, Autoren oder auch Studenten oft nur die gefundenen Schnipsel kopieren und bestenfalls leicht verändert in ihre Texte einfügen, müssen sie deren Inhalte nicht einmal mehr verstehen. Auch die Programmierer bei Google wissen: Je besser unsere Algorithmen, desto dümmer die User.

Die Künstliche Intelligenz führt zum nächsten fatalen Schritt. Wir schreiben diesen Geräten menschliche Eigenschaften zu.

Im Film: *Odyssee im Weltraum* aus dem Jahr 2001 von Stanley Kubrick zeigt HAL 9000, der fiktive Computer des Raumschiffs Discovery, während der Reise zum Planeten Jupiter eine Art neurotisches Verhalten. Als er merkt, dass die Besatzung ihn abschalten will, tötet er die Mannschaft des Raumschiffs. Nur einem Überlebenden gelingt es, die Module eins nach dem anderen manuell zu deaktivieren. HAL verzweifelt wie ein Mensch, dem seine Lebensfunktionen Stück für Stück abgeschaltet werden. Der Astronaut namens Bowman reagiert hier kühl wie eine Maschine, während in HAL zunehmend Angst hochsteigt und er ein Kinderlied zu singen beginnt.

Unsere Sapientas sind ungeheuer praktisch. Aber auch bei ihnen besteht die Gefahr, dass wir uns den Geräten zu stark ausliefern, sie für uns sogar entscheiden lassen. Noch stärker ist die Gefahr bei unseren Androiden. Sie reagieren einfühlsam und haben mehr Geduld als die meisten Menschen. Einige unserer Studenten haben sogar versucht, Beate, den weiblichen Universitätsandroiden zum Essen einzuladen oder haben begonnen, ihr ihre Probleme zu erzählen, als wäre sie wirklich ein menschliches Wesen. Ich rede ja selbst über sie, als wäre sie eine Frau. Sie kann sogar mehr, spricht mehr Sprachen, kennt hunderttausend unserer Bürger beim Namen. Sie könnte sie sogar operieren oder ihnen ein Essen kochen. Auch Frauen mögen sie. Darin besteht ein ungeheurer Reiz, aber auch eine große Gefahr. Wir beginnen als Menschen mit diesen Androiden zu konkurrieren. Und verlieren vielleicht sogar. Aber sie sind auch ungeheuer faszinierend."

„Welche Wirtschaftstheorien halten sie für richtig? Wir haben fünfhundert Seiten mit irgendwelchen klugen Theorien gelernt, die aber in der Geschichte kaum funktioniert haben."

„Den Glauben an den Marktfundamentalismus teile ich nicht. Natürlich regeln sich überblickbare Märkte von selbst. Der Bäcker wird nur so viel Brot backen, als er glaubt, am nächsten Tag verkaufen zu können. Nur bleiben die Märkte nicht überblickbar, manche Teilnehmer mauscheln mit der Politik, sprechen sich ab und schaffen sich Monopole. Rationales Agieren der Marktteilnehmer ist eine schöne Illusion. Beim Crash wollen sich alle gleichzeitig retten, wenn irgendwas nach Erfolg riecht, wollen alle dabei sein. Ein paar Milliardäre haben zumindest überwiegend wie der fiktive homo oeconomicus agiert, aber diese wenigen Ausnahmen sollten nicht als Grundlage für ein Wirtschaftsmodell dienen. Trotzdem bin ich ein Fan für freie Märkte. Denn es ist die Aufgabe der Politik, die geeigneten Rahmenbedingungen zu schaffen.

Demokratie und Marktwirtschaft bedingen einander nicht unbedingt. Singapur, Korea, Vietnam und China haben keine Demokratie und sind äußerst erfolgreich. Aber die Demokratie garantiert ein ausreichendes Maß an Freiheit und bietet günstige Rahmenbedingungen für den wirtschaftlichen Erfolg. Sie durchschreitet im Verlauf von Jahrhunderten den Weg von der Abhängigkeit in totalen Systemen hin zur individuellen Verantwortung und löst die Fesseln, die jedes private Engagement behindert haben. Ein enormes Gefühl der Freiheit und der Selbstbestimmung weckt den menschlichen Geist und befähigt ihn zu großartigen Innovationen in der Technologie, der Kunst und im sozialen Miteinander. Irgendwann ermüdet dieser Elan und immer mehr Menschen tauschen ihre Freiheit gegen die Bequemlichkeit des Hühnerhofs mit dem sicheren Futtertrog. Der Sozialstaat ufert aus. Sie endet mit dem Ruf nach dem starken Mann, der endlich wieder Ordnung in das soziale Chaos bringen soll. Das ist keine Herabsetzung der Demokratie. Sie ist wie jedes System Schwankungen unterworfen. Die Kontinuität von Staatlichkeit, der Bildungspolitik, des Rechts- und Sozialsystems bildet die Grundlage für ein gutes Leben und einen erfolgreichen Staat. Darin besteht eben die Kunst der Politik, einen geschickten Ausgleich zwischen divergierenden Ansprüchen zu schaffen. Ihr seid jung und habt die Aufgabe, eure Heimat zu gestalten. Erfüllt diesen Auftrag!“

Es gab heftigen Beifall, aber auch Ablehnung. Viele wollten dann mehr über Futura wissen. Die mitgebrachten Prospekte fanden reißenden Absatz, obwohl im Internet ebenfalls alles über Futura zu erfahren war. Einige der Studenten besuchten in den Monaten darauf tatsächlich unser Land oder bewarben sich um ein Praktikum oder einen Ferialjob. Etliche blieben.

14. Februar 2030

Es ist alles Quatsch. Ich habe mich heute nackt im Spiegel angesehen. Was nützt es, schön und klug zu sein? Perfekt zu sein? Perfekt zu funktionieren? Wenn niemand da ist, der mich angreift, liebt? Die Haut vorn um den Bauch war auch schon straffer. Einfach mal abhauen, einfach mal leben. Wo sein, wo mich niemand kennt. Wo ich nicht ständig Dame sein muss. Ständig ordentlich, penetrant sittsam.

Kapitel 6: Die Universität wächst

2040

Eine Schlange neuer Studenten stand vor Beate. Sie war hübsch, hatte ein makelloses Gebiss, schöne Haare und konnte lächeln. Ein Android. Sie hatte immer Geduld und nahm sich für die Studenten und Studentinnen Zeit, die Auskünfte über Vorlesungen wollten oder inskribierten. Sie saß wie eine normale junge Frau hinter einem Tisch mit Drucker und Scanner. Nur Einladungen zu einem Kaffee oder Essen nahm sie nicht an. Nie. Manche konnten es sich nicht verkneifen, etwas direkter zu werden. Doch dann konnte ihr Lächeln merklich kühler werden, die Antwort durchaus derb ausfallen.

Plötzlich stand sie vor einer Studentin auf, die inskribieren wollte, und klopfte ihr auf die Schulter. Eine Fanfare erklang. Die junge Frau blickte ganz erstaunt um sich. Beate gratulierte ihr und klärte sie auf. Die junge Studentin, Elsa mit Namen, war die zehntausendste unter den Studierenden. Sie wurde gebeten, ein wenig zu warten. Kurz darauf kam der Rektor auf sie zu, jener, der auch die Laudatio vor zwei Jahren zum Abschied von Dr. Pernstein gehalten hatte. Er gratulierte ihr und überreichte ihr einen Gutschein: „Ihr Studium wird gratis sein“, sagte er und beglückwünschte sie. „Falls sie das Studium erfolgreich abschließen, was ich natürlich hoffe, werden sie zur normalen Prämie noch ein zusätzliches Geschenk bekommen.“

Beate überreichte ihr noch einen Gutschein für zwei Personen für eines der besten Restaurants in der Stadt.

Elsa hüpfte vor Freude, bedankte sich beim Rektor und umarmte Beate. Schon in der Bewegung spürte sie die Verunsicherung. Einen Androiden umarmen? Doch Beate reagierte so lebensecht, wie eben eine junge Frau in dieser Situation reagiert hätte.

Der Nächste unter den Studenten wünschte sich, an ihrer Stelle zu sein.

Doch als sich Beate an ihn wandte, lächelte sie zwar immer noch und begrüßte ihn so freundlich wie alle seine Vorgänger. Mehr aber auch nicht.

Die früher so beschauliche Universität, die 2020 mit etwa zweihundert Studenten begonnen hatte, war nun mit rund zweitausend Studenten ausgelastet. In der Mehrzahl waren sie weiblich. Damit gab es in Futura auch keine Diskussionen über die Diskriminierung von Frauen, da diese in den Firmen und den Regierungsstellen ausreichend vertreten waren.

Die Anforderungen lagen hoch, die lockere Stimmung bei Partys und auf dem Universitätsgelände belegten jedoch die gelungene Mischung zwischen Arbeit und Vergnügen. Gute Erfolge gab es auch im Sport. Besonders auffallend waren jedoch die Spitzenleistungen in Wissenschaft und Technik. Die Universität wurde regelmäßig unter den zehn besten der Welt genannt, ihre Labors und die technischen Einrichtung setzten Maßstäbe. Was Besseres gab es nicht.

So war es auch kein Wunder, dass sich die weltweit talentiertesten jungen Menschen um einen Studienplatz bemühten. Hochbezahlte Jobs fanden sie nach Abschluss ihres Studiums gleich um die Ecke. Ob in der Klinik, als Wissenschaftler oder Ingenieur, Nachfrage und Chancen gab es genug. Wer sich von den Absolventen in Futura ansiedeln wollte, bekam eine Prämie, die hoch genug war, um sich die Staatsbürgerschaft leisten und eine kleine Wohnung einrichten zu können.

Kapitel 7: Überfall auf Beate

2040

Je mehr Touristen die schöne Stadt bewunderten, desto mehr wuchsen in anderen Neid und Ärger über Futura. Die Eleganz der Straßen und Geschäfte war schon Herausforderung genug, aber die ausgefeilte Technik, die alle anderen wie Anfänger und Dilettanten aussehen ließ, und die man auch nicht kaufen konnte, verschaffte den Geheimdiensten der führenden Nationen und den Technikern der großen Universitäten und der High-Tech-Konzerne schlaflose Nächte. Besonders die Androiden, die ihren eigenen Produkten um Jahrzehnte voraus waren, waren das besondere Objekt ihrer Begierde.

Russische, chinesische, amerikanische und weitere Regierungen setzten Millionenbeträge als Prämie für den Diebstahl dieser Geheimnisse aus. Ihre Hacker versuchten, in die Computer Futuras einzudringen, kamen allerdings nicht weit, meist wurden sie dann für ihre Versuche selbst gnadenlos unter Druck gesetzt. Manchmal verschmorten ihre Anlagen einfach, ohne dass sie je dafür die Ursache fanden. Es gelang den Geheimdiensten zwar, einige ihrer klügsten Mitarbeiter als Studenten einzuschleusen. Diese konnten das Fach studieren und mit Beate und Tommy, den beiden Androiden auf der Universität Futuras, reden. Das war aber auch schon ziemlich alles. Selber bauen konnten sie sie nicht.

Die ausgesetzten Millionenprämien für die Geheimnisse boten allerdings einen gewaltigen Anreiz, es vielleicht mit dem Gesetz doch nicht ganz so genau zu nehmen.

Emilio, Igor, Sergej und Rashid, eine Gruppe hochintelligenter Studenten, die dem russischen Geheimdienst nahe standen, allerdings auch für einen reichen anonymen Geldgeber arbeiteten, trafen sich in einer abgelegenen Nische ihres Stammlokals. Ihrer Wohnung trauten sie wegen möglicher Abhörgeräte nicht, ihren Smartphones noch weniger. Zur Vorsicht gaben sie sogar die Akkus aus ihren Geräten, während sie im Schatten eines Baumes über ihren Plan tuschelten.

„Die beiden Androiden verlassen das Universitätsgelände nicht, sie wohnen dort." Igor meinte dazu: „Ich glaube nicht, dass sie schlafen. In der Nacht kommen wir in die Universität auch nicht hinein."

„Tommy schaut stärker aus, wir werden uns Beate vornehmen müssen. Wir müssen sie irgendwo allein aufgreifen."

„Sie darf keine Zeit für den Alarm haben, außerdem müssen wir die Teile dann möglichst schnell loswerden. Erwischen dürfen sie uns damit nicht."

„Unser Chef hat im Hafen ein Motorboot. Das fällt unter den Touristen wegen der anderen Wassersportler weniger auf, als wenn wir über die Straße davonrasen."

Rashid ergänzte: „Ich habe ihren Tagesablauf genau verfolgt. Wenn die Studentenberatung geschlossen wird, geht Beate meist allein noch in die Labors, macht einen Kontrollrundgang und verschwindet dann im geschlossenen Bereich, den wir nicht betreten dürfen. Wir müssen sie also vorher erwischen. Eine geile Frau. Cool."

„Ja, schon. Schade um sie. Die müsste doch auch im Bett ….“

„Du hast nur Scheiße im Kopf. Die ist ein Computer, keine Frau. Wir brauchen ihre Hauptplatine. Oder den ganzen Kopf. Irgendwo muss ja die ganze Elektronik stecken“, sagte Sergej höhnisch.

„Weißt du, wo sie das alles hat? Die Skripten in unserem Elektroniklabor zeigen mehrere Möglichkeiten. Ich habe mal unseren Professor gefragt. Der meinte damals, dass das vom Modell abhängt, genauer äußern wollte er sich nicht.“

„Wir können sie aber nicht in einem Stück fortschleppen. Eine Studentin hat die Beate einmal nach ihrem Gewicht gefragt und sie gab als Antwort, dass sie doppelt so schwer wie sie wäre. Das wären also etwa hundertzehn Kilo, dabei schaut sie so schlank aus. Die kriegen wir nie unbemerkt zum Hafen.“

„Unser Boss hat auch gemeint, dass der Kopf genügen müsste. Ich habe eine Miniflex mit Diamantscheibe, wir schneiden ihr den Kopf einfach ab.“

Ihre eingeschleusten Werkzeuge waren das Beste, was am Weltmarkt zu kriegen war. Nicht nur James Bond hatte sein Spielzeug.

Sergej zog vorsichtig einen Taser aus seiner Tasche. „Meint ihr, dass sie damit bewusstlos wird?“

„Bewusstlos schon, nur hast du dann Schmorbraten, aber keine Platine. Wenn du mit fünfzigtausend Volt an die Elektronik rangehst, hast du nur noch Schrott. Aber mit unserem Laser sollten wir den Kopf vom Rumpf runterkriegen, sonst eben mit der Flex.“

Sie berieten sich noch weiter und beschlossen den Angriff am nächsten Mittwoch durchzuführen. Die winzige Drohne, die wie ein kleiner Spatz im Geäst saß, bemerkten sie nicht. Auch wenn diese wegen der Nebengeräusche nur wenig vom Gespräch aufnehmen konnte, war Bob, der Hauptcomputer, doch alarmiert.

Beate absolvierte wie üblich am Mittwoch ihre Beratungsstunden. Sie saß wie immer lässig an ihrem Bürotisch, teilte Sticks mit den notwendigen Informationen aus oder verwies die Studenten auf die Infos an den Bildwänden. Wie zufällig streifte Igor ihre Hand, die sich warm und weich wie Haut anfühlte. Er erntete allerdings einen Blick von ihr, der ihn kurz schaudern ließ.

„Sie kann doch von ihrem drohendem Unheil nichts wissen“, dachte er bei sich. Unbehaglich fühlte er sich doch.

Während des Tages war sie meist von Studenten umringt. Es ging den meisten gar nicht so sehr um weitere Informationen zum Studium, denn die fanden sie im Hochschulcomputer ohnehin, aber sie waren von der Menschenähnlichkeit Beates fasziniert und wollten nach Möglichkeit die Grenzen ihres Wissens und vor allem die Vielseitigkeit ihrer Gefühle testen. Sie empfanden den Umgang mit ihr zu Recht als Privileg, schließlich gab es weltweit keine besseren Androiden und die Klügsten unter ihnen wollten so viel wie irgendwie möglich lernen. Ihr hier gewonnenes Wissen würde ihnen in ihren Ländern jede Möglichkeit zum Aufstieg bieten. Pflegeroboter oder Soldaten waren weltweit heiß begehrt. Andere Roboter, die Menschen nicht ähnlich waren, gab es inzwischen genug, aber noch immer keine, die Künstliche Intelligenz wie Futuras Androiden oder deren Sprachkenntnisse besaßen. Auch ihre Mimik und Bewegungsfähigkeit übertraf alle Konkurrenten. Selbst ihre Außenhaut fühlte sich gleich wie die von Menschen an und viele der Studenten hätten gern ein bisschen mehr erkundet. Außerdem verführte ihr strahlendes Lächeln, das auch Tommy, den männlichen Androiden auszeichnete, viele dazu, in ihr tatsächlich ein fühlendes Wesen zu sehen, von dem sie sich angesprochen fühlten und in das sie sich sogar ein bisschen verliebten.

Auch heute zog Beate nach ihrer Beratungszeit ihre Runden durch die Labors, beantwortete noch Fragen der Studierenden und kontrollierte die über Nacht laufenden Geräte, um sich später in ihren eigenen Raum zurückzuziehen, in dem sie ihre Batterien wieder aufladen konnte. Außerdem würde sie praktisch die ganze Nacht über mit echten Menschen über das Internet kommunizieren, die sie unter ihrem Nickname für einen menschlichen Teilnehmer hielten. So blieben ihre Sprache und ihre Reaktionen immer aktuell und verfeinerten ihre Wahrnehmungen menschlicher Regungen.

Bob hatte sie gewarnt. Die kleine Drohne war nicht nahe genug gewesen, um mehr als ein paar Hinweise auf eine geplante Attacke gegen die Universität oder eine ihrer Einrichtungen aufzuschnappen. Aber die Information genügte, um die möglichen Übeltäter weitgehend zu überwachen.

Als Beate das letzte Labor verließ, verwickelte sie Emilio in ein Gespräch, während die drei anderen versuchten, sie mit einem Stoß aus dem Gleichgewicht zu bringen, sie am Boden zu fixieren, um sofort nach ihrer Fesselung ihren Kopf mit der kleinen Flex abzutrennen.

Beate parierte ihren Stoß mühelos. Auch wenn sich ihre Haut die ersten zwei Millimeter weich anfühlte, darunter war ein Skelett aus Titan und Muskeln aus Kohle- und Aramidfasern. Dass Beate nicht nur Sprachen beherrschte, spürten die vier in den nächsten Sekunden. Unglaublich harte Schläge, in die Beate ihr ganzes Körpergewicht legte, prasselten auf die vier Verbrecher ein. Haut platzte und Knochen gaben ein hässliches Geräusch von sich, als sie unter ihren Schlägen zersplitterten. Schläge auf den Kopf vermied sie, um keinen zu töten. Nur Sekunden später lagen die vier schreiend und stöhnend am Boden. Bob, der ja mit den Androiden in ständiger Verbindung stand, verständigte sofort die Polizei, den Rettungstrupp und die Hausreinigung. Emilio war mit voller Wucht gegen eine der Labortüren geprallt und hatte sie zerbrochen. Ein massiver Glassplitter hatte sich durch seinen Bauch gebohrt und dunkles Blut mischte sich mit dem rauschenden Wasser des Sprinklers, den er bei seinem Aufprall ausgelöst hatte. Am Boden kreischte die Flex, bis sie von Beate mit einem Tritt zum Schweigen gebracht wurde.

Beate sah nachdenklich auf das zerstörte Gerät. „Ich habe wütend wie ein Mensch reagiert", dachte sie. Ihre Haut hatte gelitten, als Sergej die Flex auf sie angesetzt hatte, doch sie erkannte sofort, dass sie dieses Problem in den nächsten Stunden lösen konnte. Die Probleme der vier Studenten, die inzwischen entweder bewusstlos waren oder vor sich hin stöhnten, würden länger andauern.

Zwei Studenten, die in der Nähe waren, rannten herbei, überließen das Geschehen aber gern den ebenfalls kommenden Wachen. Wenige Minuten später waren auch die Sanitäter da und versuchten, den Verletzten zu helfen und sie transportfähig zu machen. Ein Ärzteteam bereitete sich auf die Operationen vor.

Beate erzählte den Ablauf und da ihre Augen wie eine Videokamera alles abspeicherten, was sie sah, konnten die Verantwortlichen einen raschen Überblick gewinnen, während die Verletzten schon auf ihrem Weg zum Spital waren. Nach der Spurensicherung begann der Putztrupp seine Arbeit.

Noch in der Nacht konnten die Ärzte beruhigt verkünden, dass alle vier die Attacke überleben würden. Dass sie einen hohen Preis für ihre Geldgier gezahlt hatten, wurde ihnen in den nächsten Jahren bewusst. Eineinhalb Monate später waren zwar ihre äußeren Verletzungen halbwegs geheilt, aber sie wurden in ein privat geführtes Gefängnis außerhalb Futuras überstellt, in dem sie jeweils vier Jahre abzusitzen hatten.

Kapitel 8: Erfindungen

2041

Innovation war eines der wichtigsten Arbeitsziele in Futura. Während tausende Arbeiter am Ausbau von Wohnungen, Häusern und Fabriken werkten, zerbrachen sich andere die Köpfe vor dem Computer, forschten an neuen Strukturen im Nanobereich oder arbeiteten in Labors und Werkstätten.

Im Laufe der Jahre war Biogleam eine der großen Erfolgsstorys geworden. Eine Reihe weiterer medizinischer Geräte wurde erfunden und durch Patente geschützt, vorhandene wurden verbessert. Gerade die Bionik, eine Wissenschaft, die die tollen Vorbilder der Natur in technische Anwendungen umsetzte, war dabei recht erfolgreich. Dabei ging es nicht um das bloße Abkupfern, das wäre in den meisten Fällen ein Fehlschlag geworden. Einen Vogelflügel konnte man nicht einfach nachbauen, das bekam nach einer griechischen Sage schon Ikarus zu spüren. Obwohl Dädalus seinem Sohn Ikarus vor dem Start eingeschärft hatte, nicht zu hoch und nicht zu tief zu fliegen, da sonst die Hitze der Sonne beziehungsweise die Nässe des Meeres zum Absturz führen würden, wurde dieser übermütig und stieg so hoch hinauf, dass die Sonne das Wachs seiner Flügel schmolz und er ins Meer stürzte. Heute wissen wir, dass sich der Traum vom Fliegen nur mit starren Flügeln realisieren ließ. Aber vom Lotuseffekt bei selbstreinigenden Fassaden und Oberflächen, beim Kleben mit der gewünschten Stärke oder Nanoeffekten bis zu medizinischen Anwendungen konnte man vieles verwenden oder lernen, was die Natur im Lauf von Millionen Jahren perfektioniert hatte. Selbst die allerneuesten Virenscanner hatten in der Natur ihr Vorbild.

Thomas Angold, David und Michael Nonndorf und ihr Team arbeiteten derzeit an der Verbesserung der Biochips. Ihnen war zwar unverständlich, wie perfekt diese ohnehin vor ihnen lagen, es gab auch keine Patente dafür, aber sie existierten auch nur in Futura. An der Kreation eines Cyberwesens arbeiteten hunderte Teams in aller Welt, aber über elektrische Drahtleitungen und plumpe Steuerelemente war bisher keines hinausgekommen. Die anderswo entwickelten Chips waren unbeholfen groß und störend.

Ihre eigenen Biochips hingegen bestanden überwiegend aus körpereigenem Eiweiß, die über schwache Ströme und Hormonabgaben den Körper steuern konnten und über elektrische Impulse mit der Außenwelt, vor allem mit ihrem Zentralrechner, verbunden waren. Dieser überwachte permanent Blutdruck, Zucker, Adrenalin und andere Werte. Ihre Forschungen führten sie zum Ergebnis, dass sie noch viele Jahre brauchen würden, um überhaupt gleichwertige, geschweige denn verbesserte, zu schaffen. Bisher produzierten sie die Chips entweder über einen der beiden fantastischen Drucker, die darauf spezialisiert waren, oder indem sie den biologischen Teil in Nährlösungen wachsen ließen und den winzigen anorganischen Teil ebenfalls über den Drucker herstellten.

Auf dem Gebiet der Robotik hatten sie schnellere Erfolge. Gemeinsam mit der Firma Kronberger Robotik, die

Lukas und Tim Kronberger gehörte, konstruierten sie verschiedene Arten von den neuen AIMs, also Artificial Intelligent Machines.

Auch dabei ging es nicht immer um die größtmögliche Anlehnung an die menschliche Optik, sondern um Bots und Robs mit Künstlicher Intelligenz, die entsprechend den verlangten Anforderungen gebaut und zunehmend in Haushalten, Büros und Betrieben eingesetzt wurden und verschiedenste Tätigkeiten übernahmen. Roboter, die man von Menschen kaum noch unterscheiden konnte, machten oft Angst oder unsicher. Außerdem verteuerte das menschliche Aussehen die Maschinen unnötig.

Eine Restaurantkette setzte die neuen Robs als Kellner ein, die Bestellungen entgegennahmen, an die Küche per Funk durchgaben und rasch servierten. Selbst zahlen konnte man bei ihnen, indem man einfach seine Kreditkarte oder das Smartphone an das Display der Robs hielt. Da das neu war und von den meist jungen Gästen als witzig empfunden wurde, kam die Idee gut an und ließ sich weltweit verkaufen.

Eine interessante Herausforderung waren auch Prototypen für Mond- und Marsfahrzeuge, die Nationen wie China, Russland oder Amerika bei ihrer Firma in Auftrag gaben.

Die Amerikaner waren gerade dabei, ihre erste Marsstation zu planen, die Besiedelung des Mondes war noch vor 2050 zu erwarten. Auch für diese lieferten sie Entwürfe und Bauteile.

Das übergeordnete Ziel früherer Erkundungen war die Frage, ob der Mars aktuell oder in der Vergangenheit in der Lage war, Leben zu beherbergen. Daher wurde die Zusammensetzung und Menge von kohlenstoffhaltigen organischen Verbindungen und die quantitative Messung der Grundbausteine des Lebens wie Kohlenstoff, Phosphor, Sauerstoff, Stickstoff, Wasserstoff, Eisen, Kalzium und Schwefel untersucht. Lebenswichtig war für den künftigen Betrieb von exterrestrischen Stationen das Auffinden ausreichender Mengen an Wasser, Methan, verschiedener Metalle sowie anderer notwendiger Elemente. Schließlich konnte wegen der begrenzten Transportkapazität von Raketen nur ein Bruchteil der langfristig benötigten Mengen an Bau- und Verbrauchsmaterial von der Erde mitgenommen werden. Die Versorgung mit Lebensmitteln musste autark erfolgen.

Ebenfalls interessant waren Menge und Qualität wichtiger Erze und Minerale, die eventuell häufiger als auf der Erde vorlagen und Probleme der Energiespeicherung oder der Supraleitung bei Normaltemperatur lösen konnten.

Wirtschaftlich gesehen hatten sie mit einer Idee einen überraschenden Erfolg, die David und Michael für Kids in ihrem Umfeld konstruiert hatten. Die alten Skater und Segways waren etwas aus der Mode gekommen, aber eine neue Formgebung mit einem einzigen Rad, das elektrisch und selbststabilisierend angetrieben wurde, oder eine Art Minisegway, eine Achse mit zwei Rädern und kleiner Plattform, führten zu einer neuen Sportart. Mit einem Board dieser Art erreichten die Kids bis zu etwa zwanzig oder gar dreißig Kilometer pro Stunde und glitten auf Gehsteigen und Fahrbahnen schwerelos dahin. Rasch entstanden Clubs mit gemeinsamen Ausfahrten, bei denen es weniger um Schnelligkeit als um koordinierte Bewegungen wie beim Synchronschwimmen oder bei Paraden ging. Als dann eine coole, manchmal silbrige, manchmal farbige Uniform dazukam, versuchten sie die Bewegungen von Fisch- oder Vogelschwärmen zu erreichen. Bald entstanden Meisterschaften für Gruppen von sieben und auch mehr Schwarmsurfern. Sie gaben sich Namen wie >Haifischclub<, >Barrakuda< oder >Delfinos< und sausten silbrig glänzend oder bunt wie ein Schwarm dahin. Richtungswechsel und das Ausweichen an Hindernissen erfolgten synchron und erforderten viel Training, bis die Bewegung der ganzen Gruppe tatsächlich wie ein einziger Körper wirkte. Richtig imposant sahen die Meisterschaften aus, wenn große Gruppen von 31 Teilnehmern ein Team bildeten. Diese Zahl war willkürlich und wie sieben eine Primzahl, war aber für Gruppe-A-Bewerbe zur Norm geworden. Kleingruppen mit weniger Teilnehmern traten im B-Wettbewerb oder schlicht als Siebener an. Die Bewertung erfolgte nach der Synchronität und der Geschlossenheit der Gesamtbewegung. Ganzkörperbekleidungen in einheitlicher Farbe gaben ein unvergleichliches Schauspiel, wenn Gruppen um einander wirbelten, sich gegenseitig ohne Zusammenstoß durchdrangen oder in einem plötzlichen Schwenk ein Hindernis umflossen. Als dann internationale Meisterschaften dazu kamen, sah man überall auf Plätzen und Straßen diese Kleingruppen dahinsausen, was den Kids eine Menge Vergnügen, aber auch viele Abschürfungen brachte und ältere Menschen hastig zur Seite springen ließ, wenn eine Meute blitzartig an ihnen vorbeiströmte. In wenigen Jahren kam es zu einem regelrechten Boom, die Aufnahme als neue Sportart für die olympischen Spiele wurde angestrebt. Besonders Völker wie Chinesen, die auch schon bisher für gemeinsamen Massensport zu gewinnen waren, brachten es zu hoher Meisterschaft. Sogar eigene Bahnen mit Rampen wurden kreiert, die in die Gesamtbewegung Wellen oder Muster einflochten und damit eine bessere Beurteilungsbasis und das Auftreten in Sportstadien ermöglichten.

Dr. Miller George arbeitete gemeinsam mit Dr. Mantini Julia an einem der spannendsten Gebiete der chemisch-biologischen Wissenschaft. Er hatte Biologie und Verfahrenstechnik und sie Chemie und Biologie studiert. Der ansteigende Kohlendioxidgehalt der Luft und die damit verbundene Übersäuerung der Meere machten immer mehr Probleme. Kohlendioxid wirkte in der Atmosphäre als klimawirksames Gas und verstärkte den Glashauseffekt, das heißt, die durchschnittliche Temperatur stieg unaufhaltsam und ließ die Gletscher in den Alpen und die Eisdecke in Grönland schmelzen, was einen starken Anstieg des Meeresspiegels bewirkte. Weite Teile der Arktis blieben immer länger eisfrei, was den Eisbären die geschlossene Eisdecke ihrer Jagdgebiete unter ihren Füßen wegschmelzen ließ. Viele Städte dieser Erde lagen nahe am Meer und bekamen immer öfter Probleme mit Überschwemmungen und der Versalzung von tiefer gelegenen Böden. Manche Inselstaaten waren überhaupt gefährdet, für immer im Meer zu versinken. Dämme mussten höher gebaut werden; nicht nur in Holland oder manchen asiatischen Ländern lagen immer mehr verbaute Flächen unter dem Meeresspiegel. Jeder der zunehmend heftigen Stürme verstärkte die Ängste der Bevölkerung. Zu lange waren die Warnungen der Wissenschaftler ignoriert worden, sei es aus Ignoranz, sei es aus Bequemlichkeit, auch weil niemand seinen Energieverbrauch einschränken wollte.

Bei jeder Verbrennung von Kohlenstoff entsteht Kohlendioxid oder Kohlenstoffdioxid, was dasselbe bezeichnet. Zu lange waren Erdöl und Erdgas verfeuert oder als Treibstoff genutzt worden. Wegen der steigenden Preise dieser fossilen Brennstoffe musste nun immer mehr von der häufiger vorhandenen Kohle herangezogen werden, was der Luft nicht besser tat. Erdöl und Erdgas, wichtige chemische Ausgangsstoffe für die Synthese von Kunststoffen und tausenden anderen Chemikalien, waren sinnlos verschwendet worden. Schätze der Natur, in Millionen Jahren langsam herangereift, waren in zwei Jahrhunderten vergeudet und als Kohlendioxid in die Luft geblasen worden.

Da sich Kohlendioxid gut im Wasser löste, bildete es Kohlensäure, die Meere wurden immer saurer. Die Säure löste Kalk und damit auch die Korallen, die als riesige Riffe im Meer Inseln bildeten. Mit den Riffen verschwanden die Inseln und der Lebensraum von Millionen Tieren.

Daher war die verzweifelte Suche nach Methoden verständlich, dieses Kohlendioxid wieder aus der Luft zu entfernen und langfristig zu binden, was die Natur mit der Photosynthese ohnehin tat, aber leider nicht im erforderlichen Tempo. Pflanzen bauen aus Kohlendioxid und Wasser Zucker, Stärke, Zellulose, Vitamine und andere wichtige Verbindungen auf. Sie brauchen dazu Sonnenenergie und den grünen Farbstoff Chlorophyll. Erfreulicherweise geben sie in diesem Prozess auch Sauerstoff ab. Neben Miller und Mantini forschten tausend andere Wissenschaftler an einem sinnvollen Verfahren, diese Photosynthese in industriellem Maßstab umzusetzen.

Einen ersten Teilerfolg hatten die beiden schon damit erzielt, Kohlendioxid aus der Luft abzuscheiden und das Molekül über Zwischenschritte in Kohlenstoff und Sauerstoff aufzuspalten.

Aus dem Kohlenstoff gewannen sie Karbonfasern, die abhängig von der Technologie elastische Fasern oder Gewebe mit der Festigkeit von Stahl ergaben. Die minderwertigen Fasern konnten zu Verpackungsmaterial verarbeitet oder als Karbonfaserbeton verwendet werden.

Mit diesem Verfahren wurden sie schlagartig berühmt. Wenig später gelang es ihnen noch, das Kohlendioxid in Kunststoffe zu verwandeln, wozu sie aber billigen Wasserstoff brauchten. Auch dafür gab es eine Lösung. Die notwendige Energie konnte direkt durch Solaranlagen gewonnen werden, wenn man diese Anlagen dort aufstellen konnte, wo der Grund billig und die Sonne häufig war, was auf die Sahara zutraf. Das Problem lag in der instabilen Politik dieser Länder. Immer wieder wurde es versucht, immer wieder gab es Kämpfe und kleinere kriegerische Auseinandersetzungen, die die Stromgewinnung aus der Sonne unnötig verteuerten, die Elektrolysen zerstörten und die Entwicklung der Region um Jahre zurückwarfen.

Ihren endgültigen Durchbruch schafften sie kurz vor dem Jahresende, die erste künstliche Photosynthese im industriellen Maßstab: Energie in Form von Zucker und Stärke direkt aus Sonnenlicht, Wasser und einem unerwünschten Abfallprodukt wie Kohlendioxid. Das war eine echte Sensation. Dutzende Reporter kamen und berichteten über den Erfolg, der die Energiewirtschaft verändern und vielleicht das Klima retten würde. Als Katalysator verwendeten sie zuerst ebenfalls das Chlorophyll, später ersetzten sie das Magnesium im Zentrum der Verbindung durch ein anderes Element, bauten das Molekül geringfügig um und reichten die Patente für dieses Verfahren weltweit ein. Ein Meilenstein in der Forschung, vielleicht die gerade noch mögliche Rettung vor dem drohenden Klimakollaps.

Damit waren auch erstmals längere Aufenthalte auf dem Mond oder Mars möglich.

Das Kohlendioxid konnte aus der Atemluft abgeschieden und daraus nützliche Kohlenstoffverbindungen wie Kohlenhydrate und Kunststoffe hergestellt werden. Noch war das Verfahren nicht perfekt, der Energieverbrauch war hoch, aber es war ein Durchbruch, der die beiden und ihr Team endgültig berühmt machte.

Laura Pernstein, die neue Präsidentin, verlieh ihnen für diese großartige Leistung den Titel Senator.

Futura musste immer mehr Maßnahmen setzen, um Industriespionage aufzudecken und abzuwehren. Andere Länder versuchten, sich den Umweg über eigene Forschungsausgaben zu ersparen und probierten es mit dem Einschleusen von Hilfskräften, Jungforschern und Bestechung, oder auch dem Versuch, in die Netze der Universität und der Firmen Futuras einzudringen.

Nach einem besonders dreisten Versuch aus einem der abtrünnigen russischen Staaten - wie allseits bekannt war Russland nach Putins Tod in mehrere Staaten zerfallen - tobte Senator Nonndorf:

„Es reicht! Das ist eine Kriegserklärung an uns."

Er besprach sich mit Minister Dr. Paul Urban, der das Ressort seit zwei Jahren leitete: „Wir werden die Herausforderung annehmen und mit gleicher Münze antworten. Aug um Aug."

Sie mobilisierten ihren Geheimdienst und gaben grünes Licht für Angriffe aller Art.

Das Netz der Angreifer wurde bis zum Zusammenbruch mit Anfragen und Viren überschwemmt, bis deren Netze von der Stromversorgung bis zum letzten Computer im Geheimdienst einbrachen. Da selbst in diesen Ländern durch sorglosen Umgang in sozialen Medien bis zum Internet der Dinge der Zugriff auf Geräte aller Art möglich war, brach Chaos aus. Es kamen inoffizielle Beschuldigungen und Dementis, Gegenbeschuldigungen und wieder Dementis. Offiziell wurde darüber geschwiegen, Kriegserklärungen waren seit einem Jahrhundert nicht mehr üblich.

Nach dem Versuch einer Revanche der Teilrepublik brannte die Geheimdienstzentrale des russischen Landes ohne erkennbare Ursache nieder und ihr Chef erlitt einen tödlichen Herzanfall - auch ohne erkennbare Ursache.

Das genügte dann doch, damit der Präsident des Landes einsah, dass er sich besser nicht mit Futura anlegen sollte. Es war zwar eine Schmach, gegen ein winziges Land den Kürzeren zu ziehen, aber dem Präsidenten war sein eigenes Leben die weitere Auseinandersetzung nicht wert. Die breite Öffentlichkeit hatte davon ohnehin nichts mitbekommen.

Nach der Ausweisung einiger Spione und eines Putzteams, das immer wieder von Schreibtischen oder aus Papierkörben Unterlagen und sogar Festplatten geklaut hatte, kehrte wieder Frieden ein.

Nach einer politischen Krise, in der es wie so oft um die Ausweitung der Staatsschulden ging, waren die Vereinigten Staaten auf einem guten Weg in die Zukunft. Nach mehreren Versuchen hatte es tatsächlich eine Frau, Präsidentin Olivia Whitehall, an die Spitze geschafft. Trotz der Querelen zwischen Demokraten und Republikanern bestand Einigkeit, die Erforschung des Weltraums nicht anderen Nationen zu überlassen und den noch immer bestehenden Vorsprung nicht leichtfertig zu verlieren.

In den dreißiger Jahren, gerade als Flüge in den Weltraum zu boomen begannen und immer öfter gebucht wurden, war es zu herben Rückschlägen gekommen. Zuerst war ein Brand auf einer der neuen Weltraumstationen ausgebrochen, als ein an sich winziger Meteorit einen Gastank zur Explosion gebracht hatte und fünfzehn Touristen samt neun Besatzungsmitgliedern erstickten.

Die Berichte über die letzten Sekunden füllten die Nachrichten: „Ein Knall, kurz darauf zischt es, der Kapitän stürzt auf einen kleinen Tank zu. Etwas saust an mir vorbei. Feuer, Hilfe, Hilfe, ….." Bilder einer Videokamera zeigten das kleine Leck und die Versuche des Kapitäns und einer Person, die nur undeutlich zu erkennen waren, das Leck abzudichten. Dann verteilte sich eine rußende Flamme im ganzen Raum, etwas später sah man, wie die automatische Löschanlage Schaum ausstieß, dann gab es nur noch Rauch und Schwärze.

Als kurz darauf eine Rakete mit sechs weiteren Passagieren und der Besatzung kurz nach dem Start explodierte und die Trümmer ins Meer stürzten, wurden zur genaueren Untersuchung weitere Starts verboten.

Nach einigen Jahren waren die Ursachen des Unfalls erkannt und beseitigt, und so konnten weitere Flüge gestartet werden. Treffer durch Meteoriten waren kaum zu verhindern, aber ziemlich selten. Größere Brocken konnte man rechtzeitig erkennen und ihnen ausweichen, der winzige Meteoritenstaub wurde durch das Schutzschild leicht aufgefangen, das Pech mit dem gerade ein bisschen zu großen Meteoriten und dem Gastank kam statistisch nur alle tausend Jahre vor, das war also für absehbare Zeit nicht mehr zu erwarten.

Wie Kennedy neunzig Jahre zuvor, als er die Landung auf dem Mond vor dem Ende der Sechzigerjahre als Vision verkündet hatte, gab auch die Präsidentin Whitehall das Ziel vor: „Noch vor dem Ende der Fünfzigerjahre wollen wir mit einer Mondstation beginnen."

Die Ausschreibung für das Mondauto gewann die Firma Kronberger Robotik. Mit ihrem Modell überzeugten sie die Jury. Bob, der Zentralrechner Futuras, steuerte erstaunlich detaillierte Pläne bei, die sich als ziemlich genial erwiesen. Auch der Prototyp in Originalgröße überzeugte. Getestet wurde er auf den Lavafeldern Islands, die einer Mondlandschaft ähnlich sahen und eine gleichartige Herausforderung darstellten. Der Prototyp bewährte sich auch auf den Eisfeldern der Antarktis, wo er sich souverän durch Schneewechten und über Eisabbrüche kämpfte, ebenso wie in der Sahara, wo er sich unbeirrt seinen Weg durch Geröllfelder und Sanddünen bahnte. Luftdicht, das war klar, schaffte er alle Hindernisse und Temperaturunterschiede, war wendig und stabil.

Weil das Mondauto von Beginn an funktionierte, wurde die Firma öfter zu Entwürfen und zum Bau von Maschinen für die Weltraumfahrt herangezogen.

Da sich auch die Entwicklung der Photosynthese durch ihre Senatorenkollegen Dr. Miller George und Dr. Mantini Julia bewährte, wuchsen beide Werke in Futura immens an. Biogleam und die Firma der Senatoren Dahl, Nonndorf und Pernstein, die die Solarpaneele für die Fassaden herstellte, komplettierten das Dutzend an großen Fabriken, die rasches Wachstum und viele Arbeitsplätze boten. Weitere High-Tech-Firmen siedelten sich an oder wuchsen aus kleinen Start-ups zu respektierten Anbietern von Internetdiensten, Speicherproduzenten oder Handelsplattformen.

Daneben gab es hunderte kleinere und mittlere Firmen mit ihren Dienstleistungen wie Bau, Installationen, Verpflegung, Logistik und die ganze Palette an sonstigen Angeboten, die ein rasch wachsender Staat wie Futura brauchte. Eine schon vor vielen Jahren gegründete Recyclingfirma sortierte die Abfälle und den Bauschutt der abgerissenen Häuser, um möglichst viel davon wieder in den Kreislauf der Wirtschaft zurückzuführen. Bioabfälle wurden in Energie und frische Erde umgewandelt. Auch dafür wurden sowohl einfache Arbeiter als auch Biologen und Spezialisten aller Art benötigt. Für die Büros griffen sie auf das Vorbild Googles zurück. Offene Flächen in einer Ebene, Cafés für mehrere Abteilungen, damit dauerhafte Interaktion zum Standard wurde, großzügige Kantinen und Arbeitszeiten. Freizeitmöglichkeiten, Kindergärten und Horte ermöglichten Arbeit rund um die

Uhr. Segeln am Vormittag, wenn der Wind stimmte, dafür Arbeit während der Nacht. Genug Zeit, um eigene Ideen zu verfolgen; dass letztlich die Leistung stimmen musste, war selbstverständlich.

Die Fabrikation geschah oft fast unsichtbar in der Ebene unter der Erdoberfläche, da die automatischen Maschinen ohnehin keine Sonne brauchten. Außerdem verrieten sie keine Geheimnisse, waren nie schlechter Laune oder krank. Damit hatten sie auch das Problem der Betriebsspionage im Griff, die wegen der wirtschaftlichen Schwierigkeiten anderer Länder zu einer weltweiten Seuche geworden war. Womit aber das politische und ethische Problem noch nicht gelöst war. Die Regierung musste genug einfache Arbeitsplätze anbieten, um die Balance zwischen Arbeitsplatzangebot und Nachfrage zu finden. Trotz aller Bildungsmaßnahmen würde es noch Jahrzehnte brauchen, um die angestammte Bevölkerung des eroberten Gebietes an den Wissensstand Futuras heranzuführen. Daher wurde in manchen Bereichen auf die Robos und die AIMs (Artificial Intelligent Machines) verzichtet, um genügend Beschäftigung für weniger Gebildete anbieten zu können. Außerdem lebte eine Stadt nur, wenn Menschen sichtbar arbeiteten, flanierten, sich unterhielten und die Gehsteige und Cafés bevölkerten.

Hochwertige Arbeitsplätze gab es genug, da lag die Schwierigkeit eher darin, genügend Spezialisten, Mechaniker und Wissenschaftler zu finden. Damit taten sich gewaltige Chancen auf, die interessierte Menschen aus der ganzen Welt nach Futura lockten. Dabei ging es gar nicht so sehr um die hohen Gehälter, sondern darum, aus dem Trott erstarrter Firmenabläufe sklerotischer Länder auszubrechen, um eigene Ziele verfolgen und spannende, vor allem neue Lösungen entwickeln zu können. Ein Eldorado für wagnisbereite junge Menschen, die sich nicht nach einer faden 30-Stunden-Woche, sondern nach einer Aufgabe sehnten, die ihrem Leben Sinn gab. Damit entstand genau diese Aufbruchsstimmung, die das Silicon Valley in den Jahren um die Jahrtausendwende elektrisiert hatte und aus Garagen und chaotischen Büros zwischen Pizzakartons, Cola-Dosen und Computerkabeln Milliardenunternehmen entstehen ließ.

Kapitel 9: Widerstand

2041

So positiv sich die Situation im wissenschaftlichen Bereich entwickelte, so schwierig erwies sich die Neugestaltung des annektierten Teiles von Futura. Der Großteil der zugewanderten wohlhabenden neuen Bürger begrüßte die rigorosen Änderungen und die raschen Entscheidungen, die sie in ihren eigenen Ländern sosehr vermisst hatten. Ein Teil der Bevölkerung des übernommenen Gebietes aber war sichtlich überfordert. Natürlich hatten sie Not und Entbehrungen gelitten, aber daran waren sie seit Jahrhunderten gewöhnt. Sie kannten nichts anderes. Es war immer schon so gewesen. Schon ihre Großmütter hatten sie zu den Schamanen mitgenommen, die geheimnisvolle Zeichen gemacht und heilbringende Amulette mitgegeben hatten. Ihre Schulbildung war kaum über Lesen und Schreiben hinausgekommen, oft konnten sie nicht einmal das. Alte Geschichten wurden erzählt, in den dunklen Hütten tanzten die Schatten wie Geister, wenn das flackernde Licht der Herdstelle durch einen Windhauch aus dämmriger Glut erwachte.

Die Männer hatten stundenlang bei einem Glas Bier oder einem dunkelbraunen Gebräu aus Kräutern und Alkohol gesessen und Dinge besprochen, die lang zurücklagen oder sich über Fußball, Hochzeiten und die Frauen unterhalten.

Über Nacht waren aus ihren schmutzigen Kneipen elegante Restaurants geworden, in deren Glanz sie sich verloren vorkamen. Für Kleinigkeiten wie einen Nachttopf, den sie aus dem gebrochenen Fenster ihrer Hütte geschüttet hatten, sollten sie plötzlich Strafe zahlen. Noch schlimmer, eine Woche später war ihre Hütte einer Baugrube gewichen, in der gefräßige Bagger ihre eisernen Zähne in die Erde schlugen.

Plötzlich wurden regelmäßige Arbeit und das Lesen von Bauplänen von ihnen verlangt, alte Weisheiten und die uralten Überlieferungen ihrer Priester galten nichts mehr. Ihre Geschichten wurden durch Großbildfernseher ersetzt. Natürlich hatten sie ihre Abende auch bisher öfter vor ihren alten Geräten verbracht und Sportsendungen oder endlose Serien über sich ergehen lassen, aber jetzt war alles anders. Die neuen Programme waren modern und unverständlich geworden oder „edukativen“ Sendungen gewichen.

In den neuen Geschäften konnte man alles kaufen, was man wollte, wenn man nur das Geld dafür hatte. Aber das hatte man nur, wenn man Tag und Nacht schuftete, zumindest schien sich das die neue Regierung so vorzustellen.

Was sie bisher nur von ihren seltenen Besuchen im früheren Kleinstaat Futura kannten, war rund um sie Wirklichkeit geworden. Ihre Armut, die sie bisher gelegentlich verflucht, aber auch als Ausrede verwendet hatten, war plötzlich inmitten des neuen Reichtums schmerzhaft spürbar geworden. Wohin sie auch schauten, in der Mehrzahl umgaben sie plötzlich reiche und glückliche Menschen, die attraktiv und schön gekleidet die Statussymbole einer neuen Gesellschaft offen zeigten.

Noch schlimmer erging es jenen Männern, deren Frauen nun als Kindermädchen, Köchinnen oder Kellnerin gutes Geld verdienten und die ihre eigenen Haushalte nach den Vorbildern der Reichen ausrichten wollten. Auch die Kinder waren oft flexibler. Kindergärten und Schulen bemühten sich, den Bildungsnachteil durch ihre Herkunft nach Kräften auszugleichen, was ihre Eltern die eigenen Defizite spüren ließ. Das, was die Großeltern ihnen an Traditionen, geheimnisvollen Geschichten über Geister und den mystischen Ursprung der Welt vermittelt hatten, war wertlos geworden. Ackerbau und Viehzucht reichten nicht mehr, um überleben zu können, die Fischerei erforderte schnellere und größere Boote, die hochseetüchtig und mit Radar und diversem elektronischen Zubehör versehen waren.

Englisch löste zunehmend ihre an Spanisch angelehnten Dialekte ab, Maschinenbau, Architektur und Elektronik umgaben sie in einem Ausmaß, dass es wehtat.

Bei der Eröffnung einer neuen Schule durch die neue Präsidentin Laura Pernstein sprang einer dieser Männer, ein etwa fünfzigjähriger Gelegenheitsarbeiter, mit gezücktem Messer auf die Präsidentin zu, als sie sich eben der Schule näherte. Einen ihrer Bodyguards, der sich mit einem Sprung auf den Angreifer werfen wollte, ihn aber verfehlte, verletzte er am Arm. Ein knapper Meter trennte ihn noch von der Präsidentin, die instinktiv ihren Arm hochriss, um die Klinge abzuwehren.

Ein kurzer kaum sichtbarer Blitz, es war ja heller Tag, warf den Angreifer zu Boden. Das Messer schepperte über den mit schönen Granitplatten gepflasterten Zugang. Eine der Drohnen, die von Bob gesteuert alle Senatoren ständig und unsichtbar im Freien begleiteten, hatte mit einem dünnen heißen Strahl den Angreifer gestoppt. Wie die spätere Obduktion feststellte, war er nur von einem schwachen Strahl getroffen worden, der ein kaum sichtbares Loch in seine Schädeldecke gebrannt hatte. Die volle Energie hätte auch die Umstehenden gefährdet.

Bob hatte also schneller als selbst die zwei Bodyguards die Gefahrenlage analysiert, das Messer und die Bewegung des Mannes als gefährlich erkannt und den Befehl an die Drohne gegeben.

Laura Pernstein war schockiert. Sie brach die Eröffnung ab und ließ sich nach Hause bringen. Mit dieser offenen Feindschaft, auch wenn es nur das Attentat eines Einzelnen war, hatte niemand wirklich gerechnet.

Sie heulte ein paar Tränen, dann redete sie mit Bob: „Hast du gewusst, dass der auf mich losgeht?“

„Wie sollte ich das wissen? Ich bin nur immer auf alles gefasst. Ich habe sie schon immer begleitet, schon als sie noch ganz klein waren. Ich versuche, die möglichen Ereignisse vorauszusehen. Ich wurde daraufhin programmiert, sie vor allen anderen zu schützen, dann die Senatoren, dann alle, die den Chip tragen, dann erst die anderen.“

„Danke, du hast mein Leben gerettet!"
„Das werde ich auch weiter tun."
„Wie hast du gewusst, dass er mich töten wollte, du hättest ja auch einen Unschuldigen erwischen können?"
„Ihr Biochip misst ihren Adrenalinspiegel, der in die Höhe geschossen ist. Ihre Haut ändert die elektrische Leitfähigkeit, der plötzliche Anstieg ihres Adrenalins, die Vergrößerung ihrer Pupille, die Analyse der Haltung, der Abgleich des Messer mit meinen gespeicherten Bildern, die absichtliche Verletzung des Bodyguards, all diese Reaktionen wurden von mir in einer tausendstel Sekunde analysiert und überprüft, dann habe ich reagiert."

„Toll, das war echt super. Weißt du noch, wann ich das letzte Mal so verzweifelt war?"

„Ja, wie sie an ihrem Wissen gezweifelt haben, als sie kurz vor ihrer Prüfung standen. Sie haben sie geschafft und werden auch diese Situation bewältigen. Bitte denken sie aber an das afrikanische Sprichwort: >Was ihr für mich tut, aber ohne mich, das tut ihr gegen mich<. Sie müssen die Menschen in diesem Staat an den Entscheidungen beteiligen."

„Ich werde daran denken."

Für sie war Bob nie nur eine Maschine gewesen. Wie konnte dieser Computer so auf sie eingehen? Es gab sonst keinen Rechner, der auch nur annähernd dasselbe zusammenbrachte und für den sie Gefühle empfand. Für sie war es fast ein Sakrileg, ihn als bloße Maschine zu bezeichnen.

Gefasst bat sie zu einer Beratung im kleinen Kreis. Die Schule war wegen des schrecklichen Ereignisses erst am nächsten Tag durch Senator Kronberger eröffnet worden, die Leiche des Attentäters wurde verbrannt. Die Schulkinder hatten glücklicherweise das Attentat nicht miterlebt, sie hatten sich in der Schule als Chor aufgestellt, um ihre neue Präsidentin mit Liedern zu empfangen. Sie wiederholte das afrikanische Sprichwort: „>Was ihr für mich tut, aber ohne mich, das tut ihr gegen mich<. Ich bin zu der Überzeugung gekommen, dass wir die Einheimischen vielleicht doch überfordert haben. Was sollen wir tun?“

„Vielleicht geben wir ihnen eine Übergangsphase von sechs Monaten?“

„Wir könnten sie über ihre Situation beraten lassen, eine Art von Bürgerforum. Vielleicht hundert ausgeloste Leute und jene, die sich freiwillig melden. Wir zahlen ihnen pro Stunde zwölf bis fünfzehn Dollar, nach einer Woche hören wir die Gruppensprecher an. Wir sagen unsere Meinung dazu, dann lassen wir sie noch einmal einen Tag beraten. Das daraus resultierende Ergebnis sollte ein tragfähiger Kompromiss sein.“

Nach kurzer Diskussion wurde der Vorschlag angenommen. Generell wurden die Sicherheitsmaßnahmen verstärkt. Das war etwas, was sie eigentlich nicht gewollt hatten. Eigentlich sollte es ein überschaubares Staatsgebiet sein, wo sie geliebt und sorglos durch die Straßen spazieren konnten. Andererseits hofften sie doch, dass dieses Attentat eben doch nur die Tat eines Einzelnen war und nicht der Grundstimmung ihrer neuen Staatsbürger entsprach. Es blieb ihnen gar nichts anderes übrig, als die privaten Mitteilungen über Smartphones, Fernseher und Computer automatisch auszuwerten. Damit näherten sie sich stärker, als sie wollten, den schäbigen Bespitzelungen der Geheimdienste anderer Länder an.

Sie ließen dieses Bürgerforum organisieren und stellten dafür einen passenden Konferenzsaal zur Verfügung. Etwa dreihundert nahmen daran teil, darunter hundert der durch Zufall ausgelosten Neubürger.

Zwanzig Sprecher präsentierten die Gruppenergebnisse.
„Es tut uns leid, dass das mit dem Attentat passiert ist."
„Wir fühlen uns von diesem Tempo überfordert."
„Das geht gegen unsere bisherigen Traditionen."
„Wir möchten trotzdem danken, es ist vieles besser geworden."
„Die Frauen mancher Männer wurden aufsässig, da ist es klar, dass nicht alle zurechtkommen."
„Die Reichen treiben alle Preise in die Höhe."
„Die Lokale sind zu teuer und zu unpersönlich."
„Wir haben keine Zeit für unsere Feiern."
„Wir möchten nicht an den Rand gedrängt werden."
„Wir brauchen einen Platz, wo sich die Alten treffen können."
„Wir wurden von unserer bisherigen Regierung in Stich gelassen. Nein, der Krieg gegen ihr Land war nicht in Ordnung. Er war auch von uns nicht gewollt. Aber jetzt ist alles so anders."

„Unsere Kinder haben jetzt endlich eine Chance auf eine bessere Zukunft."
„Mein Knochenbruch ist innerhalb von vier Wochen gut geworden. Der ist vorher ein Jahr lang nicht ordentlich verheilt."
„Wir haben kein Mitspracherecht."

Die Ministerin Carmen Buffet und Senator Paul Urban stellten sich zusätzlich zu zwei Beratern, von denen einer das Gespräch moderierte, der Diskussion. Es gab noch weitere Stimmen, die mehr oder weniger dasselbe anbringen wollten.

„Die Idee mit einem Platz, Bänken, Park und einfachen Lokalen ist gut. Da können wir zustimmen, und es wird auch am Geld nicht fehlen. Zeichnet einen Plan, ihr könnt ihn auch selbst umsetzen. Das allgemeine Preisniveau können wir kaum ändern, dafür sind auch die Einkommen höher."

„Euren Kindern wird es besser gehen. Seht euch die Krisen rundherum an. Wir wissen, dass es für viele von euch schwierig ist, sich so plötzlich an eine geänderte Umgebung anzupassen. Wir bitten um euer Verständnis."

„Danke, dass ihr auch ein paar Vorteile genannt habt. Die medizinische Versorgung ist besser als in allen Nachbarstaaten. Niemand muss jetzt noch Geschenke zu den Ärzten mitnehmen, damit sie euch behandeln. Niemand soll und muss einen Polizisten bestechen, damit der überhaupt für euch tätig wird."

„Zeit für eure Feiern habt ihr auch, schließlich habt ihr ein ganzes Wochenende. Bei euren Frauen können wir euch leider nicht helfen, da müsst ihr schon selber zurechtkommen. Allerdings muss euch klar sein, dass die Zeit der alten Machospielchen vorbei ist. Endgültig vorbei."

Es ging noch eine Zeitlang hin und her. Dann gingen sie auseinander, um sich neu zu beraten. Für das Vorlegen von Plänen erbaten sie sich zwei Wochen Bedenkzeit.

Die vorgelegten Pläne schienen gut zu sein. In Verbindung mit dem alten Ortsteil und der Kirche, ein paar einfachen Lokalen, einem kleinen Areal für Spiele und Sitzbänke, einem Brunnen und einem Platz, an dem sie ihren Markt abhalten konnten, war die Realisierung ihrer Wünsche möglich.

Mit der übernommenen Bevölkerung waren auch einige Menschen mit Behinderungen dazugekommen, die auch bei gutem Willen nicht selbst für ihren Lebensunterhalt aufkommen konnten. Wo immer es ging, wurden sie in der Klinik untersucht und es konnten auch einige von ihnen mit den Mitteln der Medizin des zweiundzwanzigsten Jahrhunderts geheilt oder ihr Leiden zumindest verbessert werden. Für die wenigen, wo dies nicht gelang, wurden eine Sonderwerkstätte und ein Sozialfonds eingerichtet.

Was die alte Bevölkerung, da allerdings nur die Männer, wieder störte, war der Aufruf, ihre noch vorhandenen Schusswaffen abzugeben, obwohl sie dafür Geld erhielten. Das gelegentliche Herumballern hatte ihrem Ego gut getan. Zögernd gaben sie nach. Als aber die Detektoren, die jede Drohne hatte, und die sowohl an den Grenzen als auch im Staatsgebiet nach Schusswaffen und Pulver suchten, diese selbst in vermeintlich guten Verstecken aufspürten, zur Detonation brachten und dabei ein Esel ums Leben kam, in dessen Stall eine Kiste mit Munition versteckt war, wurden auch die letzten Bestände übergeben.

So spielte sich langsam alles ein, verschiedene Bauvorhaben wurden fertig, dafür neue begonnen. Nach wie vor kreisten die Kräne, Lastkraftwagen brachten Sand, Zement, Schotter und Baumaterial und fuhren mit dem Aushub wieder weg. Handwerker waren auf Jahre hin ausgelastet, Arbeitslose mochte es geben, aber nicht in diesem Land. Das einzige, was die Senatoren nicht mehr ausbauen wollten, war das Gefängnis. Es gab immer wieder Unbelehrbare, die glaubten, dass sie nicht erwischt würden, und so war das kleine Gefängnis mit dreißig Zellen ständig ausgelastet.

Sie übergaben daher ihre weiteren Gefangenen einem privaten Betreiber außerhalb ihres Landes. Für Futura waren sie aus dem Blickfeld, für die Betreiber ein Gewinn, für die Verbrecher war es abschreckend genug. Süd- und Mittelamerikas Haftanstalten standen nicht im Ruf, ihre Gefängnisinsassen zu verwöhnen.

Kapitel 10: Neue Krisen

2041

„Warum hassen sie uns so?“, war die Frage eines amerikanischen Soldaten, der glaubte, in den Irak als Befreier zu kommen.

2041 war es vierzig Jahre her, dass infolge der Terroranschläge am 11. September 2001 die Zwillingstürme des World Trade Centers und weitere Gebäude vollständig vernichtet wurden, wobei 2753 Menschen starben. Bei einer Gedenkfeier wurde der Toten gedacht, die diesem feigen Anschlag zum Opfer gefallen waren. Keine Worte fielen über die schweren politischen Fehler, die im Anschluss begangen worden waren oder die zu diesem Hass auf Amerika geführt hatten.

Auf das Attentat der islamistischen Terrororganisation al-Qaida reagierten die USA unter anderem mit dem Krieg in Afghanistan seit 2001, um dort die al-Qaida zu zerschlagen und deren Anführer Osama bin Laden zu fassen, was erst zehn Jahre später gelang. Auch den Irakkrieg 2003 begründeten sie unter anderem mit den Anschlägen.

Durch den Abu-Ghraib-Folterskandal verloren die Vereinigten Staaten weltweit an Ansehen. Dabei waren irakische Insassen des Gefängnisses vom Wachpersonal misshandelt, vergewaltigt und gefoltert worden, oft bis zum Tod. Die meisten der Insassen seien „Unschuldige gewesen, die zur falschen Zeit am falschen Ort waren“, sagte ein General später.

Wie sollten Menschen in anderen Erdteilen noch den Glauben an Menschenrechte bewahren, wenn ein demokratisches Land solche Verbrechen beging? Noch dazu, wo sich dieser Machtmissbrauch die nächsten Jahrzehnte fortgesetzt hatte, bis endlich eine amerikanische Präsidentin Einhalt gebot.

Seit dem Irakkrieg kam die Region nicht zur Ruhe. Der Machtkampf zwischen Sunniten und Schiiten und die aussichtslose Situation der Palästinenser und anderer Länder schufen die ideale Grundlage für die Rekrutierung immer neuer Attentäter. Selbst wo die Schuld in den arabischen Ländern selbst lag, wurde sie dem bösen Westen als Wurzel allen Übels untergeschoben. Auch Kinder wurden bereits mit diesem Hass auf den Westen und besonders Amerika infiziert. Nicht der Mangel an Bildung, nicht die Unterdrückung der Frauen, nicht der Mangel an Rechtsstaatlichkeit waren in ihren Augen schuldig, sondern die Ungläubigen, die den Islam zerstören wollten.

Die meisten Selbstmordattentate fanden in den islamischen Ländern selbst statt. Ägypten war ein Pulverfass. Anschläge ängstigten die Bevölkerung, unter den politischen Häftlingen war es für den IS leicht, neue Selbstmordattentäter zu rekrutieren. Der Iran und Irak wurden fast täglich durch Attentate erschüttert, es traf wahllos Polizisten, Frauen und Kinder. Das Ziel lag in der Zerstörung jeder Ordnung, neuer Hass veranlasste Jugendliche, sich den Terrormilizen anzuschließen. Selbst Kinder gemäßigter Eltern suchten den Sinn ihres Lebens in einem bedingungslosen Einsatz für Allah.

Auch Europa wurde immer wieder von Attentaten getroffen. Obwohl die Geheimdienste inzwischen vernetzt waren und über die Grenzen hinweg ihre Fahndungsergebnisse austauschten, was ohnehin spät genug durchgesetzt werden konnte, gelang es immer wieder Einzelnen, mit Autos, Gasflaschen und geschmuggelten Waffen Menschen zu töten und Angst und Schrecken zu verbreiten. Jede stehengebliebene Tasche und jedes verdächtige Paket führten zu Einsätzen der Polizei, auch wenn sich das verdächtige Objekt dann nur als Müll oder vergessene Schultasche herausstellte. Ein Paket an einen Minister in Deutschland, das seinen Absenderkleber durch Feuchtigkeit verloren hatte, wurde vorsichtshalber gesprengt. Die Glasscherben rochen verdächtig nach einem guten Cognac. Schade darum.

Die immer wieder aufgegriffenen illegalen Flüchtlinge verschärften die Sicherheitslage zusätzlich. Die ohnehin schon schwache Aufnahmebereitschaft wich einer kaum noch maskierten Ablehnung, die von vielen rechtspopulistischen Regierungen geschürt wurde. Viele der ehemaligen Asylbewerber hatten resigniert die Rückreise in ihr Herkunftsland angetreten. Das einstige Paradies Deutschland, das zunehmend unter dem wirtschaftlichen Exportdruck asiatischer Länder litt, hatte einiges an Anziehungskraft verloren. In Berlin hatten Muslime inzwischen die Mehrheit erreicht. Denn während die Sicherheitskräfte massiv gegen die Reste ihrer traditionellen linken oder rechten Lieblingsfeinde vorgegangen waren, hatten die zugewanderten Immigranten die Mehrheit zuerst in den Bezirken Kreuzberg und Neukölln und schließlich in ganz Berlin erreicht. Übergriffe auf Frauen, gesprengte Geldautomaten und Einbrüche geschahen Tag für Tag. Selbst die Bewohner höherer Stockwerke waren vor Beraubungen nicht sicher. Die Besitzer eines Cafés fanden nach vier Tagen Urlaub ihre Wohnung komplett leer vor. Nächtliche Raubattacken in öffentlichen Anlagen wie dem Görlitzer Park zwangen die Behörden zu nächtlichen Ausgangssperren. Demonstranten verlangten die Einführung der Scharia als zusätzliche Rechtsordnung. Wie eine Seuche breiteten sich Demonstrationen, Übergriffe und Attentate in den westlich orientierten Staaten aus.

Diesmal hatte eine Nachfolgeorganisation der al-Qaida, die schon längst besiegt schien, Futura ausgewählt. Eine Gruppe von drei Männern versuchte als Arbeitstrupp getarnt die Einreise. Wie alle anderen mussten sie durch einen der automatischen Grenzposten, der breit gefächert wie die in anderen Ländern üblichen Mautstationen Kabinen und Schranken aufwies. Nach dem Bezahlen des Visums und der automatischen Prüfung der Reisepässe öffneten sich die Schranken und erlaubten die Durchfahrt. Wer schon eine der elektronischen Karten hatte, konnte ohnehin einfach durchfahren. Dass jeder Einreisende unauffällig durch die Bilderkennung auf seine Identität in Bruchteilen einer Sekunde überprüft wurde, nahm keiner wahr.

Die drei Attentäter hatten den Sprengstoff gut getarnt unter dem Auto verborgen, die Einreise schien offensichtlich doch nicht so riskant zu sein, da nur zwei gelangweilte Grenzbeamte zu sehen waren.

Plötzlich fuhr hinter ihnen eine Stahlplatte hoch. Panisch stiegen sie aufs Gas, um den Schranken zu durchbrechen. Ein Lichtblitz, den die drei nur noch verschwommen sahen, ein fürchterlicher Knall, dann Flammen, die sich langsam in ihr Auto fraßen, darüber und daneben stieg schwarzer Qualm auf. Einer der Attentäter sah mit Entsetzen, wie Knochen seiner fehlenden Hand weiß schimmerten, eine Sekunde später von seinem Blut rot gefärbt wurden und sein Beifahrer seltsam gekrümmt dasaß, während die Flammen näher kamen. Der Airbag hing verschrumpelt nach unten. Es stank nach verbranntem Kunststoff, komischerweise schmerzte nur das Ohr.

Aus der beschädigten Stationskabine sprühte Löschschaum auf das Wrack des Autos. Die beiden Grenzpolizisten wirkten nun plötzlich sehr viel weniger gelangweilt und stürzten auf den Explosionsherd zu. Eine Stimme aus dem Lautsprecher forderte die beiden auf, sich dem Wrack nicht zu nähern, sondern die anderen Autofahrer zu beruhigen und zur Weiterfahrt zu veranlassen. Das Auto hinter den Attentätern war, durch die Stahlplatte geschützt, unbeschädigt geblieben. Minuten später kamen Polizei und Militärfahrzeuge angerast. Die Einreisenden auf den anderen Spuren – es waren ohnehin nur drei Personenwagen und ein Laster – wurden aufgefordert, nach Möglichkeit den Parkplatz aufzusuchen und die automatischen Transporttaxis zu nützen. Der Lkw fuhr zu seiner Baustelle weiter.

Alle direkt betroffenen Personen wurden von Psychologen betreut, zu einem Drink geladen und in die Hotels begleitet.

Die offiziellen Nachrichten auf den Bildwänden formulierten nur knapp: „Attentäter an der Grenze gestoppt.“ Sie berichteten vom geplanten Attentat, versuchten aber ihre Zuseher zu überzeugen, dass jede Gefahr vorüber sei. Die schrecklichen Bilder kamen allerdings der reißerischen Zeitungsschlagzeile von >Futura daily< näher.

>Blutbad an der Grenze< prangte als dicke Schlagzeile auf dem Titelblatt der einzigen Zeitung Futuras. Der Artikel über das Ereignis an der Grenze ging über zwei Seiten. Alle anderen Nachrichten, Infos und den aktuellen Klatsch gab es nur noch elektronisch, denn die meisten Haushalte waren mit Bildwänden bestückt, die Werbung, Informationen, Animationen, Filme und das übliche Potpourri brachten, manchmal als Hologramm, was der Realität schon ziemlich nahe kam. Diese Zeitung hielt sich wegen ihrer vertraulichen Nachrichten über Seitensprünge, Starlets und jene Dinge, die der offiziellen Berichterstattung zu minder erschienen.

Unter dem fetten Titel setzte die Zeitung fort: Drei Attentäter versuchten vor wenigen Stunden, für einen Anschlag in Futura einzureisen. Das Ziel des Anschlags ist noch nicht bekannt. Die Attentäter wurden bereits an der Grenze gestoppt, wobei ihr Wagen aus unbekannter Ursache explodierte. Der in der Nähe arbeitende Grenzbeamte Frederico H. berichtete unserem Reporter direkt vom Tatort: „Ich war fast daneben, nur etwa zehn Meter entfernt, als ich plötzlich einen Knall hörte und einen Lichtblitz sah. Zuerst dachte ich an einen Unfall, aber es war keiner. Das Auto der Attentäter versuchte, den Schranken zu durchbrechen und stand plötzlich in Flammen. Dicker Rauch ist aufgestiegen. Irgendwer hat geschrien, dann gab es viel Schaum. Unsere Grenzstation hat nämlich eine automatische Löschanlage. Blut von einem der Toten war auf der ganzen Grenzstation, nein, nicht auf den anderen Kabinen, nur an der, die direkt dazu gehört. Eine Hand lag zwei Meter weiter. Sie war halb verkohlt (Foto mit Pfeil). Dann kam schon die Polizei und ich musste eine Zeugenaussage machen."

Weitere Fotos zeigten das zertrümmerte Auto mit dem Schaum und dem Schatten der toten Beifahrer, den Grenzbeamten, die Arbeit der Polizisten (wegen des Datenschutzes nur von hinten) und ein größeres Bild der ganzen Grenzstation.

Die Polizei sperrte den Tatort mit einem Sichtschutz ab, die anderen Grenzkabinen bis auf die beiden ebenfalls beschädigten direkt daneben blieben in Betrieb. Nach der Dokumentation durch das Militär und die Polizei kam schon die Feuerwehr und hievte den zertrümmerten Unfallwagen samt den toten Attentätern auf einen Anhänger und sammelte gemeinsam mit den Polizisten und weiteren Männern die Trümmer, Blechstücke und sonstigen Objekte ein. Gleich hinter ihnen begann die provisorische Reinigung, eine halbe Stunde später wurden die völlig zertrümmerte Kabine und die beiden beschädigten daneben durch neue Kabinen und deren elektronisches Equipment ersetzt.

Kurz darauf wurde auch die Metallplatte, die den Explosionsdruck zum nächsten Auto abgeschirmt hatte, ausgetauscht. Dann kamen noch einige Maurer und Schweißer, das Loch im Boden wurde aufgefüllt und neu asphaltiert, anschließend werkten die Maler und acht Stunden später sah wieder alles aus wie neu. War es ja auch.

Die beschädigten Kabinenteile wurden in die gleiche Halle gebracht, in der schon das Autowrack stand. Die drei toten Attentäter lagen auf Tischen, wie sie üblicherweise in der Anatomie verwendet werden und wurden bereits von einem Gerichtsarzt untersucht. Sie mussten rasch gestorben sein, die Verletzungen waren zu schwer.

„Wir wissen die Namen, haben allerdings das Ziel des Attentats nicht mehr erfahren können. Die Attentäter wollten mit acht Kilogramm Plastiksprengstoff einreisen, der Detektor hat ihn als Composite Compound 4 identifiziert, der meist C4 genannt wird. Da der nachkommende Fahrer durch die Stahlplatte geschützt war und keiner der Grenzbeamten in der Gefährdungszone stand, hat ihn der Sprengstoffdetektor nach einer Rückfrage an Bob sofort gezündet. Wegen des nahen Supermarkets und der Elektrotankstelle war das Risiko eines späteren Eingriffs zu hoch. Die explosionsabsorbierende Bauweise und das tiefe Versteck des Sprengstoffs im Autoboden haben sich als günstig erwiesen, trotzdem waren wegen der großen Menge an C4 die Schäden erheblich. Wir haben acht Stunden zur Tilgung aller Spuren gebraucht. Der Austausch der Kabinen erfolgte so rasch wie möglich, um den Schaden durch die Medien gering zu halten und um unnötige Sensationsgier im Keim zu ersticken.

Die ausländischen Fernsehstationen kamen für Fotos zu spät, was uns sicher eine Menge an negativer Berichterstattung erspart hat. Die Leichen der Attentäter wurden nach vierundzwanzig Stunden verbrannt, die Asche entsorgt. Der Fall wurde nach einer Woche abgeschlossen und archiviert.

Wir haben uns an die Anordnung bezüglich minimaler Berichterstattung gehalten, um keine Nachahmer zu animieren, dasselbe zu tun."

Das war kurz und bündig die Zusammenfassung der Polizei, einzelne genauere Fakten kamen noch in den Akt. Die Vorgangsweise zeigte jedoch, dass zwar Geld für die rasche Schadensbegrenzung aufgewandt wurde, aber niemand gewillt war, weitere Mittel für unnötige Bürokratie zu verschwenden. Eine Gruppe des Geheimdienstes nahm die Suche nach Komplizen auf, untersuchte Geldflüsse über geheime Konten und die Spuren, die sich über mehrere Länder zogen. Sollten sich Beweise finden, würde sich eine Lösung ergeben.

Dass das Attentat für ein paar Tage Gesprächsstoff unter den Touristen war, konnte man nicht verhindern, aber da man den direkt betroffenen Augenzeugen unter dem Vorwand der Wiedergutmachung eine komfortable Luxussuite angeboten hatte, kamen sie mit anderen Touristen wenig in Kontakt, genossen das unverhoffte Glück ihres Upgradings und traten nach einer Woche zufrieden die Heimreise an.

Der Polizeichef lobte seine Mitarbeiter für die effiziente Durchführung, der Innenminister freute sich, dass alles ohne Personenschäden abgelaufen war. Die getöteten Attentäter fielen nicht unter den Begriff Personen, sondern unter die Kategorie Verbrecher.

„Was bewegt diese Menschen zu ihren Attentaten? Keiner von denen handelt aus seiner materiellen Not heraus. Viele der Attentäter haben sogar eine gute Ausbildung genossen“, fragte Julia Mantini bei einem Besuch ihrer Freundin Carmen Buffet, die das als Justizministerin eigentlich wissen sollte.

„Die Moderne mit ihren tausenden Wahlmöglichkeiten verunsichert. Sie verspricht zu viel und erfüllt zu wenig. Viele Menschen würden sich willig einem System unterwerfen, das ihnen die Verantwortung für das eigene Leben abnimmt. Wer Hunger hat und auf der Suche nach dem nächsten Restaurant ist, der stellt nicht die Frage nach dem Sinn, sondern höchstens, ob er zu einem angemessenen Preis satt wird. Doch viele sind auf ihrer Suche nach dem Zweck ihrer Existenz gescheitert. Gerade weil sie genug zu essen und genug intellektuelles Wissen haben, um über den Sinn ihres Lebens nachzudenken. Sie spüren die Defizite, dass sie selbst mit einem vollen Bauch und ihrer Bildung in ihrem Gastland Bürger zweiter Klasse geblieben sind, oder an dieser Kultur nicht teilhaben können, weil sie ihnen so fremd ist.“

„Sie könnten sich aber die Opernkarte oder den Museumsbesuch leisten“, warf Julia ein.

„Das schon, aber weil es eben nicht ihre Kultur ist, können sie sie auch nicht genießen. So suchen sie Halt in ihrer Kultur und schlittern langsam in eine kleine, abgekapselte Gruppe, die ihnen in ihrer Geschlossenheit die gesuchte Geborgenheit schenkt. Ihr Umfeld wird immer enger, die nahe Moschee, der Computer zu Hause, der Freundeskreis. Das Hineinwachsen in diese Gruppen ist meist kein spontaner oder durchdachter Entschluss, aber sie fühlen sich in dieser Gemeinschafft angenommen und entfliehen damit der gefühlten Ablehnung ihrer Außenwelt. In diesen Zirkeln fühlen sie sich einer Elite zugehörig, sie spüren plötzlich einen Sinn, dem sie ihr Leben opfern. Sie sehen sich im Auftrag eines höheren Wesens, das ihnen befiehlt, diese gottlos gewordenen Welt zu zerstören. Suchten frühere Terroristen wie die RAF, eine der ersten dieser Gruppierungen im vorigen Jahrhundert, ihre Opfer noch aus den Repräsentanten des verhassten Systems, so geht es heute um die möglichst große Verunsicherung einer zivilen Bevölkerung. Im Falle muslimischer junger Menschen, meist der zweiten Generation zugehörig, die sich an den Aufstieg ihrer Eltern gewöhnt haben und sich trotzdem ausgegrenzt fühlen, funktioniert diese Indoktrination besonders leicht. Sie morden im göttlichen Auftrag und erlangen direkt das Paradies. Vielleicht kommen wir nur deshalb nicht auf so blöde Ideen, weil wir so eine riesige Aufgabe vor uns haben und natürlich auch ohne Gewalt erzogen wurden.“

„Möglich. Von den drei Attentätern werden wir natürlich nie erfahren, was sie zu ihrem Selbstmord bewegt hat. Jedenfalls ist ihre Absicht nicht aufgegangen. Außer ein bisschen kaputtes Blech haben sie nicht viel erreicht."

„Gott sei Dank. Aber wir werden mit weiteren Attentätern rechnen und unsere Abwehrmaßnahmen ausbauen müssen."

„Hey, bitte auch einen Kaffee", wandte sich Lara Dahl, die Tochter des Verteidigungsministers, die eben gekommen war, an das Hausmädchen und mischte sich in das Gespräch ein: „Vielleicht neigen manche Weltanschauungen doch zu vermehrter Gewalt. Denn nicht alle benachteiligten Völker reagieren gleich mit Selbstmordattentaten oder beschimpfen andere als Ungläubige. Was anderes scheinen Machtkämpfe um die soziale Rangordnung zu sein, die dürften zum natürlichen Verhalten vieler Lebewesen zu gehören, sei es die Hackordnung am Hühnerhof oder der Kampf um die Dominanz in einem Löwenrudel. Unter uns Menschen ist das nicht viel anders, es gilt doch überall der Wettbewerb um die Spitze. Sozial anerkannt ist das Gerangel im Sport. Wer eine Sekunde schneller als alle anderen ist, ist eben Sieger und schaut von seinem Podest auf die anderen herab. Schon der zweite Platz stellt den ersten Verlierer, selbst wenn dieser der zweitbeste der Welt ist."

„Das ist sowieso idiotisch", warf Julia ein. „Ich habe tatsächlich einen Reporter gehört, der den Vierten einer Landesmeisterschaft gefragt hat, wieso er in diesem entscheidenden Moment versagt hat. Ich wäre froh, wenn ich der Viertbeste im Schwimmen nur von Futura wäre."

„Da hast du recht", setzte Carmen fort. „Neben der individuellen Wertung scheint es auch eine kollektive Rangordnung zu geben, auch wenn diese als politisch unkorrekt empfunden wird. Manche Völker halten sich für besser als andere. Rassismus wird zwar offiziell verurteilt, nichtsdestoweniger aber gelebt. Viele fühlen sich diskriminiert und prangern das an, was sie aber nicht daran hindert, selbst abzuwerten. Frauen bekommen für die gleiche Arbeit oft weniger bezahlt oder gelten überhaupt als Menschen zweiter Klasse. Schwarze Haut benachteiligt Menschen in Amerika, aber auch die Araber diskriminieren alle, die dunkler sind als sie selbst. Indianer und Aborigines wurden aus ihrem eigenen Land vertrieben. Anhänger der einen Religion verurteilen die Mitglieder anderer Glaubensrichtungen und verunglimpfen sie als Ungläubige oder gar als Teufel. Brahmanen verachten die Angehörigen tieferer Kasten. Ein Paria mit Hochschulabschluss gilt immer noch weniger als ein Brahmane mit Grundschulausbildung."

„Irgendeine Rangordnung muss es aber geben, sonst muss ich mir den Kaffee selber holen oder der Schüler ignoriert seinen Professor. Auch im Gerichtssaal wird gemacht, was du willst und nicht das, was dem Angeklagten passt", erwiderte Lara.

„Ja, diese Rangordnungen muss es geben, sonst kann auch unser Staat nicht funktionieren."

„Dann sollte die menschliche Kultur der ausgleichende Faktor für die gefühlten Unterschiede sein."

„Irgendwie ist sie das auch. Aus dieser kollektiven Wertung können Menschen ausbrechen, wenn sie durch eine besondere Leistung oder einen hohen Rang aus ihrer Gruppe herausragen. Für einen Gandhi in Indien, ein schwarzes Topmodel, eine Popsängerin oder einen siegreichen Fußballspieler aus Brasilien haben schon immer andere Gesetze gegolten, auch für jemanden mit sehr viel Geld."

„Das ist aber ungerecht!", erwiderte Lara.

„Stimmt, aber allein können wir die Welt nicht ändern."

Den Rest des Besuches verbrachten sie mit erfreulicheren Themen. Carmens Kinder wuchsen ebenso heran wie die ihrer Freundinnen, wobei Philipp seit einigen Jahren die Schule, Stephanie noch den Kindergarten besuchte. Auch andere ihrer Bekannten hatten Kinder bekommen oder erwarteten Nachwuchs. Freundschaften begannen und endeten, wie bei allen anderen auch gab es Probleme oder freudige Überraschungen.

Leider blieb das versuchte Attentat nicht der einzige Zwischenfall. Gegen Ende des Monats mussten Polizei und Feuerwehr das nächste Mal ausrücken. Diesmal war es eine Grenzverletzung mit der Absicht, in die Villa Millers, die nahe der Grenze am Ufer des beschaulich vor sich hinmurmelnden Baches lag, einzubrechen und ein Familienmitglied als Geisel zu nehmen. Der Einbruch war gut vorbereitet. Leitern, um den Grenzzaun zu überwinden, ein Fluchtfahrzeug gleich hinter dem Gitter, Werkzeuge, eine Art Skisack für das Opfer, Betäubungsmittel, Nachtsichtgeräte und Waffen, dazu ein fingiertes Manöver ein paar Kilometer weiter, um Bewacher und Polizei abzulenken. Trotz aller Vorbereitungen hatten die sechs Einbrecher offensichtlich noch nicht begriffen, dass die Grenze zwar nicht abschreckend aussah, aber praktisch kaum zu überwinden war.

Mit den Nachtsichtgeräten und ihren Gewehren und Pistolen sahen sie gefährlich aus, doch die Drohnen mit ihren Wärmebildsensoren hatten sie längst entdeckt und ins Visier genommen. Wie immer analysierte Bob die Bilder, aktivierte die Laser der Drohnen und alarmierte den Grenzschutz. Bei der Entdeckung von Waffen gab es prinzipiell keine Nachsicht.

Kaum hatten die ersten vier den Grenzzaun überwunden, um auf die Villa zuzuschleichen, blitzten die Laser auf. Wo der gebündelte Strahl mit zehntausend Grad auf Menschen und Waffen traf, tötete er schneller, als der Getroffene es überhaupt wahrnehmen konnte. Die verdampfende Körperflüssigkeit zerfetzte die feinen Adern, die geballte Energie verkohlte Körper und Kleidung, sodass im Bruchteil einer Sekunde nur noch der traurige Rest zu Boden fiel. Die beiden Wächter, die außerhalb des Zauns auf die Rückkehr ihrer Kumpels warteten, wurden von einem abgeschwächten Strahl getroffen und sanken bewusstlos ins kniehohe Gras.

Die schwache Sichel des zunehmenden Mondes beschien fahl das ablaufende Drama.

Kurz darauf trafen die Grenzpolizisten ein. Auf das Ablenkungsmanöver waren sie tatsächlich hereingefallen. Es war nur eine ferngesteuerte Drohne schlechterer Bauart, wie man sie auch als Privatmann erwerben konnte, gegen den Grenzzaun geprallt.

Sie fanden die vier bewaffneten Leichen vor und verwendeten gleich die angebrachten Leitern um nach den beiden anderen Verbrechern zu sehen. Dass sie als Polizisten damit selbst eine Grenzverletzung begingen, kümmerte sie weiter nicht. Der Nachbarstaat würde bestenfalls halbherzig protestieren. Nach dem gewonnenen Dreistundenkrieg hielten sich die weitaus größeren Staaten rundum auffallend zurück.

Die inzwischen angekommene Feuerwehr hievte die beiden Verletzten über den Zaun. Für den Fluchtwagen riefen sie noch einen Hubschrauber, der das Auto mit einem Stahlseil über den Grenzzaun hob und gleich in die Halle brachte, in der am Monatsbeginn schon der verkohlte Wagen der Attentäter gelandet war. Die Polizei sicherte die Spuren, die im Licht der Drohnen gut zu erkennen waren. Die vier Toten, ihre angeschmolzenen Waffen, ihre Werkzeuge und die Leitern brachten sie in die Halle, die Feuerwehr beseitigte nach der Spurensicherung die Reste. Am nächsten Tag besserten Gärtner noch die Brandflecken und Reifenspuren der Feuerwehr in der Wiese aus, und alles war wie vorher.

Die Polizisten verhörten die beiden verletzten Räuber nach deren Erstversorgung. Zuerst wollten diese natürlich von nichts etwas gewusst haben. Gerade, dass sie nicht behaupteten, beim nächtlichen Blumenpflücken gestört worden zu sein. Gegen Morgen ließ die Wirkung der Schmerzmittel nach und sie wurden gesprächiger. In diesem Teil der Welt, Futura nicht ausgenommen, wurden die unterzeichneten Menschenrechte bei Verbrechern, die eine Entführung geplant hatten – noch dazu die eines Senators – nicht wortgetreu ernst genommen. Beide wurden getrennt verhört.

Der erste: „Unser Boss hat alles seit drei Monaten vorbereitet. Er wollte einen der Familie entführen, wen, das war ihm eigentlich egal. Er hat gesagt, die sind so reich, da gibt es mindestens zehn Millionen Lösegeld, das täte denen nicht weh. Uns hat er als Fahrer engagiert."
„Wie viel hat er euch gegeben?"
„Er hat jedem von uns hunderttausend versprochen. Bekommen haben wir noch nichts."
„Und was war mit den anderen?"
„Die sollten eine Million bekommen, die haben alles mit ihm vorbereitet, wir sind erst vor einer Woche engagiert worden."
„Was wollten sie mit dem Entführten machen?"
„Das weiß ich nicht!"
Der Kriminalbeamte, der ihn verhörte, schwieg. Er glaubte ihm nicht. Zehn Minuten sagte keiner ein Wort. Die Stille fühlte sich endlos an. Der Beamte, etwa vierzig,

kurz geschnittenes Haar, lehnte sich zurück und sah dem anderen ins Gesicht. Er schätzte den Gauner auf kaum dreißig, mager, ein Allerweltsgesicht, wie es viele hier hatten. Die Haare hingen ihm strähnig in die blasse Stirn.

Er setzte das Schweigen bewusste ein, er wusste, der andere würde die Stille nicht aushalten und weiter reden.

„Kann ich eine Zigarette haben?“
„Hier darf nicht geraucht werden!“
Wieder Stille.
Der Kriminalbeamte griff zu seinem Sapienta. Die Geräte, die es inzwischen in Futura zu kaufen gab oder die als Diensttelefon ausgegeben wurden, konnten nicht so viel wie die edleren Geräte der Senatoren, waren aber auch nicht schlecht.

„Was ist beim anderen herausgekommen?“ Er hörte ein paar Minuten zu und setzte dann fort: „Ihr wusstet also nichts? Wieso spricht ihr netter Freund dann von einem Brunnen?“
Der Entführer schluckte. Offensichtlich würde ohnehin alles herauskommen. Stockend setzte er fort: „Es gibt da einen Brunnen, ein gemauertes Loch. Der Boss hat gesagt, da würde er >den Entführten, der so blöd wäre, sich erwischen zu lassen, verschimmeln lassen<, das hat er wörtlich gesagt. Da gibt es eine alte Farm, zehn Kilometer über der Grenze. Aber mehr weiß ich wirklich nicht.“
Auch aus dem zweiten Gefangenen war nicht mehr herauszubringen. Im Grund hatten sie nur die Handlanger

erwischt, der Anführer und seine drei Komplizen hatten ihre Strafe schon gefunden.

Die Beamten schickten eine Drohne zur Erkundung auf die angegebene Farm. Die Zufahrt war stark mit Gras überwachsen, an manchen Stellen aber von schweren Fahrzeugen durchfurcht. Buschwerk wuchs dicht am Weg. Die Drohne flog den gewundenen Weg bis zur Farm ab.

Das Haus schien ziemlich baufällig und verlassen. Einige der Dachziegel waren gebrochen, ein kleiner Baum wuchs aus einem der morschen Balken. Die Drohne übertrug die Bilder dreidimensional auf die große Bildwand, man konnte glauben, direkt dabei zu sein. Da auch der Geruchsensor eingeschaltet war, spürten sie die modrige, sonnenwarme Luft, neben dem Surren der Drohne klangen Geräusche von Vögeln durch, die erschreckt das Weite suchten. Das Gerät flog die Gegend auf der Suche nach dem Brunnen in Streifen ab, bis es den gemauerten Rand gefunden hatte und schwebte dort still in der Luft, während es in den tiefen Schacht hinunterleuchtete. Die Messung ergab fünf Meter, wenn sie das Entführungsopfer gefesselt hinunter geworfen hätten, hätte es nur verletzt überlebt. Oder auch nicht. Es schien, als hätten sie an eine spätere Freigabe gar nicht gedacht. Zwei Meter neben dem Schacht lag ein schwerer Deckel aus Beton.

Die beiden unterschrieben ihr Geständnis und wurden drei Tage darauf zu je acht Jahren Gefängnis verurteilt und über die Grenze zum Haftantritt in die ausgelagerte

Haftanstalt gebracht. Wie schon einmal erwähnt, verwöhnt wurde man dort nicht.

Diesmal brachte der Futura Daily überhaupt nur eine schmale Spalte. Von der nächtlichen Aktion gab es keine Fotos und die Polizei war nicht daran interessiert, weitere Grenzverletzungen dieser Art durch Hinweise zu erleichtern.

Die Regierung erwartete eine positive, zumindest aber eine ausgewogene Berichterstattung. Nicht, dass jemals irgendein Minister etwas gesagt oder verboten hätte, aber die Redakteure verstanden auch so, dass eine regierungsfreundliche Linie besser ankam. Es fiel auch nicht besonders schwer, genau das zu tun, denn die Minister waren kompetent, alles geschah unglaublich schnell und von all den Übeln anderer Länder war hier nichts zu merken.

Die Menschen kamen ja gerade deshalb, weil hier alles zu funktionieren schien und nicht in bürokratischen Hindernissen versandete. Es herrschte eine Aufbruchsstimmung, die sich von der Lethargie und dem Pessimismus anderer Länder wohltuend abhob. Wirtschaft und Technik boten nur Superlative, was aber die Leser wirklich interessierte, waren die Liebesgeschichten der Senatorenkinder und die Babys ihrer Töchter. Oder Fotos der heiratsfähigen Senatorensöhne beim Surfen und Wettsegeln. Hübsche Bilder vom großartigen Sommerball, den tollen Stars, die inzwischen aus der ganzen Welt kamen, und den Promis, die Futura mit strahlendem Gebiss und einem umwerfenden Lächeln verließen, brachten die Auflagen und die Werbeeinschaltungen. Auch das nächste Ereignis, das alljährliche >Große Wiesenfest< würde in Kürze stattfinden und Stoff genug für die Berichterstattung bringen.

Die Präsidentin, Laura Pernstein, beriet sich im kleinen Kreis mit einigen der Minister: „Was sollen wir mit dem Wrack der Attentäter und den anderen Relikten tun?“, warf sie in die Runde.

„Es bringt nichts, dieses Zeug aufzuheben“, meinte Dr. Urban. „Es zieht uns herunter.“

Marek Lena, die für den Tourismus zuständig war, stimmte zu: „Futura soll in den Bildern und Erinnerungen positiv dastehen. Das Vergangene ist geschehen. Es soll uns aber nicht belasten.“ Die meisten teilten diese Meinung. Es war am besten, die Reste einzuschmelzen. Sie würden ohnehin nur Platz brauchen und in einer Halle verstauben. Die Verbrecher suchten die Öffentlichkeit, die Minister wollten sie ihnen nicht geben. Das war ja auch das Problem der breit überlieferten Terrorakte in den europäischen Städten. Die Täter hatten keine Angst vor dem Tod. Sie hatten Angst vor ihrer Bedeutungslosigkeit.

Während sich die Ereignisse in Futura auf die misslungenen Verbrechen und den gelungenen Sommerball beschränkten, und ein angesagter Sturm kurzfristig eine andere Richtung genommen hatte, ging es in anderen Teilen der Welt schlimmer zu. Ein Frachtflugzeug riss beim Absturz in Kirgisistan neben der Besatzung die

Bewohner einer Häuserzeile in den Tod. Ein Vulkanausbruch in Island stieß tagelang Asche und giftige Dämpfe in die Luft. Die unter dem Eismantel ausströmende Lava verdampfte explosionsartig das Schmelzwasser und schleuderte riesige Eisbrocken durch die Gegend. Das abfließende Schmelzwasser staute sich für Stunden hinter einem mächtigen Eiswall, bis dieser dem Druck nicht mehr standhielt und brach. Die Sturzflut schwemmte eine Brücke, einen Bauernhof und ein paar hundert Schafe ins Meer, nur die Farmer konnten sich retten. Wegen der dichten Wolken aus scharfkantiger Vulkanasche brach für eine Woche der Flugverkehr über einigen nordeuropäischen Ländern zusammen.

In Kuba, das gerade dabei war, sich zu einem florierenden Tourismusland zu entwickeln, stürzte der Balkon eines noch nicht renovierten Altbaus ab und tötete zwei spielende Kinder.

Es gab aber auch Lichtblicke.

Seit die Staaten ihre Sanktionen gegen Kuba beendet hatten, begann das Land aufzublühen. Amerikanische Touristen entdeckten das neue Paradies und brachten die notwendigen Devisen. Wo lange Jahre gelangweilte Verkäuferinnen leere Regale bewacht hatten, standen plötzlich die verlockenden Produkte aus aller Welt. Der Touristenpeso war im vergangenen Jahr mit dem einheimischen Peso vereinigt worden, aber es war auch der Dollar als Zahlungsmittel zulässig und hochwillkommen. Die anfängliche Teuerung, die das Leben der Alten wegen ihrer geringen Pensionen erschwert hatte, war immer noch drückend. Doch die Erwachsenen verdienten an den zahlreichen Touristen, womit auch höhere Löhne und etwas später auch bessere Sozialleistungen möglich waren. Kubaner konnten erstmals ihr Land ohne Probleme verlassen und staunten, was alles in anderen Ländern möglich und bewundernswert war. Umgekehrt schätzten die Touristen die Lebenslust der Kubaner, ihre Musik und ihre heißen Rhythmen. Die neue Regierung versuchte den behutsamen Übergang von einer gelenkten Wirtschaft zu einer kapitalistischen, was ihr tatsächlich mehr oder weniger gut gelang. Ausländische Gelder und ein überraschend gut durchdachter Denkmalschutz sorgten dafür, dass die Altstadt Havannas vorsichtig restauriert und nicht durch den schonungslosen Wildwuchs neuer Geschäfte ruiniert wurde.

Einige der jüngeren Senatoren und andere Millionäre kauften Grundstücke am Meer und zogen darauf Hotels hoch oder restaurierten ihre neu erworbenen Innenstadthäuser.

Diego sah sich nicht um. Er wusste auch so, dass sie ihn schon gesehen hatten. Er hatte Angst, ahnte aber, dass er ohnehin nicht ungeschoren davonkommen würde. Er tat so, als ob ein Schaufenster sein Interesse geweckt hätte und betrachtete es von links nach rechts und wieder zurück. Irgendwann mussten die doch ihre Geduld verlieren.

Er war für seine sieben Jahre ein bisschen schmächtig, sonst aber aufgeweckt und in seiner Klasse recht gut. Gerade deshalb schikanierten ihn drei von den größeren Jungs, deren Verstand nicht so ganz ihrer Körpergröße entsprach. Aber sie hatten eine weißere Haut und etwas reichere Eltern, was sie glauben ließ, auf andere herabsehen zu können. Bernardo war ihr Anführer, die beiden anderen eher Mitläufer, deswegen aber nicht mit mehr Fairness oder gar Verstand gesegnet.

Hinter einer Häuserecke passten sie Diego ab und schubsten ihn wie einen Ball hin und her. Einer von ihnen schnappte sich seine Schultasche und schüttete sie auf den Boden.

„Na, wozu brauchst du denn das alles?“ Dann nahm er ein Lineal und brach es in zwei Stücke. „Schau, jetzt hast du zwei.“

Ein Junge, den sie nicht kannten und der auch etwa acht Jahre wie die drei Größeren war, lief auf sie zu.

„Lasst ihn in Ruh.“

„Was mischt du dich ein, hau ab, sonst kleb ich dir eine“, rief ihm Bernardo zu. „Los“, wandte er sich an seine beiden Mitläufer. Die bauten sich um Diego und den neuen Jungen auf und wollten sie fest halten. Diego duckte sich weg, der zweite Junge schnappte die Hand und drehte sie einem der Burschen auf den Rücken, dass er aufschrie. Bernardo trat den neu dazu gekommenen Buben in die Seite, doch der wich blitzschnell aus.

Plötzlich wuchs hinter Bernardo ein Schatten hoch, der ihn beim Genick schnappte. Er zappelte wie ein Fisch, aber die Faust hielt ihn wie ein Schraubstock einen halben Meter über dem Boden. Bernardo versuchte zu treten, aber die Finger umpressten sein Genick nur fester, sein Widerstand erlahmte. Die Hand ließ ihn fallen und er stürzte wie ein nasser Sack zu Boden. Ihm war schwarz vor den Augen, mühsam rappelte er sich hoch. Als er davonlief, hörte er noch die Stimme hinter sich: „Wenn du den Buben noch einmal angreifst, bist du tot."

Seine beiden Freunde sah er weit vor sich, die hatten längst die Flucht ergriffen. Als er sich in sicherer Entfernung umdrehte, sah er den Mann, der viel größer als sein Vater war und in einem dunklen Anzug steckte, wie sich dieser an den Jungen wandte, den er für seine blöde Einmischung verprügeln wollte. Er zeigte ihm hasserfüllt den Stinkefinger. Der Mann schien den Jungen überaus höflich zu behandeln.

Als er nach Hause kam, erzählte er den Vorfall seinem Vater. Dieser war zuerst wütend und griff zum Telefon und wählte die Nummer der Polizei. Doch schon nach den ersten Worten wurde er blass. Diese hatte schon eine Meldung über ihre Sapientas und eine kurze Einspielung des Streits über eine der Drohnen erhalten. „Du hast auf einen der Senatorenbuben eingeschlagen, bist du vollkommen blöd geworden", schrie er seinen Sohn an. Seine erste Entrüstung war einem Schock gewichen. Er warf einen Blick aus dem Fenster und sah schon in Gedanken die Polizei mit Blaulicht herankommen.

„Woher sollte ich denn wissen, dass das so einer ist. Er sah auch nicht anders aus wie die anderen."

„Wir werden vielleicht alle aus dem Land geschmissen", fügte sein Vater blass hinzu. Über zehn Ecken war ihm brühwarm die Geschichte des Attentäters erzählt worden, der vor einem oder zwei Jahren die Präsidentin mit einem Messer angegriffen hatte. Jetzt wurde auch Bernardo bleich. Da hatte er sich wirklich was eingebrockt. In seiner Schule hatte ihm einer der Größeren erzählt, dass die Senatoren mit einem Blick töten könnten, einer seiner Onkel hätte das selbst gesehen. Er wäre dabei gewesen, als das mit dem Angriff auf die Präsidentin passiert sei und der Täter einfach tot umgefallen war.

Auch die nächsten Tage zuckte Bernardos Familie zusammen, wenn irgendwo ein Blaulicht aufleuchtete oder jemand bei ihrer Tür klingelte. Aber es geschah die nächsten Tage nichts.

Pietro, der Bodyguard, brachte Philipp, so hieß der jüngste Sohn von Carmen und Stefan Buffet, nach Hause. Seine Mutter war daheim, auch sie wusste schon, was vorgefallen war. Sie ließ ihren Sohn die Situation erzählen, obwohl sie das meiste kannte und auch schon das Video gesehen hatte.

„Was hast du dir dabei gedacht, dass du dich in den Streit einmischt?"

„Die drei waren so unfair, die haben den Jungen, der Diego hieß, herumgestoßen und sekkiert. Da hab ich ihm geholfen. Ich konnte da nicht zuschauen."

„Das war richtig, und ich bin stolz auf dich, dass du so mutig warst, aber du hättest ja Pietro bitten können, dass er eingreift."

„Der stand auf der anderen Straßenseite und ich wollte selbst was tun. Schließlich bin ich auch schon groß."

Carmen lächelte: „Bist du, aber du bist ein Senatorensohn, da sollst du vorsichtig sein. Mut allein genügt für uns nicht, wir haben viel Verantwortung. Du weißt ja, dass dich nicht nur Pietro, sondern meist auch einer der Wächter, sie zeigte nach oben, begleitet. Die Drohnen sind programmiert, uns alle zu schützen. Das heißt aber, dass sie andere verletzen, wenn du angegriffen wirst. Das kann uns in Verlegenheit bringen."

Philipp nickte schuldbewusst, kaum hatte sich aber seine Mutter umgedreht, lächelte er Pietro zu. „Das hast du klasse gemacht. Du hast ihn geschüttelt wie eine tote Ratte. Wenn der dem Kleinen noch einmal weh tut, ... ich werde dich nicht verpfeifen."

Kapitel 11: Wirtschaft

2042

Die neue Skyline von Futura war jetzt schon in Umrissen zu erkennen. Das ursprüngliche Bild der agrarisch-kleinstädtischen Struktur war dem Flair einer Großstadt gewichen, auch wenn diese erst im Entstehen war. Schließlich lag der Dreistundenkrieg erst vier Jahre zurück. Die Spannungen zwischen denen ganz oben und der ursprünglichen Bevölkerung waren einer Kooperation oder zumindest einem geduldeten Miteinander gewichen. Die meisten hatten sich daran gewöhnt, die Vorteile eines reichen Staates zu nützen, auch wenn das für die ursprüngliche Bevölkerung in erster Linie Dienstleistungen bedeutete. Vom Schuhputzer bis zum Kellner, vom Hausmädchen bis zur Köchin, vom Gärtner zum Reparaturdienst, vom Maurer bis zum Fliesenleger, viele der einfachen Dienstleistungen waren gefragt.

Die junge Generation schaffte es schon besser. Die Schulen boten eine breite Palette an Ausbildungsmöglichkeiten, die Anreize sich anzustrengen waren hoch. Auch aus der heimischen Bevölkerung schafften es dann doch einige, über die Gründung von Botendiensten, Baufirmen, Ingenieurbüros, Handelsfirmen, Restaurants und Tischlereien zum Mittelstand aufzusteigen. Wobei den Mittelstand hier die Millionäre bildeten.

Da die Kaufkraft enorm hoch war, lagen die Luxusfirmen aus aller Welt im Wettbewerb, sich rechtzeitig die besten Plätze für den Verkauf ihrer Waren zu sichern. Die Geschäfte konnten gar nicht elegant genug sein.

Eine Modeschau oder eine Produktpräsentation musste schon sehr extravagant oder hip sein, um unter den anderen Ereignissen aufzufallen.

Gute Grundstücke mit schönem Blick erzielten absurde Preise, der ohnehin schon große Hafen musste wegen der vielen Yachten weiter ausgebaut werden. Alle, die reich oder schön waren und dazugehören wollten, strömten nach Futura.

Ein neues Buch von Dr. Miller Pascal, dem Sohn des alten Senators und seiner Frau Maria: „Unternehmen im Wettbewerb“ – angesichts der elektronischen Medien geradezu nostalgisch – zog wieder zahlreiche Journalisten an. Der Ehrlichkeit halber sollte man hinzufügen, dass sich die Medienleute nicht nur wegen des Buches auf den Weg machten, das zum Teil Ideen eines alten Klassikers aus dem Jahr 2015 von Reinhard Sprenger aufgegriffen hatte. Miller kannte ihn von seinem Studium und schätzte ihn noch immer. Für Journalisten war Futura auch ohne besonderen Grund die lange Reise wert. Der geschäftliche Besuch einer Stadt, die so im Wandel lag, sich so topaktuell, dabei schön und angenehm und immer wieder überraschend erwies, war wie bezahlter Urlaub.

Besucher fühlten sich schon gut, wenn sie aus dem Flughafengebäude kamen, zwischen dem schnellen Tubetrail und den angenehmen automatischen Taxis wählen konnten und Minuten später in einem der eleganten Hotels ankamen. Wer am Flughafen oder auch unterwegs Fragen oder Probleme hatte, konnte sich einfach an eine der zahlreichen Informationssäulen wenden, die ihm in seiner Muttersprache die richtigen Lösungen boten und auch gleich ausdruckten. Die Künstliche Intelligenz, die dahintersteckte, war bereits so weit fortgeschritten, dass die Unsicherheit vor allem älterer Besucher dem angenehmen Gefühl wich, die richtigen Hinweise erhalten zu haben.

Das schnelle Einchecken in den Hotels ließ vergessen, dass totale Kontrolle dahinter lag. Wer als Journalist eingeladen wurde, bekam eine Karte zugeschickt, die berührungslos wie bei Liftkarten die Türen öffnete, das Taxi zum richtigen Hotel leitete und als Zimmerkarte die richtige Suite zuwies. Das Visum, die Eintritts- und Zahlungsfunktionen konnten sie auch auf ihr Smartphone laden.

Die damit verbundene Gesichtserkennung, der Fingerabdruckabgleich und die Kontrolle der gespeicherten Biografie geschahen so schnell und unauffällig, dass sie nicht wahrgenommen wurden.

Auch diesmal war der große Saal des Hotels voll mit Journalisten und Zaungästen, die mehr über das Buch hören wollten. Das Büffet war ebenfalls reichlich gedeckt. Böse Zungen behaupteten, dass die meisten der Gäste deswegen gekommen waren.

„Herr Dr. Miller, in ihrem Buch „Unternehmen im Wettbewerb“ ist ein wichtiges Kapitel die Korruption, können Sie uns dazu noch etwas sagen?“

„Korruption zerstört die Grundlage jeder ehrlichen Geschäftstätigkeit. Sie verteuert das Produkt oder macht es sogar schlechter. Erstens, weil das Bestechungsgeld ja irgendwie eingespart werden muss, und zweitens, weil vielleicht nicht das beste Unternehmen den Zuschlag bekommt. Zur Bestechung muss eine Firma nur dann greifen, wenn ihr Produkt schlechter als das ihrer Konkurrenten ist. Korruption bedeutet also auch immer die Ausschaltung des Marktes zulasten anderer Menschen.
In vielen Firmen, das betrifft vor allem Aktiengesellschaften, versuchen neue Manager sich einen möglichst großen Profit aus den Firmen herauszuschlagen. Sie denken nicht an das langfristige Wohl der Firma, oft genug sehen sie ihre Position nur als Sprungbrett. Für Staaten gilt häufig das Gleiche.
In Futura gibt es dieses Übel kaum. Der Staat gehört mehr oder weniger uns. Die Senatoren, unsere Eltern, haben jeden Quadratmeter davon gekauft und mit ihrem eigenen Geld und dem Geld ihrer Steuern aufgebaut. Oder durch einen Krieg gewonnen, der uns aufgezwungen wurde. Aber auch da kosteten wir den Sieg nicht aus, stattdessen haben wir viele Milliarden Dollar investiert.

Natürlich klingt das wie der angebliche Spruch des Sonnenkönigs: >L’État, c’est moi<! Hätte der sich allerdings so um seine Bürger bemüht wie um sein Schloss, seine

Kleider und seine Feste, hätten ihn seine Bürger zu Recht geliebt.

Das Dilemma liegt in der fehlenden Identifikation mit dem, was man regiert oder verwaltet. Ja, wir sind stolz auf unseren Staat. Wir freuen uns, dass es ihn gibt. Und es ist uns ein Anliegen, dass er bis zum letzten Komposthaufen am Stadtrand gut ausschaut. Die ganze Welt wäre besser dran, wenn sich jeder Politiker um seinen Staat und seine Zukunft kümmern würde, anstatt ihn als Melkkuh oder als Bühne zur Selbstdarstellung zu missbrauchen. Dabei sind wir keineswegs selbstlos. Wir sehen diesen Staat als Aufgabe, die wir so gut wie möglich lösen wollen. Wir sind offen, aber nicht für jeden. Wer uns und unseren Staat nicht mag, der soll eben woanders hingehen. Ich würde mich auch nicht bei einer Firma bewerben, deren Grundhaltung und deren Produkte ich verabscheue."

„Die Wirtschaft in Futura floriert besser als sonst wo in der Welt. Wie machen sie das?"

„Erstens: Das einzige Beständige in dieser Welt ist der Wandel. Was sie heute erfinden, ist morgen überholt. Darauf muss sich jedes Wirtschaftssystem einstellen. Innovation gibt es aber nicht auf Befehl, es muss der Boden stimmen. Wir schaffen die Voraussetzungen dafür und wo diese stimmen, wächst alles, was wachsen kann, von selbst. Wer in Europa ein Geschäft oder einen Betrieb eröffnen will, muss einen Wust an Vorschriften einhalten, braucht Wochen für seine Behördenwege, vielleicht Jahre bis zum Erfolg. Bis dahin ist er pleite.

Also kommt er zu uns. Bei uns schafft er das alles mit dem richtigen Produkt in einer Woche. Drei erfolgreiche Jungunternehmer, die das in dieser Zeit bewältigt haben, stehen ihnen nachher für die Diskussion zur Verfügung. Eine Abteilung unserer Bank wurde genau für diesen Zweck eingerichtet.

Zweitens: Unser Rohstoff sind Daten und Wissen. Alles andere kaufen wir am Weltmarkt zu. Doch erst die richtigen Mitarbeiter setzen dieses Wissen in Dienstleistungen oder Geräte um. Wir sind inzwischen in der glücklichen Lage, dass die besten jungen Leute der Welt ihre Visionen bei uns umsetzen wollen.

Drittens: Wir haben eine Industrie und stehen dazu. Wenn wir nicht zumindest einen Teil unserer High-Tech-Produkte im Land erzeugen, verlieren wir das nötige Know-how und die Arbeitsplätze dazu. Wir wollen dieses Wissen und die Arbeitsplätze bei uns erhalten."

„Worin sehen Sie die Qualität der Gedanken Reinhard Sprengers, die in ihrem Buch mehrfach zitiert werden, heute nach über zwanzig Jahren?"

„Letztlich darin, dass er nicht auf die Pseudotechniken von Psychologen hereingefallen ist, die alles erklären wollten und überzeugt waren, es auch zu können. Selbst wenn sie Recht hätten, ist es seiner Meinung nach - und ich teile diese Meinung - nicht rechtens, in der Psyche von Mitarbeiten herumzuwühlen und den letzten Rest von ihrer Intimsphäre öffentlich auszubreiten. Oder wenn Psychotrainer alle über Rankings, Motivationen und

Prämien zu Höchstleistungen anspornen wollen. Das bedeutet immer auch, dass die Schwächeren öffentlich an den Pranger gestellt werden. Die, die ihre Ellbogen auf dem Weg zur Spitze rücksichtslos einsetzen, sind nicht immer jene, die der Firma und der Gesellschaft nützen. Die verfolgen oft nur ihre eigenen egoistischen Ziele. Es braucht die gemeinsame Anstrengung aller, um ein funktionierendes Team zu bilden. Die Zeit der Einzelkämpfer ist ziemlich aus."

„Es gibt in den Firmen aber auch Quertreiber und solche, die gern die anderen für sich arbeiten lassen."

„Ja, es gibt Minderleister und es gibt Skandale, aber das ist nicht die ganze Wirklichkeit. Konkret wird die Wirtschaft vor allem am eigenen Arbeitsplatz erfahren, da, wo Menschen einen Großteil ihres Lebens verbringen: sechs, acht, zehn oder mehr Stunden täglich, vielfach auch am Wochenende. Arbeit hat ja nicht nur die Aufgabe des Geldverdienens oder des Zeitvertreibs. Man formt sein innerstes Ich in seinem Beruf. Ein Zitat aus seinem Buch: >*Den meisten Menschen ist dabei kaum bewusst, wie sehr die Arbeit sie prägt*<.

Weiters, ein Absolvent einer Hochschule ist drei Tage nach seinem Schulabgang kein besserer Mitarbeiter als einer mit jahrelanger Erfahrung. Doch das Expertenwissen verdrängt das Erfahrungswissen. Auf einen Psychologen wird gehört, der sich einen Schüler zehn Minuten anschaut, auf einen Lehrer, der den Schüler und seine Lebenssituation seit zwei Jahren kennt, dagegen nicht. Für Arbeiter gilt oft das Gleiche. Sie haben manchmal einen großen Schatz an Erfahrungen gesammelt, der jedoch nur in einem geeigneten Umfeld sichtbar wird. Wertschätzung dafür motiviert mehr als die üblichen Ermahnungen, Kontrollen und Akkordlöhne.

Oft genug hat das Unternehmen seine eigentliche Aufgabe verloren. Gewinn soll abgeliefert werden, am besten ohne den Umweg über den Kunden. Doch das wäre ein autistisches Unternehmen. Denn sein wichtigster Zweck ist es nicht, Profit zu machen. Der ist bloß ein Indikator für erfolgreiches Arbeiten und eine notwendige Bedingung, damit die Firma am Leben bleibt. Der Daseinszweck des Unternehmens muss für die Menschen plausibel sein. Arbeit ist immer Arbeit für andere. Für den Angestellten dagegen kann der Sinn auch durchaus darin liegen, dass er seine Familie ernähren kann oder genug Geld für seine Hobbys hat.

Für mich ist Arbeit die höchst erfüllende Jagd nach neuen Erkenntnissen. Mein Antrieb liegt nicht in einer Million Dollar mehr am Ende des Jahres, sondern darin, Probleme gelöst zu haben, vielleicht ein neues Produkt erfunden zu haben, das der Menschheit dient. Im Team brauche ich dazu keine Mitarbeiter, die überdurchschnittlich empathisch sind oder politisch korrekt über Migranten oder die Frauenquote denken, ich brauche dazu schlicht Menschen mit guten Ideen, die sich voll in ihre Arbeit hängen. Manchmal haben gerade die Nichtangepassten die besten Vorschläge."

„Sie schreiben auch über die Sinnlosigkeit von Rankings oder Prämien zur Motivation."

„Wenn das Ziel allein zählt, sind der Weg und die Zeit bis dorthin nichts wert. Ist das Ziel erreicht, brauche ich sofort eine neue Aufgabe, damit treibe ich meine Mitarbeiter durch das Hamsterrad ewiger Unzufriedenheit oder in die Arbeit des Sisyphos. Ich will innehalten können, wenn ich etwas erreicht habe. Jede Blume am Weg hat ihren Sinn. Dabei kann ich mir nicht vorstellen, meinen Job halbherzig zu machen. Man tut schließlich für sich selbst das Beste, wenn man sein Bestes gibt. Das Menschenbild, das dem Führen mit Anreizen zugrunde liegt, ist daher im Kern von Verachtung geprägt. Es unterstellt, dass ein Mitarbeiter nicht von sich aus zu einem vernunftgeleiteten Verhalten fähig oder von Natur aus faul ist. Wir tun nicht mehr das, was wir für sinnvoll halten, sondern was belohnt wird – auch wenn es der größte Unfug ist. Das ist gerade auch bei Bankern ein Problem. Sie beraten den Kunden nicht in die Richtung der bestmöglichen Anlage, sondern drehen ihm das an, womit sie die höchsten Provisionen verdienen.

Als gute Führungskraft will ich auch nicht ein Vorbild sein, dem alle anderen blind nachlaufen, sondern ich will das Besondere in jedem Einzelnen wecken. Deshalb ist Personalauswahl die wichtigste Managemententscheidung. Wenn ich an die Chefin denke, die dieses Hotel führt, dann weiß ich, dass sie ihren Mitarbeitern nicht befiehlt, zu den Gästen freundlich zu sein. Sie sucht freundliche Mitarbeiter. Dann lässt sie jedem seine Eigenart. Wer also den anderen annimmt, wie er ist, billigt ihm Autonomie zu und belässt ihm seine Würde."

„Sie wehren sich gegen das einfühlsame und alles verstehende Führungsverhalten und nennen das die Verweiblichung der Männer.“

„Es gibt zu viele, die nur Rankings im Kopf haben oder sich jede Entscheidung durch Rechtsgutachten und Meinungsumfragen absichern lassen. Es fehlen die Männer, die entscheiden, Kanten haben, nicht angepasst sind, jene, die Ideen nachjagen. Kolumbus hat Amerika nicht wegen seiner Empathie erreicht.“

„Sie bekritteln die Bürokratie und sehen Regierungen und Firmen in Amerika und Europa ziemlich kritisch.“

„Das gilt nicht für Google, Amazon und einige andere Firmen. Die sind innovativ. Aber viele Regierungen und Firmen sind in sich erstarrt wie ein gefrorener Wasserfall. Ein Minimum an Verwaltung ist notwendig, zu viel Verwaltung der Tod des Unternehmens. Der Kunde mit seinen Wünschen muss im Vordergrund stehen und nicht das ordnungsgemäß abgeheftete und komplett ausgefüllte Protokoll. Wenn heute Unternehmen dreißig oder vierzig Prozent ihrer Mitarbeiter in der Kontrolle, der Steuerabrechnung, der Compliance und der Statistik beschäftigen, wer kann sich dann noch um den Kunden kümmern? Wenn ich in meine Mitarbeiter kein Vertrauen habe, warum stelle ich sie dann an? Vielleicht schafft zu viel Vertrauen sogar die Möglichkeit zum Missbrauch, wenn mich aber die Kontrolle zwanzig Mal mehr kostet, wo bleibt dann der Sinn?

Schwache Führungskräfte neigen dazu, noch schwächere Mitarbeiter anzustellen und sich mit tonnenweisen Dokumentationen, Statistiken und Protokollen abzusichern. In meiner Firma muss die Zahl der Formulare konstant bleiben, wer ein neues einführen will, muss ein altes Formular entfernen. Wer die Zeit meiner Mitarbeiter mit einer steigenden Zahl an Emails, Formularen und Rundschreiben überbeansprucht, muss sich dafür genauso rechtfertigen, wie wenn er das Budget überzieht. Sie glauben gar nicht, wie klein Verwaltung plötzlich werden kann.

Wenn in unserer Regierung Abteilungen anfangen, die Firmen mit Formularen und anderem Papierkram zu überfordern, riskieren sie ihre Auflösung, denn sie haben dann offensichtlich nichts Besseres zu tun. Das schafft eine ungeheuer sparsame Behörde.“

„Dann gibt es noch die Frage nach der Transparenz.“

„Wollen wir wirklich noch mehr kontrolliert werden? Reicht es nicht, wenn die NSA – und nicht nur sie – weiß, wie viele Caipirinhas sie gestern an der Hotelbar getrunken haben und mit wem? Werden wir nicht ohnehin bis zum Kinderzimmer ausspioniert, nur weil wir der Tochter oder dem Sohn irgendein internetfähiges Spielzeug gekauft haben, das vielleicht gerade jetzt abgehört wird? Wir gehen ohnehin schon verschwenderisch mit Informationen um, wenn wir bei Facebook sind oder unser Kühlschrank das zweite Mal in dieser Woche unsere Lieblingsspeise nachbestellt. Sollen wir wirklich noch jede intime oder auch sinnlose Frage beantworten müssen, nur weil uns jemand ein Formular vor die Nase hält? Ich will es nicht und es sollte auch sonst niemand wollen."

„Wie wird sich die Wirtschaft entwickeln?"

„Wir stehen vor großen Herausforderungen.
Erstens, das Kapital sammelt sich zunehmend in den Händen von wenigen reichen Familien an, die immer mehr Unternehmen steuern und über ihre Kredite Macht auf Staaten ausüben. Sie sind gigantische Spieler des globalen Kapitalismus: Große Fonds und Vermögensverwalter beteiligen sich an den großen Unternehmen weltweit, um ihr Geld zu streuen. Wir tun es auch. Auch wenn wir meist keine Kontrollmehrheiten halten, zählen wir mit unseren Beteiligungen zu den wichtigen Aktionären. Das stabilisiert aber auch die Märkte, wir sind zu groß, um einfach rein und raus zu gehen.

Zweitens, es gibt erstmals Anzeichen, dass wir das Kippen des Klimas vermeiden können. Eine unserer Firmen hat ja gerade den Durchbruch bei der künstlichen Fotosynthese geschafft. Dieses Verfahren kann, wenn damit der Meeresanstieg gestoppt wird, Milliarden an Vermögen retten und noch größere Schäden, vor allem bei Küstenbewohnern, verhindern. Wenn es gelingt, das Verfahren noch billiger zu machen, können wir auch das Energieproblem für alle lösen. Wir brauchen dann kein Erdöl mehr zu verschwenden. Aus dem bei der Fotosynthese gebildeten Zucker können wir Treibstoffe erzeugen oder Kraftwerke zur Stromgewinnung betreiben.

Drittens, die geplante Mondstation und erst recht die kommende Marsstation sind zukunftsweisende Investitionen, die alle unsere Kräfte erfordern werden. Vielleicht gelingt dieser internationalen Zusammenarbeit das, was den Diplomaten dieser Welt immer mehr entglitten ist, nämlich eine fruchtbare Koexistenz, ein Zusammenschluss aller Kräfte.

Viertens haben viele Politiker den Kontakt zu ihren Bürgern verloren. Sie versorgen sie auf Kosten anderer, das ja, aber ob sie langfristig zum Vorteil ihrer Bewohner handeln, wage ich zu bezweifeln. Die vielen unnötigen Geschenke, die ihre Vorgänger getätigt haben, um ein paar Wählerstimmen zu gewinnen, lasten wie Mühlsteine auf der heutigen Generation. Statt Geld zu verschwenden hätten sie wie wir einen Fonds aufbauen können, der aus seinen Erträgen die Pensionen speist. Nur Norwegen hat das konsequent durchgezogen.

Fünftens hat die Unfähigkeit, die Zuwanderung geordnet abzuwickeln, in vielen Metropolen zu Stadtteilen geführt, die sich kaum von den Elendsgürteln unterscheiden, die manche afrikanische oder südamerikanische Städte umgeben. Die dort lebenden Einwanderer sprechen weder die Sprache ihres Gastlandes, noch gibt es für sie genügend Arbeitsplätze, damit sie selbst bei gutem Willen einen positiven Beitrag für ihr Land leisten können. Sie werden sich auch nicht integrieren, sondern in Parallelgesellschaften leben und das Land destabilisieren."

„Wie sieht es mit den Pensionen weltweit und speziell in Futura aus?"

„Wenn ich das Wort und die Ausreden in so vielen Ländern schon höre, kommt mir die Galle hoch. Die politischen Parteien vieler Nationen streiten seit siebzig Jahren darüber, haben aber nichts getan. Abgesehen davon, dass sie vor allem die Jungen für dumm verkauft haben, hätten sie Zeit genug gehabt, eine anständige Vorsorge zu treffen und die Arbeitszeiten der Lebenserwartung anzupassen. Sture Gewerkschaften und die fehlende Konsequenz haben dies verhindert. Mit einer besseren Aktienkultur hätten sie zusätzlich Vermögen im Land aufgebaut. So haben sie zugelassen, dass ihre heimischen Firmen in den Besitz des Auslandes gelangt sind und auch die Dividenden an Ausländer fließen. Statt über Maschinensteuern nachzudenken, hätte es völlig gereicht, die Steuer auf die Dividenden für die Pensionen zu verwenden. Wir in Futura machen nichts anderes, wir nehmen einen kleinen Teil der Dividenden und bestreiten damit unsere Pensionen. Für Investitionen bleibt noch genug übrig.

Als dann die lang vorhergesagte Pensionslücke tatsächlich eingetreten ist und sich nicht mehr finanzieren ließ, schoben sie die Schuld entweder auf den völlig überraschenden Konjunktureinbruch oder die bösen Versäumnisse der anderen. Die Ursachen wurden mit Ausreden oder Achselzucken abgetan, der Inflationsausgleich musste entfallen und wird auch in Zukunft nicht möglich sein. Geld lässt sich eben nur einmal ausgeben."

Es gab weitere Fragen und Zurufe. Wie so oft lagen die Antworten meist nicht im Mainstream der allgemeinen Meinung, waren manchmal kantig formuliert, aber das

Ergebnis war überzeugend, wenn auch teilweise beängstigend.

Zufrieden wie meist verließen die Journalisten Futura und hofften, bald wieder einen Anlass zu finden, um herzukommen.

Kapitel 12: Die Klinik

Die private Klinik wurde durch ein Spital im neuen Teil Futuras ergänzt. Schließlich konnten sich nur Millionäre die Honorare der privaten Klinik im alten Teil des Staates leisten. Die Gründer, Nora und Christian Fiedler, waren inzwischen über siebzig und hatten sich gerade in die Pension verabschiedet, aber ihr Rat war immer noch gefragt. Wenn sie auch das Geheimnis ihrer Herkunft nicht preisgegeben hatten, so hatten sie doch ihr enormes Wissen über ihren Unterricht an der Universität und ihr praktisches Können an ihre Kinder und Studenten direkt im Spital weitergegeben. Die Visiten und kurzen Besprechungen der Fiedlers wurden von den jungen Assistenten und auch ausgebildeten Ärzten hoch geschätzt.

Ein neuer Schwerpunkt war die Transplantationschirurgie. Die ständig zunehmende Zahl an Organinsuffizienzen einerseits und die abnehmende Zahl an Spenderorganen andererseits ließ die Wartelisten für Patienten weltweit wachsen. Lebende Nierenspender waren auch nur eine Notlösung, selbst wenn die Operation nur die üblichen, jedoch im Vergleich zu anderen großen Baucheingriffen eher geringen Risiken von Operationskomplikationen aufwies. Dagegen konnte der Eingriff selbst durch die freie Zeitwahl besser vorbereitet werden. Abstoßungsreaktionen waren aber selbst bei guter Übereinstimmung zwischen Spender und Empfänger möglich und mussten mit Medikamenten unterdrückt werden.

Deshalb wurde fieberhaft nach Möglichkeiten für Alternativen gesucht.

Falsche Gesetze verstärkten den Mangel an Organen. Ein österreichischer Bürger musste ablehnen, dass seine noch funktionsfähigen Organe im Falle seines Todes entnommen werden durften, in Deutschland musste er dafür extra zustimmen. Daher gab es in Österreich bezogen auf die Zahl der Einwohner eine wesentlich höhere Zahl an Spenderorganen. Damit war aber das zweite Problem noch nicht gelöst, dass der menschliche Körper fremde Organe abstieß. Die Forschungen in Futura arbeiteten daran, dass das jeweilige Immunsystem nicht nur das eigene Protein erkannte und nicht als fremd bekämpfte, sondern auch noch ein weiteres, das des Spenders, tolerierte. So, wie ein Schlüssel zwei Schlosssysteme sperren konnte. Im Zuge dieser Forschungen ließe sich vielleicht auch das Problem der Autoimmunkrankheiten lösen, bei denen sich die Abwehr gegen den eigenen Körper richtete. Dafür reichte allerdings die Forschungskapazität der Klinik nicht. Sie brachten diesen Ansatz jedoch in eines der vorhandenen Biotechnologieunternehmen ein und unterstützten dort die weitere Forschung.

Der Druck von Organen, der in der Klinik von Futura dank der Druckertechnologie aus dem 22. Jahrhundert möglich war, brachte eine raschere, wenn auch teurere Lösung und führte zum Aufbau einer größeren Abteilung.

Vor der Produktion war die DNA-Sequenzierung, also die Bestimmung der Nukleotid-Abfolge in einem DNA-

Molekül notwendig, was dank der technischen Fortschritte in dreißig Minuten möglich war. Das Hauptproblem lag im enormen Rechenbedarf, um dann das Ersatzorgan mit der gleichen DNA des Empfängers auszudrucken, da jedes Organ aus vielen Milliarden Zellen aufgebaut werden musste. Dafür gab es keine Abstoßungsreaktionen und die Patienten konnten das Spital oft schon nach wenigen Tagen geheilt verlassen. Diese weltweite Topleistung ließ die Klinik boomen. Was waren schon ein paar Millionen für die Superreichen, wenn man sich damit Leben und Beschwerdefreiheit erkaufen konnte? Fehlende Haut wurde gezüchtet, was zwar lange dauerte, aber keine größere Rechnerkapazität erforderte.

Manche der Medikamente aus ihrem 22. Jahrhundert hatten sie in neuen Verpackungen einfach verwendet, einige über die Pharmafirma von Dr. Christine Vonn mit großem Erfolg in den Markt geschleust.

Einen weiteren Schwerpunkt bildeten die Schönheitsoperationen, die einen eigenen Flügel der Klinik erforderte und für den sie weitere Ärzte und einen tüchtigen Leiter anstellen mussten. Der Traum vom Schönsein war stärker als die Angst vor dem Messer. Für die Straffung der Augenlider, die Vergrößerung oder die Verkleinerung der Brüste, das Absaugen von Fett in Problemzonen und die Entfernung von Falten ließen die betuchten Interessenten Millionen springen. Jeder wollte sich schön und attraktiv fühlen und was die Natur an Schönheit nicht verschwenderisch zugeteilt hatte, konnte man sich zumindest teilweise für viel Geld kaufen. Oft stärkten kleine Verbesserungen im Aussehen das Selbstvertrauen der

Patienten, sodass der Eingriff nicht nur der Schönheit diente, sondern auch zu einem stärkeren Selbstbewusstsein verhalf. Möglich war alles. Kleinere Fehler in der Haut, schlaffe Partien in der Bauchgegend, Entfernung von Tränensäcken, das war alles kein Problem. Die modernen Operationsmethoden der Klinik machten viele Eingriffe auch ohne Narkose möglich, Narben wurden wie in einem Computerprogramm von Adobe unsichtbar.

Dr. Jonas Fiedler war seit 2038 Leiter der Klinik. Die angeschlossene Zahnklinik wurde von seiner Schwester, Dr. Julie Fiedler, geführt. Unter ihrer Leitung war auch diese Station enorm gewachsen. Da die Implantation von echten Zähnen aus dem Drucker und die gleichzeitige Reparatur der anderen zu Routineeingriffen geworden waren und die Patienten die Klinik mit einem strahlend weißen Gebiss verließen, wurde sie von kleinen und großen Stars der Film- und Modeindustrie gestürmt. Da spielten die Kosten, die einem teuren Auto entsprachen, keine wirkliche Rolle. Jeder zufriedene Star war Werbung, sobald er seine neuen Zähne aufblitzen ließ. Je mehr Menschen sich dem Diktat strahlender Zähne unterwarfen, desto mehr wurden alle anderen unter Druck gesetzt, es diesen gleichzutun.

Hans, Mantinis Ehemann und früherer Direktor des Hotels Futura Paradies, wurde am Weg ins Schlafzimmer von einem Schwindelanfall gepackt. Seine Hand hatte plötzlich das Geländer nicht mehr halten können und wie in Zeitlupe stürzte er die Treppe hinunter. Eine der Haushaltsgehilfinnen schrie laut auf, rannte zu ihm und versuchte, ihm das Blut aus der Stirn zu wischen. Ihr Schrei alarmierte den Sapienta von Hans, der ebenfalls die Stufen hinuntergepoltert war.

„Brauchen Sie Hilfe?“

Die Haushälterin, die sich an dieses sonderbare Ding gewöhnt hatte, das sprechen konnte und alles wusste, rief zurück: „Ich brauch Hilfe, der Herr ... er ist die Treppe hinuntergefallen. Er stöhnt. Er steht nicht auf. Madonna.“

Der Sapienta rief die Rettung, die Minuten später anbrauste, da die Klinik nur ein paar Kilometer von der Villa Mantinis entfernt lag. Die Sanitäter hoben ihn auf die Tragbahre und brachten ihn sofort zur Klinik. Der diensthabende Arzt untersuchte ihn kurz, wurde aber rasch aufmerksam, als er eine leichte Lähmung feststellte und verlegte Hans sofort in die Neurochirurgie zur genaueren Untersuchung.

Er alarmierte den Oberarzt, die Aufnahmeschwester verständigte Graziella Mantini, seine Frau. Ein Mitglied der Senatorenfamilie, da durfte nichts schiefgehen. Auch der Leiter der Klinik, Dr. Jonas Fiedler, wurde verständigt. „Möglicherweise ein Schlaganfall, ich bin noch an der Untersuchung.“ Der Scan im Magnetresonanztomographen und der weitere Scan im neuen Rt-Angiografen ergaben Schlimmeres, ein Pineozytom, einen Tumor der Zirbeldrüse. Da die Zirbeldrüse tief im Gehirn sitzt, war eine Operation auch mit der fortgeschrittenen Technik dieser Zeit eine echte Herausforderung.

Kurz darauf kamen seine Frau Graziella und der Primar der neurologischen Station. Dr. Fiedler war für dieses Fachgebiet nicht zuständig. Hans war ansprechbar:

„Ich habe die gelegentlichen Kopfschmerzen nicht so ernst genommen. Kopfweh oder kleinere Sehstörungen hat doch bald einmal wer."

„Sie haben leider einen Tumor, der noch dazu tief sitzt. Wir müssen einen Scan durchführen und diese Region ihres Kopfes über den 3D-Drucker zur näheren Untersuchung ausdrucken. Früher mussten wir dazu eine Biopsie durchführen. Anhand des Modells können wir dann den Ablauf der Operation festlegen."

Hans reagierte darauf gelassener als seine Frau. Inzwischen kam auch ihre Tochter Julia, die vor kurzem die Patente für die Fotosynthese erhalten hatte, zum Krankenbett. Mit Mühe unterdrückte sie ihre Tränen.

Der Primar klärte sie und den Patienten über die Risiken der Operation auf:

„Ein schwerer Schlaganfall ist eines der Risiken, eine Verletzung von einem wichtigen Gehirnteil kann zur Lähmung oder der Zerstörung des Sehnervs und damit zur Blindheit führen. Aber der Verzicht auf die Operation bewirkt einen Druckanstieg im Kopf, da die Geschwulst die normale Zirkulation der Gehirn-Rückenmarksflüssigkeit (Liquor cerebrospinalis) behindert, und führt damit ebenfalls zu Blindheit und Tod." Mantini trommelte mit der Hand auf den Tisch. Sie wirkte verängstigt und nervös.

„Im Normalfall verläuft die Operation gut“, versuchte der Primar zu beruhigen, der selber nervös war. Ein Kunstfehler würde ihn seine Stellung kosten, da gab er sich keinen Illusionen hin. Der Zusammenhalt unter den Senatoren war zu hoch, als dass er bei einem Missgeschick ungeschoren davonkäme.

Der Gehirnscan mit dem 3D-Molekulardrucker wurde gleich für die Nachtstunden angesetzt. Selbst die schnellen Computer des Spitals brauchten ein paar Stunden, um die extrem feinen Scans durchzuführen und das Ergebnis Schicht um Schicht, Knochen, Eiweiß, Haut, Blut und Adern, praktisch ident mit der Vorlage, auszudrucken. Das war eines der Verfahren, die dieses Haus schon seit Jahrzehnten zu einer der führenden Kliniken der Welt gemacht hatten. Wenn sich aber herausstellte, dass der Tumor Blutgefäße oder lebenswichtige Bestandteile des Gehirns bereits umwachsen hatte, war ohnehin kaum etwas zu machen. Noch dazu, wo der Patient schon zweiundsiebzig Jahre alt war.

Vielleicht musste auch nicht alles entfernt werden, Hauptsache, der Druck im Kopf wurde gemindert.

„Der Scan und der Operationsversuch am Ausdruck ergaben die Gewissheit für einen bösartigen Tumor“, erklärte der Primar dem Patienten. „Eine Operation erscheint mir notwendig, ist aber heikel. Ein wichtiges Blutgefäß ist direkt angegriffen.“ Der Patient und seine Frau stimmten zu, nachdem auch ihr Freund Fiedler, der frühere Klinikchef, den Scan begutachtet hatte.

Der Patient wurde in sitzender Position gelagert und die Narkose vom Anästhesisten überwacht. Ein Streifen Haare wurde im Nacken und am Hinterkopf wegrasiert und der erste Schnitt gesetzt. Die Operationsschwester saugte das Blut ab, der Primar schob die Muskeln beiseite und bohrte eine Öffnung in den Schädelknochen. Mit dem Operationsmikroskop, das ein wunderbares, kontrastreiches Bild lieferte, konnte der Primar direkt auf das Gehirn und den Tumor blicken. Darüber verliefen die tiefen Hirnvenen, die große Mengen an venösem Blut aus dem Gehirn ableiteten. Ein kleiner Fehler am Mittelhirn und der Patient würde ins Koma fallen. Die Verletzung eines größeren Blutgefäßes brächte bei einem Patienten dieses Alters sofort den Tod. Leider war der Tumor des Mannes doch etwas zu stark mit einigen Blutgefäßen verwachsen. Der Arzt konnte deshalb den Tumor nicht vollständig herausschälen, ohne das Verbluten des Patienten direkt am Tisch zu riskieren. Er entfernte, was zu entfernen ging, verschloss Schritt für Schritt die Wunde, bis er an der Außenhaut angelangt war. Das war inzwischen der leichteste Teil einer Operation, die der automatische Operationsassistent erledigte. Mit den Wundklebern der neuen Generation und dem pulsierenden Laserschweißer wurde die Operation mit einer später kaum sichtbaren Naht abgeschlossen. Der Patient wurde in die Intensivstation geführt, an die verschiedenen Geräte angeschlossen und zusätzlich von einer Krankenschwester überwacht, die nur für ihren Patienten zuständig war.

Nach dem Aufwachen setzte der Primar eine Besprechung an und teilte dem Patienten und seiner Frau mit, dass es bestenfalls einen Aufschub, aber keine endgültige Heilung geben werde.

Graziella dachte an ihren Biochip, den Hans nicht hatte. Vielleicht hätte der ihn rechtzeitig gewarnt? Sie und ihre Kinder hatten ihn und was auch immer geschah, er machte sie über Bob, ihren unersetzlichen Computer, auf alles aufmerksam, was er nicht selbst regulieren konnte.

Hans nahm die bedrückende Botschaft gefasst an. Immerhin, sein Leben war gut verlaufen, über siebzig Jahre waren ohne große Schwierigkeiten vorbeigegangen. Seine Frau liebte ihn und ihre Kinder hatten sich toll entwickelt. Und ein paar Monate, vielleicht noch Jahre, würden ihm trotzdem bleiben.

Das öffentliche Spital im neu erworbenen Teil Futuras wurde von einem Engländer geführt und hatte ebenfalls alle wichtigen Abteilungen, konnte aber mit seiner Ausrüstung mit der privaten Klinik nicht mithalten. Es war aber auch für die normalen Patienten gedacht, die nur einen geringen Selbstbehalt zu leisten hatten. Außerdem war es immer noch besser als alle anderen öffentlichen Spitäler in tausend Kilometer Umkreis. Was den Leiter aus England begeistert hatte, war der minimale Verwaltungsaufwand. Alles Notwendige konnte ohne Einschränkung angeschafft werden, es gab weder kleinliche Vorschriften wie in seinem Land noch die Schlampereien und behördlichen Schikanen anderer Länder. Mit den neuen Scannern von Biogleam stimmten die Diagnosen, die angewandten Therapien zeigten Wirkung, sodass

Patienten, Ärzte und Schwestern mit ihrem Spital glücklich waren. Zeit für ihre Patienten hatten sie auch. Der Spruch: „Effizient, menschlich und gut“ stimmte für dieses Haus voll und ganz.

Kapitel 13: Was ist Glück?

2043

Die große Anstrengung, die die ersten vier Jahre an jeder Ecke des neuen Staates spürbar war, war einer gewissen Gelassenheit gewichen. Die neuen Bürger hatten sich an den enormen Anspruch gewöhnt und wollten die Vorteile nicht mehr missen. Wer jedoch mit dem Arbeitsdrück und dem Großstadtleben nicht zurechtgekommen war, war ausgewandert, was eine großzügige Starthilfe für jene erleichterte, die etwas Grund oder ein Häuschen besaßen.

In ihren Tagträumen und ihren kleinen billigen Bistros huldigten manche noch nostalgischen Erinnerungen an ihre Würfelspiele beim Palmwein oder den stundenlangen Gesprächen über Gott und die Welt, ihre Frauen und die ausländischen Fischtrawler, die ihnen den Fang vor der Nase weggeschnappt hatten. In der Realität, die sie immer mehr umfing, steuerten sie LKWs und Kräne, legten Fliesen oder turnten auf hohen Gerüsten herum, um die neuartigen Fassadenplatten anzubringen, die glänzten oder matt schimmerten, Strom lieferten und selbst nach einem Sturm so sauber wie nach der Montage aussahen. Wenn sie Fischer waren, hatten sie inzwischen selbst moderne Trawler mit Radar und allem Schnickschnack, mit denen sie jetzt den Ausländern das Fischen verleideten. Die Boote waren sauteuer gewesen und sie würden noch lange ihre Kredite abzahlen müssen, aber die neuen Restaurants boten für ihren Fang so viel, dass ihnen ein Vielfaches zum Leben blieb.

Hans starb im Frühjahr. Die moderne Medizin hatte ihm zumindest noch fast zwei gute Jahre geschenkt. Die Frage nach dem Tod hatte seit seiner Operation ihn und die Familie beschäftigt. So reich und mächtig sie waren, im Tod wurden sie den anderen gleich. Fast.

Sein Begräbnis glich einem Triumphzug, über tausend Bewohner waren dem Trauerzug gefolgt, der Bischof persönlich hielt den Gottesdienst, auch wenn die Familie nicht zu den eifrigen Gläubigen gehört hatte. Der neue Dom war zu klein, um alle Gottesdienstbesucher aufzunehmen.

„Wir haben einen Freund und Vater verloren." Verdienste für den Tourismus wurden aufgezeigt, Christian und Julia Mantini sprachen über ihren Vater. Der Bischof nannte das Altern eine Vorbereitung auf den Tod und das zukünftige Leben. In Erinnerung an ihre Italienreise und die Monumente des Mailänder Friedhofs hatte Stefan, der Architekt und Ehemann der Richterin Carmen Buffet, ein ebenfalls monumentales Grabmal entworfen, das erste unter vielen weiteren, die in den nächsten Jahren noch folgen sollten.

Die anwesenden Senatoren, die meisten auch jenseits der fünfundsiebzig, dachten ebenfalls an ihr Leben und all das, was sie weitergeben würden.

Sie hatten das unmöglich Scheinende geschafft. Sie hatten einen Staat gegründet, ihren Staat, der ihnen in der Jugend Heimat war und jetzt schon stark ihren Erinnerungen glich. Einige wohnten sogar in den Häusern, in denen sie aufgewachsen waren. Oder würde doch alles ganz anders kommen? Jetzt, wo sie vor diesem einsamen Monument standen, dachten sie an den späteren Friedhof, der voll mit neuen Kunstwerken und gelegentlichem Kitsch bebaut sein würde.

Niemand hatte ihren Absturz in der Vergangenheit entdeckt, was sie im Nachhinein als Wunder sahen. Zu viele Ungereimtheiten hatte es gegeben, eine Technik, die hundert Jahre dem Stand der Wissenschaft voraus war, das Wissen über die Zukunft, das sie immer wieder beinahe verraten hätte. Und natürlich die fehlende Vergangenheit ohne echte Eltern und Verwandte.

Der Tod. Mehr Vorbereitung auf die Zukunft, als der Bischof mit seinen Worten ahnen konnte.

Der alte Pernstein, der hager und weißhaarig dastand, jetzt schon ein Monument, dachte an das Marmormausoleum, das er mit seiner Schulklasse besucht hatte, in dem er als Gründer Futuras einmal liegen würde. Er lächelte bei dem Gedanken, dass er als Halbwüchsiger einmal mit einem Fußball das Bronzedenkmal am Platz der Freiheit getroffen hatte, das die dankbaren Bürger Futuras zur Erinnerung an ihn errichten würden. Ein Polizist hatte ihn damals, damals war es ja nicht, es würde ja erst in siebenundvierzig Jahren sein, der Polizist jedenfalls hatte ihn ziemlich rüde verjagt. Als er ihn erkannt hatte, schließlich stammte er aus einer Senatorenfamilie, war er zwar sehr viel freundlicher geworden, hatte ihn aber trotzdem höflich aufgefordert, einen der Sportplätze zu benützen.

Es gingen ihre Gespräche jetzt öfter um Glück, Vergänglichkeit und Tod. Die Verwaltung lag in den Händen der jungen Garde, die jedoch mehr als andere Generationen die Alten um Rat fragten. Es tat ihnen gut, Bedeutung bis ins hohe Alter zu haben, eine Gabe, die sie schätzten. In den Ländern Europas und Nordamerikas galten die älteren Generationen wenig. Die Jungen warfen ihnen die Plünderung des Planeten vor, dessen Bodenschätze sie verprasst hatten, sie warfen ihnen die Schulden vor, deren Zinsen sie belasteten, die gescheiterte Einwanderungspolitik, die steigenden Meere und ihre egoistischen Pensionen und ungedeckten Sozialleistungen. Sie verglichen ihre Heimatländer mit dem unwahrscheinlich reichen und prosperierenden Futura. Sie nannten ihre Politiker Ignoranten und verwiesen auf die zahlreiche Literatur, all die Autoren, die rechtzeitig gewarnt hatten, aber wie Kassandra nicht gehört worden waren. Sie sahen ja nur den derzeitigen Zustand. Woher sollten sie auch wissen, warum so viel an Anteilen ihrer Firmen und sonstigem Vermögen in Futura gelandet waren? Innovation und Kultur häuften sich dort an, der Staat, seine Infrastruktur und seine Häuser strahlten eine geradezu unverschämte Gediegenheit und dabei Modernität aus, die nirgendwo sonst erreicht wurden.

Die großen Fluglinien nützten den Staat zur Zwischenlandung oder überhaupt als Drehkreuz, sofern das der beengte Flughafen zuließ.

Europa verlor an Bedeutung. Zuerst schleichend, dann immer schneller. Der ausgedünnte Mittelstand reichte nicht mehr aus, um die hohen Sozialleistungen zu erwirtschaften, die reichen Familien hatten dank der Globalisierung ihr Vermögen und ihre Hauptwohnsitze verlegt und sahen in den immer noch schönen Städten mehr eine Disneylandfiliale als ihren Lebensmittelpunkt. Den Zugewanderten war es nicht gelungen, die Lücke an Technologie und Lebensqualität zu schließen. Schließlich waren sie nicht gekommen, um bis zum Umfallen zu arbeiten, sondern um am gesammelten und erträumten Wohlstand Europas teilzuhaben. Sie hatten die Bilder einer Überflussgesellschaft im Kopf und reagierten nun frustriert, weil sie nicht einfach zugreifen konnten, wie sie und ihre Familien es sich ausgemalt hatten. In ihrem Frust verwendeten sie nun die Mechanismen, die ihnen seit ihrer Kindheit vertraut waren – Verzweiflung, Korruption, Resignation oder Gewalt. Dass Europa vor allem Kultur war, über Jahrhunderte eine Grundhaltung des gegenseitigen Vertrauens und eine hohe Arbeitsethik mühsam errungen und weitergegeben hatte, das hatten die wenigsten der Zuwanderer verstanden.

Es war aber auch von der europäischen, und da vor allem der deutschen, österreichischen und schwedischen Politik, idiotisch gewesen, Menschen mit viel Geld und falschen Anreizen in ihre Länder zu locken, nur um sie später mit noch mehr Geld wieder abzuwehren. Was dann ohnehin nicht mehr gelang und zu Chaos, Hass und Slums führte. Zu Übeln, wie man sie sonst nur auf Reisen in die gescheiterten Entwicklungsländer wahrnahm. Europa verfiel.

Wenn auch die Schweizer ihre calvinistische Arbeitsethik nicht verloren hatte, so sahen sie sich doch von zunehmend problematischen Nachbarländern umgeben.

Historiker, Politiker und Journalisten suchten nach Ursachen, Ausreden, Vorbildern oder unlauteren Methoden, um glaubhaft ihre Fehler anderen umhängen zu können. Afrikanische Politiker nannten als Grund für ihr Versagen die Fehler der Vorgänger, die Lasten der Kolonialherrschaft, die problematische Grenzziehung und den Sklavenhandel. Das alles lag zwar schon mehr als ein Jahrhundert zurück, den versteckten Handel mit Sklaven gab in ihren Ländern noch immer, Schuld hatten aber auf jeden Fall die anderen.

Kongressveranstalter buchten immer häufiger die Lokalitäten, Hallen und die Einrichtungen Futuras. Die Infrastruktur war vorbildlich, die Kongressteilnehmer ausnehmend zufrieden, die Anbindung ans internationale Verkehrsnetz gegeben.

Die meisten Kongresse drehten sich um technische, medizinische oder wirtschaftliche Fragen. Doch auch die Themen Kultur, Mode und Sport kamen nicht zu kurz. Wenn es auch nicht die größten Veranstaltungen waren, da durch die Tradition und die leichtere Erreichbarkeit die Massenausstellungen weiterhin in den Metropolen der Alten oder Neuen Welt abgehalten wurden, so fanden Spezialkongresse zu Luxus, Wissenschaft und Forschung zunehmend in Futura statt.

Für einen philosophischen Kongress zum Thema Glück wurden neben ausländischen Philosophen auch die Senatoren Phil Pernstein und Paul Urban gewonnen.

„Was bedeutet Glück für Sie?“

Senator Pernstein war bereit, diese Frage aufzugreifen: „Viele Menschen laufen vor ihren Erinnerungen oder ihrem Leben davon. Doch die Vergangenheit verfolgt sie wie ihr eigener Schatten. Der Schritt zum Glück besteht in der Aussöhnung mit dem, was wir in uns und rund um uns ablehnen. Es geht nicht um mehr Geld oder mehr Macht. Menschen haben Fehler, sie sind aber nicht ihre Fehler. Sie brauchen die Versöhnung mit sich selbst. Was nützen uns Reisen zum Mond oder Mars, solange wir uns nicht selbst gefunden haben. Ein Spötter hat einmal gesagt: >*Das Blöde am Urlaub ist, dass man dabei selber mitfährt.*< Leider hat er damit eine tiefe Wahrheit getroffen. Wir können unseren Problemen nicht davonlaufen, weder mit Reisen, noch mit hektischer Arbeit und erst recht nicht mit Drogen oder Alkohol. Das Leben ist jetzt. Nicht in der Vergangenheit und nicht in der Zukunft. Wer es in der Gegenwart nicht schafft, glücklich zu sein, schafft es morgen auch nicht. Wer aus seinen Träumen nicht aufwacht, kann sie auch nicht verwirklichen.“

Paul Urban setzte fort: „Ein Weiser erkannte den Sinn des Lebens darin, Bäume zu pflanzen, obwohl er unter deren Schatten selbst nie sitzen würde. Menschen haben begonnen, Kathedralen zu bauen, deren Fertigstellung sie nie erleben konnten. Sie hatten Schwielen an den Händen, den Baustaub in der Lunge, sie hatten eine Vision, an die sie glaubten. Doch sie sahen nie die farbigen Lichter aus schlanken Glasfenstern über den Boden tanzen, hörten nie den brausenden Klang der mächtigen Orgel, und doch haben sie die Weite der künftigen Kirche mit Stöcken am Boden erfahrbar gemacht und einen Grundstein gelegt, den niemand mehr sehen wird. Sie haben also im vollen Wissen etwas zu bauen begonnen, in dem erst die nächste oder übernächste Generation wohnen, feiern oder ihr Glück und Leid einem Höheren hintragen konnte. Dieses Wissen und diese Weisheit ist vielfach verloren gegangen."

Senator Pernstein ergriff wieder das Wort: „Heute starren Analysten hundert Mal täglich auf ihre Charts, verfolgen jede Meldung über Gewinn oder Verlust und verbreiten ihre Meinungen, die sowieso schon Stunden später überholt sind. Das große Ganze haben sie aus den Augen verloren.

Wir haben unseren Staat nicht gegründet, weil wir gestern nichts Besseres zu tun hatten und morgen schon ernten wollen. Er ist eine Vision, die langsam heranwächst, hell und strahlend ist, seinen Bewohnern heute und in zweihundert Jahren Sinn und Heimat schenkt. Es gibt Menschen, die überall nur die Fehler finden. Jedes Menschenwerk trägt Fehler in sich, doch wer sein Land, aber auch sich selbst, nicht samt allen Fehlern liebt, hat keine Liebe und kann sein Glück nicht finden. Weder in einem Palast noch in einer einfachen Hütte, nicht einmal im Paradies. Meidet diese Menschen, sie ziehen euch hinab."

Einer der geladenen Philosophen mischte sich ein: „Sie kennen wahrscheinlich das Sprichwort: >*Hüte dich vor deinen Wünschen, denn sie könnten in Erfüllung gehen*<.

Vor Jahrzehnten schon haben Psychologen festgestellt, darunter auch Mihaly Csikszentmihalyi, der Autor des Buches „Flow“, dass wir Menschen uns oft das Falsche wünschen. Oft sind wir bei der Arbeit am glücklichsten und ersehnen uns trotzdem Freizeit, die wir dann gelangweilt vor dem Fernseher verbringen. Wir erleben die paradoxe Situation, dass wir uns bei der Arbeit glücklicher fühlen und dennoch Freizeit wollen. Vielleicht haben uns die Jahrhunderte der Industrialisierung mit den langen Arbeitszeiten in lauten Hallen darauf programmiert, aber heute begegnet uns überwiegend doch eine andere Arbeitswelt. Auch mehr Urlaub macht nicht glücklicher, wenn wir schon mit unserer bisherigen Freizeit nichts anzufangen wissen. Auf Dauer kann uns Sport und Freizeit kaum das an Anerkennung und erfüllter Zeit verschaffen, was eine gute Arbeit sozusagen nebenbei mit sich bringt.

Stereotypes Training am Laufband oder einem Fitnessgerät ist auch nicht besser als die meisten Fließbandarbeiten, die aber wenigstens ein Einkommen bringen. Wenn ich mir die Arbeit eines Försters oder eines Architekten vorstelle, gehört schon ein gehöriges Maß an Masochismus dazu, das hundertfache Heben von Gewichten für erfüllender zu halten. Psychologen haben dafür den Begriff des Miswanting geschaffen, was etwa >Falsches Wünschen< bedeutet.“

„Macht Geld glücklich?“ fragte ein anderer.

„Es macht zumindest nicht unglücklich. Selbst wenn mir zum Heulen zumute ist, weine ich lieber am eigenen Swimmingpool statt in einem löchrigen Schlafsack unter einer zugigen Brücke. Wenn ich als reicher Mensch unglücklich bin, wäre ich es als armer genauso, beides bedeutet, dass ich in meinem Leben keine erfüllende Aufgabe gefunden habe. Geld bedeutet ein hohes Maß an Sicherheit und die Möglichkeit, Dinge in Angriff zu nehmen. Wer im Leben keinen Sinn findet, ist unglücklich, mit und ohne Geld.

Interessant ist allerdings die Fixierung so vieler Menschen auf einen einzigen Maßstab, nämlich Geld. Ein Forscher, der ein riesiges Land zum Entdecken vor sich hat, oder ein Bergsteiger im Karakorum mit tausend noch unbestiegenen Gipfeln und Felswänden wird vielleicht nicht beneidet, doch der hat das Glück vor sich. Es mag beschwerlich für ihn sein, er wird wahrscheinlich gewaltige Strapazen vor sich haben, aber er hat eine Aufgabe, die ihn glücklich macht. Er wird vielleicht geehrt, wenn er erfolgreich zurückkehrt, doch viele wollen zwar die Bewunderung, aber nicht die Anstrengung.

Ein Waldbesitzer wird kaum wegen seiner hunderttausend Bäume als Geldsack beschimpft. Doch er und andere können glücklich sein, wenn sie mit offenen Augen durch ihr Revier streifen, die Wildtiere und den Schimmer des Lichts am Waldboden beobachten und ein paar duftende Erdbeeren finden. Jeder kann auf einer Wiese liegen und die Sonne und die Blumen genießen.

Andere Menschen dagegen haben im Lotto schon Millionen gewonnen und waren bald darauf unglücklich. Da war aber nicht das Geld schuld, sondern ihre eigene Unfähigkeit, aus der vorhandenen Möglichkeit etwas Sinnvolles zu machen."

„Singen macht glücklich", rief eine junge Dame aus dem Publikum.
„Ja, da stimme ich zu! Singen sie in einem der Chöre hier bei uns?"
„Ja!"
„Danke dafür. Bleiben Sie dabei."
„Freunde sind für das Glück notwendig. Wer echte Freunde hat, ist nicht einsam und damit glücklicher."
„Richtig. Wir sind soziale Wesen. Wir brauchen andere. Gemeinschaft gehört zu einem geglückten Leben dazu, und es tut uns gut, von anderen Menschen gebraucht zu werden."

„Futura zählt zu den sichersten Ländern der Welt", setzte einer der Journalisten fort. „Wie gelingt ihnen diese Sicherheit?"

„Wir achten auf Gerechtigkeit, darauf, dass jeder in unserem Land die Möglichkeit hat, ein sinnerfülltes Leben zu führen. Wir achten auch auf jene, die unser Land betreten wollen. Eine der Voraussetzungen für Sicherheit besteht in der Vorsicht und dem Vermeiden sinnloser Gefahren. Im Wort Wagnis steckt auch die Bedeutung von abwägen, wo Gefahren liegen könnten und ob sich das Ganze auch lohnt. Jedes Leben bedeutet Risiko und wer jedes Risiko meidet, ist schon tot, bevor er gestorben ist. Die Grenzen des Risikos liegen in der Disziplin. Erst diese macht uns frei, ein Wagnis auf uns zu nehmen und an dieser Erfahrung zu reifen und nicht zu scheitern. Disziplin hilft, jene Kräfte zu sammeln, die wir brauchen, um eine große Aufgabe zu bewältigen. Dazu brauchen wir nicht die Besteigung des K2 oder die Querung des Südpols. Ein gelungenes Leben ist schon Herausforderung genug. Es gibt das schöne Sprichwort von William Shedd: *„Ein Schiff, das im Hafen liegt, ist sicher. Aber dafür sind Schiffe nicht gebaut."*

Wir brauchen die Herausforderung wie das Salz in der Suppe. Absolute Sicherheit kann es nie geben und sie wäre auch langweilig. Leben ist nun mal gefährlich. Es beinhaltet das Risiko zu scheitern, abgelehnt zu werden, nach neuen Wegen suchen zu müssen.

Unser Weg, Sicherheit in Futura zu gewährleisten, hat neben der Anerkennung auch böse Worte gefunden. Von totalitärer Machtausübung und George Orwell war schon die Rede, unzulässige Überwachung und unkorrektes Verhalten wurden uns vorgeworfen. Es stimmt, wir bieten Verbrechern kein Asyl, wer unsere Werte nicht anerkennt, darf unser Land nicht betreten. Aber jeder darf es verlassen, der sich eingesperrt oder eingeschränkt fühlt. Das Einsperren wäre aber das Kennzeichen totalitärer Regime. Ob DDR, Kommunismus oder Nordvietnam, die haben ihre Mauern gebaut, um ihre Bürger an der Flucht zu hindern. Bei uns darf jeder gehen, jederzeit.

Ich ziehe das Bild eines elitären Restaurants vor. Nicht jeder kann oder will sich dort das Essen leisten, vielleicht zieht auch jemand den gemütlichen Gastgarten vor, aber jeder, der drinnen ist, kann ungehindert hinaus. Unsere Erfahrung ist, es wollen viel mehr in unser Land hinein als hinaus. Es ist ein kleines Land, also auch durch seine natürliche Größe beschränkt. Wir verzetteln uns allerdings nicht in endlosen Debatten, die inzwischen so viele Demokratien lähmen. Aber dazu stehen wir."

Die Podiumsdiskussion dauerte noch eine halbe Stunde, über Versuche, das Glück als Zahlenwert darzustellen, es in die Verfassung oder das Bruttosozialprodukt einzubeziehen oder es durch Definitionen zu fassen. Den Worten allein gelang es nicht, Glück zu definieren. Es mochte als Geschenk erscheinen, als innere Versöhnung mit dem eigenen Leben, als unverhoffte Zutat, als Kairos oder als Sonnenstrahl, der einen kurzen Abschnitt des Lebens vergoldet.

Dr. Miller George, der Mitentwickler der Photosynthese, verließ eben die Uni. Wie viele der Nachkommen der ersten Garde von Senatoren, die als Gründer des Staates schon im Ruhestand waren, unterrichtete er zumindest ein paar Stunden seiner kostbaren Zeit, um sein Wissen an die nächste Generation weiterzugeben.

Die Sonne schien, ein paar Wolken bummelten über den Himmel, unentschlossen, wohin sie ziehen sollten.

Die bei der Gründung der Universität gepflanzten Bäume waren schon groß genug, um ihre kühlenden Schatten zu werfen, unter denen sich Grüppchen der Studenten aufhielten. Ein Mähroboter zog seine Spur, den Studenten wich er geschickt aus, ohne an sie anzustoßen.

Zwischen den Stämmen leuchtete das Gesicht einer seiner Schülerinnen auf, hellhäutig, mit weit auseinander liegenden grünen Augen, die an klares Grönlandeis erinnerten. Sie kam auch aus einem der nördlichen Länder Europas, woher, wusste er aber nicht. „Ich könnte meinen Sapienta fragen“, dachte er und tat es auch. „Woher kommt diese junge Frau, Schülerin meiner Biologieklasse, Emilie heißt sie.“ Wie immer schien sein kleiner Schlaumeier alles zu wissen: „Sie kommt aus Norwegen, geboren in Oslo am 22. April 2027. Ihr Vater ist Geschäftsmann, die Mutter Künstlerin. Ihr Vater hat die Ausstattung für die Badezimmer von etwa hundert der neu gebauten Häuser geliefert. Sie wohnen im neuen Teil Futuras in einem Neubau an der alten Silberstraße Nr. 53“, kam seine Antwort sofort, mit einem Link für weitere Informationen.

Ihre langen dunklen Haare hatte sie zu einem Pferdeschwanz zusammengebunden, den sie hinten durch die Baseballmütze mit der Aufschrift >Futura Sciences< gezogen hatte. Als er sie sah, machte sein Herz einen Satz, pochte ungewohnt stark, fast glaubte er, dass es irgendwer in seiner Nähe hören konnte.

Er fühlte sich plötzlich alt. Sie war sechsundzwanzig, er schon fünfunddreißig, so schlimm also auch wieder nicht.

Durch seine Erfindungen zählte er zu den reichsten Senatorenkindern, hässlich war er auch nicht, an Erfolgen und Abwechslung hatte es nicht gefehlt. Lebhafte Augen und ein Dreitagesbart ließen ihn etwas jünger erscheinen. Wie alle Senatoren und deren Kinder hatte er dank der Klinik makellose Zähne, die er gern bei einem breiten Lächeln zeigte.

Woher kam also seine Aufregung? Der Satz sprang ihm ins Bewusstsein: *„Es gibt keine Erfahrung, die uns mehr zum Innersten führt als die Liebe.“*

Konnte es überhaupt Liebe sein? Er dachte an ihre Antworten im Unterricht, aber auch daran, dass sie gelegentlich mit einem anderen Studenten unterwegs war.

So unsinnig es erschien, er hatte sich anscheinend sofort und bis über beide Ohren in sie verliebt. „Sinnlos“, dachte er, auch wenn er nicht wirklich daran zweifelte, sie ins Bett kriegen zu können. Oft genug war er erfolgreich gewesen, ebenso oft hatte er wieder das Interesse verloren und sein Abenteuer beendet. Konnte er das andererseits als Erfolg betrachten? Lag nicht eher ein Scheitern darin, wenn es ihm nicht gelang, eine stabile Beziehung zu schaffen?

Seine Erfindungen waren nachhaltig, sie würden ihn überleben. Waren sie die zum Sprichwort gewordene Delle im Universum? Nun, zumindest nahe daran.

Immerhin wurden seine Erfindungen, vor allem die der künstlichen Photosynthese, die ihm gemeinsam mit Mantini Julia gelungen war, inzwischen für die nächste Weltraummission der Amerikaner eingeplant. Ein riesiges Team in der ganzen Welt arbeitete daran, ihre Methode noch effizienter zu machen. Es war ein Wettlauf mit der Zeit, diese Milliarden an Tonnen Kohlendioxid in der Atmosphäre zu binden und in Bioethanol, also Treibstoff, umzuwandeln, bevor die Umwelt zu sehr litt. Auch der Kohlenstoff war ein faszinierendes Element. In seinen Modifikationen als Diamanten, Graphit oder Fullerenen zeigte sich seine Vielseitigkeit ebenso, wie in seinen Millionen von organischen Verbindungen.

Fullerene sind kugelförmige Moleküle aus Kohlenstoffatomen, wovon die häufigsten unter ihnen mit ihren zwanzig Sechserringen und zwölf Fünferringen wie Fußbälle ausschauen. Mit einem Durchmesser von etwa einem Nanometer, das ist ein Milliardstel Meter, sind sie winzig, stabil und leicht.

Er schlenderte an Emilie vorbei und roch sofort ihren Duft, grüßte, blieb aber nicht stehen. Er wusste nicht, was er sagen sollte. Sie grüßte ebenfalls und er spürte, wie sie ihm nachsah.

Sie hatte volle, weiche Lippen; er konnte ihre Rundungen spüren, als er sie küsste. Unvermittelt öffnete sie ihre Zähne gerade weit genug, um seine Zunge durchzulassen, sie streifte seine Lippen und stieß ihre Zunge gegen seine.

Sie lag neben ihm. Er streichelte und küsste sie auf den Nacken und ihren schlanken Hals.

Wie war es passiert? Sie hatten getanzt, und dabei hatte sie ihn so angeschaut, dass er gar nicht anders konnte. Zuerst hatten sich nur ihre Nasen berührt, und dann hatte er sie geküsst, leise nur, aber sie hatte diesen Kuss erwidert.

Kaum dass sie im Haus gewesen waren, hatte sie sich ausgezogen, sie fast noch schneller als er und sie liebten sich auf dem Sofa, das zu kurz war, sodass die Füße über die Lehne zappelten.

Sein Sapienta riss ihn aus seinen Träumen. Er lag lange wach, er wollte dem schönen Traum noch ein wenig nachspüren. Er musste etwas tun, musste den ersten Schritt machen.

Kapitel 14: Biederfrau und die Brandstifter

2044

Vorträge und Diskussionen über die Folgen des Arabischen Frühlings, der nachfolgenden Bürgerkriege, der Ersatz der alten Diktatoren durch neue und den anhaltenden Terrorismus beschäftigten zunehmend auch die mittelamerikanische Gesellschaft, obwohl sie von diesen Ereignissen nur am Rand betroffen wurde.

Einer der Vortragenden, der sich mit den Gründen für die oft von den eigenen Familien unverstandene Radikalisierung ihrer Söhne auseinandersetzte, zitierte aus einem Buch von Souad Mekhennet ein Interview, das sie mit einem späteren Dschihadisten in Berlin geführt hatte:

>*Seine Mutter und sein Stiefvater hatten ihn in eine Einrichtung für verhaltensauffällige Jugendliche gesteckt, die einer Gang angehört hatten oder mit dem Gesetz in Konflikt geraten waren. „Das war fast schon komisch. Ich war ein ziemlich übler Bursche, deshalb haben sie mich in dieses Heim gesteckt, wo die anderen noch viel schlimmer waren als ich.“ Er lachte. „Da habe ich noch ganz andere Sachen gelernt.“*

Ich fragte ihn, ob er schon als Kind so aggressiv gewesen sei.

„Hast du eine Ahnung, wie das ist, wenn man als Einziger in der Schule dunkelhäutig ist? Ich bin mit Rassismus groß geworden.“<

Als Rapper hatte er große Erfolge, wandte sich aber dann dem Islam zu und sympathisierte mit der al-Qaida. Osama bin Laden war für ihn kein Terrorist, sondern ein moderner Robin Hood. Während der Westen Rebellen unterstützte und den Arabischen Frühling als die Geburtsstunde arabischer Demokratien feierte, gewannen fundamentalistische Kräfte an Boden.

Für die spätere Radikalisierung finden sich immer wieder Gründe wie das Gefühl, nicht zu dieser Gesellschaft zu gehören, Ausgrenzung zu erleben, falsche Freunde, fanatische Prediger und das Empfinden von innerer Leere. Das kann in vielen Fällen nicht gut gehen und tut es auch nicht. Diesen Predigern gelingt es, den verzweifelten Jugendlichen einen neuen Sinn für ihr Leben zu geben und sich als Teil einer starken Gemeinschaft zu fühlen. Das gilt für Frauen genauso, die sogar manchmal ihre Männer fanatisieren.

Menschen, die nie unterdrückt wurden, erkennen nicht, wie befriedigend es ist, plötzlich Macht zu haben. Eine Kalaschnikow in der Hand zu halten und die Angst in den Gesichtern der früheren Unterdrücker zu sehen, kann weder durch einen Ferrari und erst recht nicht durch die Aussicht auf eine Vierzigstundenwoche ersetzt werden. Was bedeutet schon ein langweiliges Arbeitsleben gegen den Ruhm, als Märtyrer für Allah ins Paradies einzugehen?

Wer sich als Underdog fühlt, ist für radikale Prediger eine leichte Beute. Was an Grausamkeiten für Mitteleuropäer, die durch Jahrhunderte zu braven Bürgern mit dem Traum vom eigenen Häuschen und Garten erzogen wurden, beinahe unvorstellbar ist, liegt dennoch erst hundert Jahre zurück. Haben so viele Menschen vergessen, dass anständige Ehemänner mit Familie imstande waren, auf wehrlose Männer, Frauen und Kinder zu schießen oder sie in Lagern verhungern zu lassen? Schon immer haben Ideologien und die Gewissheit, auf der richtigen Seite zu stehen, zu kaum vorstellbaren Verbrechen geführt.

Doch weder die Medien noch die Geheimdienste haben erkannt, dass die Waffen, die sie so großzügig an die Rebellen verschenkt hatten, gegen sie selbst gerichtet werden könnten.

In Frankreich riefen die Gewerkschaften wieder einmal zu Streiks auf, bis das Land gelähmt darniederlag. Sie waren in der Illusion gefangen, dass man höhere Löhne und soziale Wohltaten einfach erzwingen könnte. Irgendwer würde schon zahlen. Sie handelten ohne Rücksicht darauf, dass die Wettbewerbsfähigkeit Frankreichs weiter sank und die ohnehin schon hohen Schulden zügig stiegen. Der frühe Pensionsantritt, überbordende Bürokratie und eingefahrene Arbeitsgesetze sorgten dafür, dass selbst überlebensfähige Unternehmen von den Besitzern nicht mehr wirtschaftlich betrieben werden konnten.

Warnende Stimmen gab es genug. Seit Jahrzehnten. Doch sie wurden ignoriert. Die Warnungen waren lästig, entsprachen nicht der political correctness und hätten Einschnitte bei den Sozialleistungen erfordert. Da war es für die Politiker bequemer, und auch der Wiederwahl zuträglicher, ganz einfach die Kredite zu erhöhen. Das Denken des Wahlvolkes hörte ohnehin bei der Million auf. Eine Milliarde war eben ein bisschen mehr, wenn schon.

Für manche Afrikaner und für viele der arabischen Bürger oder der an sie angrenzenden Regionen war Mittel- und Nordeuropa das Paradies. Zumindest das Paradies vor dem Paradies, von dem sie auch träumten. Man musste nur in diese Länder kommen und dazu war jedes Mittel recht. Horrende Gebühren für Schlepper, Verluste an Menschenleben, Demütigungen. Das alles zählte nicht, denn ihre eigenen Länder waren korrupt, die Armut und Gefängnisse überall. Die Anhänger der einen Religion bekriegten die Anhänger der anderen Religion. Manchmal mordeten sie auch ihre Glaubensgenossen, weil diese in der Ausübung ihres Glaubens nicht eifrig genug schienen. Für Fundamentalisten dagegen war der Westen Teufelszeug. Je mehr man von diesen Teufeln in die Luft sprengte, desto näher lag das eigene Paradies, gut mit Jungfrauen bestückt, anscheinend das einzige, was man vom Leben erwarten konnte.

Als manche der kritischeren Bürger ihren Glauben an die Multikultigesellschaft verloren, war es schon zu spät. Zu viele Immigranten hatten sich bereits eingenistet, hatten ihre Bürgerrechte erworben und waren wahlberechtigt. Man brauchte nicht erst einen verlustreichen Krieg zu führen, um die mitteleuropäischen Länder zu übernehmen. Apathisch nahmen die einheimischen Bürger ihr

Schicksal hin und klammerten sich verzweifelt an Werte, die sie selbst über Bord geworfen hatten.

Max Frisch beschrieb diese Haltung in seinem Werk: „Biedermann und die Brandstifter". Schon vor 86 Jahren – im Jahr 1958 – erlebte dieses Stück im Schauspielhaus Zürich seine Uraufführung. Max Frisch bezeichnete im Untertitel seine Warnung als Lehrstück ohne Lehre. Er hatte leider Recht.

>In einem kleinen Städtchen häufen sich die Brandstiftungen. Biedermann sitzt beim Essen. Ein Fremder klopft an seine Tür, bittet um Essen und Aufnahme und appelliert an seine Menschlichkeit. Dass davon nicht allzu viel da ist, zeigt Biedermann in seinem abweisenden Verhalten gegenüber seinem Mitarbeiter Knechtling, den er gekündigt und um seinen Anteil an der Erfindung eines Haarwassers betrogen hat. Gegenüber dem dreisten Anspruch des Fremden knickt er dagegen ein. Er hat nicht den Mut, ihn hinauszuwerfen, obwohl er ahnt, dass er einen der Brandstifter vor sich hat. Sein Verdacht verstärkt sich, als dieser noch einen zweiten ins Haus holt und wird zur Gewissheit, als diese sogar Benzinfässer auf seinen Dachboden schaffen. Dennoch bringt er nicht den Mut für eine Entscheidung auf, er biedert sich bei den Brandstiftern an und hofft, sich durch ein gutes Abendessen das Wohlwollen der Brandstifter zu erkaufen. Sogar die Zündhölzer reicht er ihnen, als sie ihn darum bitten. Er stirbt mit seiner Frau in den Flammen. <

Als durch den Zwang der Bürger auch die Politiker die Zuwanderung bremsten, stieg der Anteil an Muslimen trotzdem. Muslimische Frauen bekamen drei oder vier Kinder, die bald wieder Kinder bekamen. Die angestammte Bevölkerung begnügte sich mit einem Kind, höchstens noch einem zweiten und selbst das erst in höherem Alter. Der Autor Thilo Sarrazin schrieb schon 2010 das Buch: „Deutschland schafft sich ab". Auch wenn es stimmte, beliebt machte er sich damit nicht.

Die schleichende Überfremdung spaltete die Gesellschaft Europas. Manche Intellektuelle glaubten immer noch an die Integration der fremden Kulturen, der eine oder andere ihrer ausländischen Freunde hatte es ja geschafft, Dichter oder Künstler in ihrem Bekanntenkreis hatten Anerkennung gefunden und teilten ihre liberalen Ansichten. Türkische Spezialitäten bereicherten die Speisezettel und die zahlreichen Kebablokale erweiterten das kulinarische Angebot. Über die auf Bahnhöfen herumlungernden Halbwüchsigen, die zunehmende Radikalisierung und die sexuellen Übergriffe der gelangweilten Zuwanderer sahen sie hinweg.

Doch außerhalb der Intellektuellenszene wuchsen die Ressentiments, rechtsradikale Banden brannten Asylantenheime nieder oder schmierten gehässige Parolen an Hauswände. Linksradikale Banden taten zwar dasselbe, wollten aber mit den rechten Anarchisten trotzdem nichts zu tun haben.

Auch die Asylanten bekriegten sich. Schließlich waren sie in ihren Herkunftsländern als Sunniten einer schiitischen Mehrheit oder auch umgekehrt entflohen und fanden ihre Feinde in den gemeinsamen Flüchtlingsheimen wieder. Alewiten wurden von beiden Glaubensrichtungen als Abtrünnige bezeichnet. Türken prügelten sich mit Kurden, Afghanen mit Tschetschenen. Immer mehr Moscheen füllten Baulücken oder ersetzten leerstehende Kirchen. Für Moscheen gab es reichlich Gelder aus Katar oder Saudi-Arabien.

Die große Mehrheit der Bevölkerung sah apathisch zu. An den Stammtischen erklangen zwar ausländerfeindliche Parolen und Rechtsparteien fanden Zulauf, selbst die bisher konservativen Parteien erweiterten ihren Wortschatz um Grenzzäune und Flüchtlingshöchstzahlen, auch an Gesetzen für raschere Abschiebung wurde gefeilt, darüber hinaus geschah aber nichts. Die gültigen Sozialleistungen für Einwanderer entsprachen pro Monat mehreren Jahresgehältern in deren Herkunftsländern und ermöglichten hohe Zahlungen an ihre Familien zuhause. Noch immer wirkte die Willkommenskultur der früheren deutschen Kanzlerin Angela Merkel nach.

Durch den Nachzug von Familienangehörigen waren ganze Ausländerviertel entstanden, immer öfter rief die Stimme der Muezzins zum Gebet. Langsam änderte sich das Aussehen in den Straßen. Kurze Röcke waren immer weniger zu sehen, nicht zuletzt auch wegen der zahlreichen Übergriffe, Hosen und lange, dunkle Kleider prägten das Bild. Kaum fünfzehnjährige Frauen folgten ihren älteren Männern. Nach langen Protesten war die muslimische Polygamie erlaubt worden, da sie ohnehin seit Jahren gebräuchlich war. Unter dem Deckmantel Ehefrau, Kusine, Tante oder Nichte lebten sie in kleinen Wohnungen zusammen.

Die Möglichkeit, mehrere Frauen zu haben, begeisterte auch westliche Bürger, sodass sie zum Islam konvertierten. Außerdem galten die muslimischen Mädchen als gut erzogen und fügsam.

In immer mehr Grundschulen wurden Buben und Mädchen getrennt unterrichtet. Höhere Schulen standen zunehmend nur mehr Burschen offen, da die Mädchen ohnehin früh verheiratet wurden. Es reichte, wenn sie halbwegs kochen konnten und ihre Männer bei Laune hielten. Da und dort wurde auch in die Lehrpläne eingegriffen. Sexualkunde und Darwin waren nicht nur bei muslimischen Predigern unerwünscht, und so wurden sie durch mehr Koranstunden ersetzt.

Mit großer Spannung wurden die Ergebnisse der letzten Wahlen erwartet. Der Zustrom zu den Urnen war überraschend hoch.

Bei den Kommunalwahlen erreichten die Muslime in mehreren Wahlkreisen die Mehrheit. Gerade in großen Städten erreichten sie hohe Zustimmung, am Land kamen sie über Minderheiten kaum hinaus. In Frankreich, Belgien und Deutschland rückten sie zur zweitstärksten Partei auf. In manchen Ländern hatten sie ihre Streitigkeiten nicht rechtzeitig lösen können, sodass ihre schiitischen, sunnitischen und salafistischen Gruppierungen keinen nennenswerten Einfluss bekamen. Die Koalitionsverhandlungen waren dann wie erwartet schwierig. Schließlich hatten zwar meist Rechtsparteien die Mehrheit erreicht, zum Regieren hätten sie aber die Koalitionen mit einer weiteren Partei gebraucht.

Der Wahlkampf hatte aber zu tiefe Gräben aufgetan, zu sehr hatten sie sich gegenseitig verleumdet, beflegelt und beschimpft, zu sehr lagen ihre Weltanschauungen auseinander. Letzteres war zwar nicht unbedingt ein Hindernis, denn Machtgier lässt bald einmal Wahlversprechen vergessen.

Als die Koalitionsverhandlungen in Frankreich scheiterten, brachen Unruhen aus, Geschäfte wurden geplündert, Scheiben eingeschlagen, Autos in Brand gesteckt. Die Polizei wagte einen Einsatz in den Unruhegebieten nur noch mit Körperschutz und in Begleitung gepanzerter Fahrzeuge.

Unter dem Zwang weiterer Aufstände und aus Angst vor einem drohenden Bürgerkrieg gelang einem pragmatischen Muslim die Koalition mit den Sozialisten und der UMP. Da dieser den Ruf eines gemäßigten Politikers hatte, atmete die Bevölkerung auf. Der gewählte sozialistische Premierminister war schwach genug, um seinem muslimischen Stellvertreter Mohammed Khawari bei seinen Reformen nicht im Weg zu stehen.

Ein Teil der jüdischen Bevölkerung verkaufte ihre Güter und übersiedelte nach Israel, Amerika oder Futura. Sie wollten nicht schon wieder so lange zuwarten, bis alles zu spät wäre.

Das Straßenbild änderte sich weiter. Die Zahl fliegender Händler nahm zu, arabische Lokale ersetzten französische Bistros. Auf vielen Speisekarten tauchte das arabische Wort „halāl“ auf, was so viel wie „erlaubt“ oder eben nach islamischem Recht „zulässig“ bedeutete. Dabei wurden die Tiere in den Schlachthöfen ohne Betäubung mit einem speziellen Messer durch einen einzigen großen Schnitt quer durch die Halsunterseite getötet. Mit dem Schächten sollte das möglichst rückstandslose Ausbluten des Tieres gewährleistet werden.

Mohammed Khawari war aber tolerant und verständig genug, die Änderungen langsam einzuleiten und viele der alten Traditionen zu behalten. Auch die französische Weinproduktion ließ er bestehen, stieß auch selbst auf Empfängen gelegentlich mit einem Glas Champagner an, was die berühmten Produzenten beruhigte. Er trank den Alkohol aber nicht, was wiederum seine Glaubensgenossen stillhalten ließ.

Förderungen für die Großindustrie wurden reduziert, dafür breiteten sich viele kleine Geschäfte für Mobiltelefone und deren Reparaturen aus. Handwerksbetriebe und Lebensmittelgeschäfte blühten auf, der Schmutz in den Straßen nahm zu. Die Straßen wurden wieder sicherer, Prostitution und Rauschgifthandel verschwanden aus der Öffentlichkeit.

Die Modeindustrie atmete durch. Auch wenn sich viele Frauen wie dunkle Schatten durch die Straßen bewegten, so lebten sie doch an den Abenden auf und erfreuten ihre Männer mit schöner Wäsche und aufregenden Dessous. Die westlichen Frauen konnten auch weiter ihre Jeans und Pullis tragen, doch auch sie zeigten kaum noch nackte Haut, kurze Röcke verschwanden aus dem Straßenbild ganz.

Der Zuzug neuer Flüchtlinge hielt zwar an, stieg aber nicht mehr weiter. Das lag aber weniger an den strikteren Grenzkontrollen als an den gestrichenen Sozialleistungen für Neuankömmlinge. Im Islam lag die Verantwortung für die soziale Versorgung aller Mitglieder prinzipiell bei der Großfamilie. Das bisherige staatliche System der Fürsorge wollte und konnte auch die neue Regierung nicht kurzfristig ändern, weshalb die bisherigen Zahlungen in ihrer Höhe eingefroren wurden. Das schonte einerseits die ohnehin schon ausufernden Staatsfinanzen, erhöhte aber andererseits die durchaus gewünschte Abhängigkeit vom Familienoberhaupt, dem nun wieder mehr Autorität zukam. Neu Zugezogene konnten sich zwar eine Arbeit suchen, sofern sie eine fanden, mussten aber sonst von ihren mitgebrachten Ersparnissen leben. Das kratzte schon einmal beträchtlich am Ruf des erwarteten Paradieses und wurde mit den Smartphones auch prompt an jene weitergegeben, die in ihrer Heimat schon auf den gepackten Koffern saßen.

Diese empfingen die schlimmen Nachrichten mit ungläubigem Staunen, Hass oder Resignation, je nach Charakter und Mentalität.

Die Banken bekamen eine mehrjährige Frist für die Umstellung auf zinslose Produkte, da Zinsen verboten waren. Kredite wurden daher mit fixen Gebühren belastet. Statt das Geld gegen Zinsen zu verleihen floss es in Immobilien oder reale Geschäfte.

Für arabische Banken hatte sich das in den letzten Bankenkrisen als Vorteil erwiesen, weil sie wegen des Zinsverbots nicht mit amerikanischen Schrottimmobilien gehandelt und auf risikobehaftete Finanzmittel wie Derivate oder Hedgefonds verzichtet hatten. Das sollte sich als Segen herausstellen und ersparte ihnen die Milliardenverluste anderer Geldinstitute.

In anderer Hinsicht erwiesen sich die fehlende Risikobereitschaft und vor allem die anders gelagerte Kultur dagegen als Nachteil. Die Zahl an Erfindungen ging zurück. Die Bereitschaft, sich als Händler zu betätigen, war wesentlich größer, als die Geheimnisse der Welt zu erforschen und als Ingenieur an neuen Maschinen zu tüfteln. Wissenschaftler wanderten aus, Forschungsstätten verfielen. Langsam aber sicher verloren Frankreich und Deutschland, aber auch weitere europäische Länder, ihren Vorsprung an technischer Kompetenz.

Als wieder eine Tragödie im Mittelmeer durch die Medien ging, trafen sich Carmen Buffet, die Justizministerin, ihre Schwester Hannah und einige ihrer Ministerkollegen in ihrer Villa.

„Das Unglück soll sich westlich der Hauptstadt Tripolis ereignet haben. Nach Angaben von den wenigen Überlebenden sollen mehr als 140 Menschen in dem Boot gewesen sein", berichteten Augenzeugen im Internet. Die Willkommenspolitik der früheren Kanzlerin Angela

Merkel wirkte immer noch nach. Dass sich Merkel damals über geltendes Recht hinweggesetzt hatte, war eine Sache. Eine andere Sache war die Begründung, dass die Aufgenommenen, ob illegal oder legal – wenn erst einmal in den Arbeitsmarkt integriert –, die deutschen Renten zahlen würden. Doch dafür wäre die Anwerbung von Arbeitssuchenden aus den südlichen europäischen Ländern die bessere Alternative gewesen.

„Der Ansturm dieser Menschen ist zwar ein europäisches Problem, berührt mich aber stark", begann Hannah.

„Ja, mir geht es genauso, setzte Lara Dahl fort, „aber welche Lösung gibt es?"

„Ich weiß keine", fügte Carmen Buffet hinzu. „Rettet man die Flüchtlinge, kommen immer mehr, über zweihundert Millionen Afrikaner sollen über eine Flucht nachdenken. Dabei sind die Syrer, Ägypter, Tschetschenen und Afghanen in diesen Zahlen noch nicht enthalten. Rettet man sie nicht, sterben Tausende bei der Überfahrt."

„Tragisch daran ist, dass es ein politisches Problem ist. Korrupte Regierungen vertreiben ihre eigenen Bürger oder lassen es zu", ergänzte Lara Dahl.

„Das ist leider bei manchen unserer Nachbarvölker nicht so viel anders", antwortete Carmen, „es suchen auch bei uns täglich Hunderte aus den Ländern zwischen Mexiko und Brasilien Einlass. Da flüchten sie zwar nicht, weil sie verfolgt werden, aber sie sehen natürlich, dass sie in ihren eigenen Ländern kaum Chancen auf Erfolg haben.

Sie suchen ein besseres Leben, das kann ich verstehen. Doch wir können nur wenige von ihnen nehmen".

„Wir können zumindest die Besten unter jenen auswählen, die bereit sind, unsere Kultur zu leben und hart zu arbeiten. Aber unser hoher Lebensstandard, die hohen Anforderungen an Sprachen, Wissen und Bildung und die Kosten für den Aufenthalt und die Staatsbürgerschaft schrecken viele ab."

„Das ist leider auch notwendig. Würden wir falsche Hoffnungen wecken, stünden morgen hunderttausend Migranten vor unseren Grenzen."

„Ich wüsste auch für Europa keine Lösung. Der kleine Kontinent kann weder die Millionen aufnehmen, die Aufnahme suchen, noch passen die kulturellen Voraussetzungen. Die Schwierigkeiten scheinen mir unlösbar zu sein. Die südlichen Länder schaffen es nicht, weil täglich Hunderte ankommen, aber in den Norden weiter wollen, die nördlichen Nationen, weil ihre Sozialleistungen viel zu hoch sind und alle Flüchtlinge völlig falsche Vorstellungen haben."

„Die Immigranten kommen auch mit dieser europäischen Kultur nicht zurecht, sie fühlen sich nie wirklich heimisch. Oft empfinden sie unser Verhalten als zu liberal, zu oberflächlich. Oder sie fühlen sich als Menschen zweiter Klasse. Die Schwierigkeit der europäischen Länder liegt darin, dass sie zwar ihren Glauben, ihre Mythen und ihre eigenen Werte verloren haben, aber das nicht wahrhaben wollen. Die glauben nur noch an Geld oder hängen ihren Sozialutopien nach. Ihre eigene Kultur, ihre Freiheit ist ihnen viel zu wenig wert. In dieses Vakuum strömt dann der Islam als angeblich bessere Alternative ein. Die Migranten flüchten vor den Problemen zu Hause, tragen sie aber im Kopf mit", fügte Helena Angold, die Musikerin, dazu.

„Bei meiner letzten Europareise war ich über die Entwicklung von einigen dieser Länder entsetzt. Wie lange noch werden diese gotischen und barocken Bauten, diese alten Plätze mit ihren Museen und Gastgärten noch bestehen? Es fehlt das Geld für ihre Erhaltung, schon jetzt schieben sich immer mehr Moscheen dazwischen. Haben denn die europäischen Kinder kein Recht mehr, in einer intakten Heimat aufzuwachsen?"

Carmen Buffet antwortete: „Die mitteleuropäischen Familien bekommen auch zu wenig Nachwuchs. Sie werden in drei Generationen kaum mehr die Hälfte der Bevölkerung ausmachen. Sie haben sich außerdem in einem Dickicht von Gesetzen verkrochen und trauen sich ohne die Deckung durch eine Heerschar von Anwälten kaum noch Entscheidungen zu treffen. Damit ziehen sich Lösungen endlos dahin, Abschiebungen finden kaum noch statt, das Bauen wird unnötig verteuert, manches wirkt geradezu erstarrt. Schiedsrichter treffen dagegen beim Fußball Entscheidungen in Sekunden, obwohl von diesen oft Millionen Euro und Sieg oder Niederlage abhängen. Warum geht das sonst nicht? Wir treffen sie fast ebenso schnell und schließen am Tag drei oder vier Verhandlungen ab, für die die Europäer Wochen oder sogar Jahre brauchen.

Entscheidungen über die Zuerkennung von Staatsbürgerschaften fallen bei uns meist in wenigen Minuten. Dann weiß zumindest jeder, ob er Chancen hat und es werden keine falschen Hoffnungen geweckt. Die Angst der Europäer vor harten Schnitten führt zu hohen Kosten, die ihre Kinder tragen müssen. Die Staatsschulden werden über mehrere Generationen fortgeschleppt. Die Staaten sind in Geiselhaft ihrer mächtigen Banken, die mit überdimensionalen Risiken spielen. Weil die Politiker auf die Wahlkampfspenden angewiesen sind und auf die Versorgungsposten nach ihrer politischen Karriere schielen, vermeiden sie die notwendigen Regulierungen."

„Was kann man dann überhaupt gegen dieses Elend auf dem Meer tun?"

„Jeder Eingriff von außen ist nutzlos. Die Einwohner eines Staates müssen ihre Probleme im eigenen Land lösen!", bemerkte Georg Dahl, der derzeitige Verteidigungsminister. „Wenn die jungen Burschen davonrennen, kann sich im Land nichts ändern."

„Vor dreihundert Jahren sind auch die Iren, Italiener, Deutsche, Portugiesen und Engländer davongerannt, weil sie im eigenen Land verhungert wären. Sie haben in Amerika eine neue Heimat gefunden."

„Sie hatten es auch dort nicht leicht, sind aber auf ein fast leeres Land gestoßen oder haben die Urbevölkerung vertrieben oder getötet. Sie wären jedoch in Amerika ebenso verhungert, wenn sie auf Sozialleistungen gewartet und nicht so hart gearbeitet hätten. Viele sind ja auch gestorben, nur wurde das nicht im Fernsehen gebracht."

Sie diskutierten noch einige Zeit, dann verdrängten persönliche Themen das der Flüchtlinge, für das sie keine Lösung fanden. Sie waren eben auch Mütter und Väter, deren Kinder in die Schule gingen und die ihre Liebe und Aufmerksamkeit brauchten. Auch wenn sie keine Geldsorgen hatten, so teilten sie mit allen menschlichen Wesen die Schwierigkeiten, ihre Kinder gut zu erziehen, mit sich und ihren Partnern auszukommen, Streit zu lösen und Freude am Leben zu finden.

Ein Restaurant lieferte ihnen ein reichhaltiges Büffet, womit zumindest das wesentlich leichtere Problem des Hungers zufriedenstellend gelöst werden konnte.

Kapitel 15: Kalter Tod

2045

Die Tradition, wie schon die Eltern einen Schiurlaub in der Schweiz oder in Österreich zu verbringen, wurde beibehalten. Die meisten Kinder der Senatoren hatten dank ihrer privaten Skilehrer diese Kunst recht gut gelernt und bevölkerten die Hänge ebenso wie die Bars. Seit dem gewonnenen Krieg 2038 und dem inzwischen regen Austausch mit Futura hatte sich allerdings ihr Status völlig geändert. Während Lukas Miller, einer der Senatoren und Mitglied der Crew, in den ersten Jahren nach der Jahrtausendwende noch unerkannt und völlig privat über die Hänge rasen konnte, was auch für Laura Pernstein selbst 2020 noch möglich war, gab es nun offizielle Empfänge, Fototermine und eine Menge Einladungen. Selbst kurz vor dem Krieg konnte Miller mit seiner Frau Maria, einer Tirolerin, die er in der Schweiz kennengelernt hatte, noch ungestört seine Spuren ziehen. Beide waren ja exzellente Skifahrer, die ihr Können und ihre Liebe zum Wintersport an ihre Kinder weitergegeben hatten.

Als im Vorjahr die Präsidentin Laura Pernstein mit einem Dutzend ihrer Freunde aus dem Kreis der Senatoren und mit deren Kindern ihren Skiurlaub am Arlberg geplant hatte, wurden sie sogar vom österreichischen Bundespräsidenten und dem Kanzler am Innsbrucker Flughafen erwartet. Sie waren in ihrer neuen Boeing „Futura One“ und einer zweiten Maschine angereist und wurden trotz ihres privaten Aufenthalts als Staatsgäste empfangen.

Für sie und ihre Entourage stand eines der besten Hotels in Lech bereit.

Die Bodyguards und anderes Personal belegten ein Hotel in der Nähe. Sonst zählten sie zu den unkomplizierten Gästen, wiesen weder besondere Vorlieben aus, noch gab es Exzesse, über die sich berichten ließ. Immerhin hatten die Boulevardzeitungen Fotos und Stoff für eine ganze Woche, das Fernsehen brachte Interviews und Bilder, und selbst das Wetter zeigte sich von seiner besten Seite. Auch die Abreise nach der gelungenen Skiwoche war noch ein Ereignis, über das sich zu berichten lohnte.

Als sich auch für dieses Jahr einige der hochrangigen Besucher aus Futura, unter ihnen David und Michael Nonndorf, Penz Andreas und Miller Pascal, angemeldet hatten, wurden sie wie Stars empfangen. Sie hätten die Anonymität vorgezogen, aber das war nun nicht mehr möglich. Als Runde junger Männer mussten sie mehr Rücksicht auf ihren Ruf nehmen als ihnen behagte.

Untertags tobten sie sich auf den Pisten aus, hin und wieder begleitet von ihren gebuchten Skilehrern oder Skilehrerinnen. Die Bodyguards mussten sehen, wie sie ihnen nachkamen. Die Bewachung war ihnen lästig, wie viele junge Männer fühlten sie sich ohnehin unsterblich, aber sie mussten sie haben, dazu waren sie inzwischen zu bekannt und zu wichtig. Außerdem hatten sie zum Schutz zusätzlich ihre Drohnen, die sie ebenfalls bewachten und die ihnen praktisch unsichtbar am Himmel folgten.

Das hinderte sie nach ihren Touren auf den glitzernden Hängen oder ihren Schwüngen im Tiefschnee nicht an wilden Partys am Abend oder auch etwas später. Junge Frauen und manchmal sogar kaum achtzehnjährige Mädchen nützten die Gelegenheit, so berühmte Junggesellen kennenzulernen oder sich ihnen an den Hals zu werfen. Die Bodyguards hatten die unangenehme Aufgabe, zu junge oder weniger hübsche Frauen wegzuschicken und die Belästigung durch zudringliche Reporter und Paparazzi abzuwehren.

Die vier Junggesellen konnten und wollten sich dagegen kaum beschweren. Vor zu viel Alkohol schützte sie ihre Vernunft, aber ihren Gefühlen ließen sie ziemlich freien Lauf. Vernünftig genug waren sie auch in ihrer Vorsicht gegenüber eventuellen Infektionen. Ihre Sapientas konnten nicht nur alles, was Smartphones sonst auch konnten, sie hatten auch zusätzliche praktische Testfunktionen. Wenn sie ihre Geräte den jungen Frauen zeigten und in die Hand gaben, stellten diese unauffällig Blutwerte, Ansteckungen und eventuelle Krankheiten fest.

Sie hatten eine überwiegend schöne Woche erwischt. Die Hänge lagen dicht verschneit als Herausforderungen vor ihnen. Der Starkschnee in der Woche zuvor hatte eine mächtige, aber hochgradig labile Schneedecke aufgebaut, die sich langsam setzte und stabilisierte. Es gab einige Meter Neuschnee, es war fünfmal so viel Schnee wie sonst im Jänner gefallen. Die Warnstufe vier konnte auf drei gesenkt werden, was aber immer noch eine erhebliche Gefahr bedeutete.

Auch heute lag wieder ein toller Tag hinter ihnen. Begleitet von mehreren Mädels und einigen Bodyguards waren sie über die Hänge gebraust, hatten kurz noch auf einer der zahlreichen Hütten gefeiert und waren auf dem Weg in ihr Hotel. Im Licht der Abendsonne sahen sie noch einen Tiefschneehang mit prachtvollem, unberührtem Neuschnee. Die Schneekristalle glitzerten im Gegenlicht, ein Paparazzo versuchte noch ein paar Fotos zu erhaschen.

Plötzlich bog Michael Nonndorf unvermittelt in den Neuschneehang ab. Die anderen schrien eine Warnung, doch Michael war entweder schon zu weit weg oder wollte sie nicht hören. Zwei der Bodyguards folgten ihm, auch wenn sich ihre Begeisterung in Grenzen hielt. Wie sollten sie ihn schützen? Einem Senatorensohn etwas zu verbieten, was ihm Vergnügen machte?

Außerdem fuhr er schneller als sie und hatte schon einen größeren Vorsprung. Knapp zweihundert Meter höher bildete sich plötzlich ein Riss im Schneehang, verbreiterte sich blitzschnell und raste als Lawine mit einer hundert Meter hohen Staubwolke talwärts.

Die drei hörten nur kurz das Donnern, als sie der Luftdruck und sofort darauf die Schneemassen erreichten und mitrissen.

Einer der Begleiter hatte Glück. Er war so langsam gewesen, dass ihn nur der Saum der Lawine traf, Michael und der andere Bodyguard verschwanden unter den Massen. Das donnernde Geräusch ließ die anderen nach oben blicken. Obwohl die Lawine die Piste verfehlte, trafen sie der plötzliche Luftdruck und der eiskalte Windstoß wie ein Schlag. Zwei der Damen stürzten. Die Drohne, die Michael am Himmel verfolgt hatte, alarmierte sofort die Bergrettung und schickte Fotos vom Hergang auf die Smartphones und Sapientas seiner Begleiter. Sie lokalisierte die Verschütteten und markierte mit ihrem Lichtkegel die beste Möglichkeit zu ihrer Bergung. Seine Begleiter versuchten so schnell wie möglich wieder den Berg hinauf zu kommen. Auch von einer der Hütten hatte man den Abgang der Lawine gesehen und vorsichtshalber die Bergbahnen verständigt, die Hilfe schickten.

Wegen der dicken Schneeschicht der vergangenen Wochen hatte sich ein riesiger Kegel aufgetürmt. Die Retter gruben sich verzweifelt zu den Verschütteten vor, deren Lage sie dank der Fotos und der Lokalisierung durch die Drohne ziemlich genau kannten, aber es war ein Wettlauf mit der Zeit. Inzwischen waren auch weitere Rettungskräfte mit Schaufeln und Sonden eingelangt, die sich rasch zu den Opfern vorarbeiteten. Obwohl beide relativ rasch gefunden wurden und David und die anderen Bergretter verzweifelt Wiederbelebungsmaßnahmen versuchten, kam jede Hilfe zu spät. Der Schnee war bis in ihre Lungen gedrungen und hatte sie erstickt. Durch den gewaltigen Schneedruck schienen auch weitere Organe verletzt zu sein, was sie aber erst später feststellen konnten. Der zweite der Bodyguards, der nur in den Saum der Lawine gekommen war, hatte sich mit Hilfe der anderen rasch befreien können und saß stumm vor sich hinstarrend auf einem der Schneebrocken.

David hielt seinen Bruder auf dem Schoß. Die Sonnenbrille war verloren gegangen, durch die Wiederbelebungsmaßnahmen waren die Schneereste in Michaels Gesicht geschmolzen. Er war etwas bleicher, sah aber sonst gar nicht so viel anders aus, eher, als ob er nur schliefe.

David stöhnte verzweifelt. Sein Zwillingsbruder war immer um ihn gewesen, gemeinsam hatten sie ihre Firma aufgebaut. Wie sollte er damit zurechtkommen? Mehrere Frauen und einige der Männer weinten. Der wunderbare Skitag hatte mit einem Fiasko geendet.

Die beiden eingelangten Helikopter konnten nur noch die Lebenden ins nächste Spital zur Krisenbetreuung fliegen und die beiden Toten zur Untersuchung in die Pathologie bringen.

Michaels Eltern, Raul und Claudia Nonndorf, wurden sofort mit der Präsidentenmaschine nach Innsbruck und von dort mit dem Hubschrauber nach Lech geflogen. Nicht nur, dass ihr Sohn tot war, hatte er auch durch seinen Leichtsinn Schuld auf sich geladen und den Bodyguard mit in den Tod gerissen.

Die Presse hatte ihre Schlagzeilen, wobei die besseren unter den Zeitungen Mitgefühl und Sensibilität bewiesen. In Lech wurde ein Trauergottesdienst gefeiert, zu dem außer den Angehörigen viele der Ortsansässigen kamen. Nach einigen Tagen und den notwendigen Erledigungen kehrten die Familie und die Mitreisenden samt den Toten in ihre Heimat Futura zurück.

Neuerlich gab es Trauerfeiern und ein pompöses Begräbnis. Es war für alle Beteiligten schwer, wieder den Weg in den Alltag zu finden.

Eine der jungen Frauen, die an den Partys teilgenommen hatte, merkte Wochen später, dass sie schwanger war. Als sich nach einem DNA-Test herausstellte, dass sie von Michael Nonndorf, dem in Lech verunglückten Senatorensohn, geschwängert worden war, luden die Nonndorfs sie nach Futura ein und brachten sie in ihrem Gästezimmer unter. Mara, so hieß sie, wurde liebevoll in die Familie aufgenommen. Als sich das Ergebnis des DNA-Tests bestätigte, wurde sie von der Familie regelrecht vereinnahmt. Über Nacht war sie wichtig und Mutter eines Kindes geworden, das einen ungeheuren Reichtum erben und die Linie ihres verstorbenen Sohnes fortsetzen würde.

Einige Tage darauf empfing sie die Präsidentin Laura Pernstein persönlich. Sie musste an Michael denken. Sie hatte ihn gemocht, vielleicht sogar ein bisschen geliebt. Hätte er nicht besser mit ihr Urlaub gemacht, statt diese Lawine so leichtsinnig herauszufordern?

Eine alte Erinnerung, sie mochte damals vielleicht zehn Jahre gewesen sein, drängte sich in ihre Gedanken. Bei einem ihrer Geburtstagsfeste, sie war mit ihren Eltern auf Besuch im Silicon Valley, folgte ihr einer der Jungen in ihr Gästezimmer. Er war erst acht und sah sich neugierig um. Es war dieser Michael, einer der Nonndorf-zwillinge, der mit den Angolds und seinen Eltern die Villa bewohnte. Sie hatte neben dem riesigen Fernseher, den damals anscheinend jeder hatte, ein Poster von der Mondlandung aufgehängt.

„Willst du auch auf den Mond?“, fragte er sie.
„Ja, warum nicht?
„Ich glaube nicht, dass das so einfach geht, außerdem bist du ein Mädchen.“
„Na und?“
„Schläft der Teddy bei dir? Hast du keine Puppen?“, fragte er weiter.
„Ich habe lieber einen Teddy“, entgegnete sie kurz.
„Ich habe auch einen Teddy, einen braunen“, fügte er hinzu.
Laura schnappte sich ihren Sapienta, ließ ihn stehen und ging wieder zur Party. Der Junge folgte ihr.

Wie üblich war ziemlich viel los. Ihre Mutter hatte einen Jongleur engagiert, der seine Kunststücke zeigte und sie zum Nachmachen animierte. Michael schaffte das Jonglieren mit drei Bällen sofort. Wahrscheinlich hatte er schon öfter geübt. Er hatte eine gute Bewegung drauf.

„Zu jung“, entschied sie und wandte sich einem der größeren Mädchen zu. Sie ärgerte sich über das „außerdem bist du ein Mädchen.“ Sie forderte sie zu einem Wettkampf auf dem Computer auf. Das Kriegsspiel von Activision war zwar nicht gerade für ihre Altersklasse geeignet, aber sie zog es trotzdem durch. Gegen die Ältere verlor sie zwar knapp, aber sie hatte plötzlich richtig Lust, auf Männer und Panzer zu schießen. „Puppen“, stieß sie verärgert aus. Das andere Mädchen wusste nichts von der Szene im Gästezimmer und sah überrascht auf. Sie hatte Michael einmal darauf angesprochen, doch dieser hatte die Episode längst vergessen.

Mara ließ sie natürlich nichts von ihren Gefühlen merken. Sie fragte sie nach ihren Eindrücken und ihrem Befinden.

Mara sprudelte geradezu vor Begeisterung: „Das Land ist so schön, ich habe nie so etwas Tolles erwartet. Ich wurde auch so persönlich aufgenommen. Ich habe Michael noch so lebendig in Erinnerung, wie wenn wir uns erst vor ein paar Tagen kennengelernt hätten, wie wenn er jeden Moment durch die Tür kommen könnte. Und dann dieses schreckliche Unglück, es liegt immer noch wie ein Schatten auf mir."

„Es ist für uns alle schrecklich", bestätigte die Präsidentin und schwieg für ein paar Sekunden. „Doch es freut uns, dass ihnen dieses Land gefällt. Wenn sie zustimmen, kann es ihre neue Heimat werden. Sie können ihr in Österreich begonnenes Wirtschaftsstudium hier abschließen, ihr Kind in unserer Klinik zur Welt bringen und Bürgerin Futuras werden."

„Ich hatte einige Tage zur Überlegung. Michael, den ich ja nur ein paar Tage kannte, war für mich so ein unverhoffter Glücksfall, ich habe mich sofort in ihn verliebt. Er war so natürlich, trotz seines Reichtums und so intelligent und fröhlich. Ich hatte Angst, für ihn nur ein kurzer Flirt zu sein, ich hatte irgendwie gehofft", sie brach unter Tränen ab. „Ja, ich werde das Angebot annehmen, auch wenn alles so überraschend ist. Es ist fast so wie in einem Film, in dem eine junge Frau über Nacht Prinzessin geworden ist, nur dass die Umstände nicht so tragisch waren."

„Es kommt dem nahe. Die Familie Nonndorf zählt zu den alten Familien unserer Stadt. Sie ist sehr angesehen. Ihr Sohn Michael war einer unserer führenden Unternehmer. Sein persönlicher Assistent wird sich um sie kümmern und sie unterstützen. Ich wünsche ihnen alles Gute."

Mara wurde die bisherige Wohnung Michaels übergeben. Sie kam aus dem Staunen nicht heraus. Mit einem eigenen Aufzug gelangte sie in eine riesige Penthousewohnung im obersten Stockwerk eines eleganten Hochhauses, mit einem Blick auf das Meer und die nahen Berge im Hinterland. Die Wohnung war modern und edel eingerichtet. Es gab Platz genug für das zukünftige Kinderzimmer, für Gäste, für das Hausmädchen und natürlich für sie selbst. Das Wohnzimmer mit dem herrlichen Ausblick war allein schon etwa achtzig Quadratmeter groß. Ihr Assistent oder jemand aus der Familie begleitete sie in den ersten Tagen. Wie die anderen aus den Senatorenfamilien bekam sie einen Sapienta, der sie ebenfalls überraschte. Sie konnte einfach mit ihm reden und ihn wie ihren persönlichen Assistenten etwas fragen, er gab auf alles eine richtige Antwort. Außerdem konnte sie mit ihm einkaufen was immer sie wollte, essen gehen oder das Theater besuchen. Sie brauchte nie bares Geld oder eine Kreditkarte. Auf ihre Frage, wieviel sie ausgeben könne, sagte er ihr: „Eine Million Dollar – oder was immer sie brauchen."

Mara war auch bisher nicht arm gewesen, aber das überstieg ihre Vorstellungen völlig.

Ihr Assistent versuchte ihr die Kultur von Futura zu vermitteln: „Es wäre selbstverständlich, beste Qualität zu kaufen, aber es gelte als nicht vornehm, den Reichtum zu deutlich zu zeigen oder die anderen Senatoren zu übertrumpfen. Sie gehöre nun zu einer der angesehensten Familien, was auch Verpflichtungen beinhalte. Außerdem sollte sie in den nächsten Tagen mit ihrem Studium beginnen und sich in die Firma Biogleam einarbeiten, von der ihr Kind nach der Geburt ein Viertel erben würde. Sie werde dort eine leitende Stelle erhalten, müsste ihr Können aber auch beweisen. Nein, sie würde aus Österreich nichts brauchen, außer was sie an persönlichen Erinnerungen haben wolle, alles andere sollte sie einfach kaufen oder sich in die Wohnung bringen lassen. Einen Freund zu suchen wäre zumindest für die nächsten Monate keine gute Idee. Auch wenn sie Michael kaum gekannt habe, so sei sie eben doch dem Namen verpflichtet und Mutter seines Kindes. Nein, dem Besuch ihrer Familie stehe nichts im Wege. Er oder ihr Sapienta würde alles erledigen, von den Tickets bis zur Hotelreservierung."

Wie eine Welle schlug all das Neue über ihr zusammen. Sie würde viel lernen müssen. Zu Hilfe kamen ihr ihre Jugend, ihr Humor und ihre natürliche Ausstrahlung. Der Besuch der Hochschule erstaunte sie ebenfalls. Beate, der weibliche Androide, begrüßte sie persönlich und besprach mit ihr das Studienprogramm. Tommy, der andere Androide, der schon seit Jahren die Gäste der Universität empfing und noch immer gleich jung aussah, führte sie durch die Gebäude. Jeder schien sie zu kennen. Wie war das möglich?

Dass sie trotz ihrer plötzlichen Prominenz Leistungen zeigen musste, erfuhr sie gleich bei den ersten Vorlesungen. Es ging mit Volldampf los.

Ein halbes Jahr später - in Europa gab es einen schönen Herbst, wie ihre Eltern berichteten - setzten bei Mara die Wehen ein. Da auch Mara inzwischen einen Biochip trug, waren Arzt und Klinik schon informiert und erwarteten sie. Eines der automatischen Senatorenfahrzeuge stand bereits in der Nähe des Lifts, ihr Hausmädchen begleitete sie mit dem vorbereiteten Koffer bis in ihr Zimmer. Ihre Ärztin untersuchte sie und bestätigte, dass alles in Ordnung sei. Kurz darauf trafen auch die zukünftigen Großeltern ein und schon zwölf Stunden später krähte ein kräftiger Junge auf ihrem Bauch und zog kräftig an ihrer Brust.

Sie war glücklich. Erst jetzt spürte sie so richtig die vorhergehende Anspannung und war froh, dass das Leben ihres Kindes ihrem Leben in Futura und in ihrer prominenten Familie den richtigen Halt gab. Tränen traten in ihre Augen. Wie gern hätte sie diese Freude mit Michael geteilt, der ihr immer mehr entschwand. Sie hatte ihn ja kaum mehr als ein paar Tage gekannt, war kurz glücklich und dann länger bedrückt gewesen. Die unerwartete Schwangerschaft hatte ihr Leben völlig umgekrempelt.

Die ebenso überraschend freundliche Aufnahme in einem fremden Land durch fremde Menschen, die andere Sprache – sie hatte inzwischen auch recht gut Spanisch gelernt – und das Leben in einer Oberschicht, das sich so völlig anders anfühlte, hatten alles geändert.

Die früher herzliche Beziehung zu ihren österreichischen Freunden ließ sich über die große Entfernung trotz der Verbindung über Bild und Ton nicht in derselben Intensität aufrechterhalten. Sie war auch reifer und ernster geworden, gehörte jetzt einer elitären Schicht an, die sich völlig vom Leben normaler Menschen unterschied. Ihren Eltern ein größeres Haus in Tirol zu schenken bedurfte nur einiger Worte zu ihrem Sapienta, der ein Wundergerät war, das sie immer noch nicht verstand. Ihre Absicht hatte genügt, dass ein Architekt bei ihren Eltern aufgetaucht war, mehrere Pläne unterbreitet und ein Bauunternehmen beauftragt hatte, dieses Haus auf ihrem Grundstück zu bauen. Den Plan und den Baufortschritt sah sie auf ihrem Sapienta. In wenigen Monaten würde es fertig und bezahlt sein, ohne dass ihr Konto sich wesentlich verändert hatte oder gar Einschränkungen erforderte. Das Geld war einfach da, so wie das Wasser in der Leitung oder das Gras auf der Wiese.

Allerdings fand sie kaum Zeit, sich darüber den Kopf zu zerbrechen. Die Arbeit in der Firma, ihr war die Personalabteilung anvertraut worden, war herausfordernd und spannend. Sie staunte über das, was Thomas Angold und Michael mit seinem Zwillingsbruder David aufgebaut und entwickelt hatten, Geräte, so funktionell und so komplex, echte Wunderwerke der Technik.

Auch ihr Studium forderte alle ihre Kräfte, der Unterricht war praxisnah und umsetzungsstark. Es gab keine verstaubten Theorien über das Verhalten eines homo oeconomicus, die ohnehin am realen Menschen scheiterten, dafür fundiertes Faktenwissen und die kritische Reflexion der vorhandenen Wirtschaftstheorien. Sie bekam Einblick, aus welchen Quellen sich der Reichtum Futuras speiste, konnte sich aber trotzdem nicht erklären, wieso es hier so exzellent lief und man anderswo so kläglich scheiterte. Sie wusste, dass sie erst am Anfang stand und noch viel zu lernen hatte.

Auch ihre Eltern waren gekommen und unterstützten sie wie die Nonndorfs und das zusätzliche Kindermädchen. Der Junge schien seine Wichtigkeit zu genießen, brüllte entweder aus Leibeskräften oder schlief wie ein Engel.

Da Mara katholisch war, ließ sie den Buben auf den Namen Michael taufen. Taufpatin wurde Kathi Nonndorf, die Leiterin der Philharmonie Futuras, die sich darüber offensichtlich freute, und die für die musikalische Umrahmung sorgte. Der Bischof übernahm die Taufe persönlich. Wie zu erwarten war, war es einer der gesellschaftlichen Anlässe, bei dem sich eine Menge Prominenz blicken ließ. Vor dem Dom gab es ein großes Fest, zu dem auch Hunderte der einfachen Bürger kamen, denn gerade diese Anlässe waren es, die das Volk liebte und zumindest etwas an der Welt ihrer reichen Herrscher teilhaben ließ.

Futura daily brachte eine rührende Reportage und zahlreiche Bilder vom Baby und seiner Taufe und konnte diese Geschichte sogar in amerikanischen und europäischen Blättern unterbringen.

Kurz darauf wurde Mara in das Justizministerium zur Senatorin Buffet Carmen geladen. Sie erläuterte Mara die Erbregelung, die nach den Gesetzen Futuras auf sie zutraf.

„Nach unserem Gesetz haben sie in ihrem Fall – als Staatsbürgerin von Futura – Anspruch auf zehn Prozent des Erbes von Dr. Michael Nonndorf, ihr Sohn erbt den Rest. Das Erbe besteht aus seinem Anteil an der Firma, seinem Anteil an einem Aktienfonds und der Wohnung. An der Wohnung haben sie, das wurde von unserem Senatorenrat festgelegt, das Wohnrecht auf Lebenszeit, auch da gehört ihnen ein Anteil von zehn Prozent.

Davon wird die zwanzigprozentige Einkommenssteuer, im Falle ihres Sohnes die gleichhohe Erbschaftssteuer, abgezogen. Ihr Sohn erhält wie sie sofort einen zehnprozentigen Anteil, der Großteil seines Vermögens wird ihm bei seinem zwanzigsten Geburtstag übertragen.

Ihnen verbleiben nach Abzug der Steuern siebenhundertneunzig Millionen und hundertachtzigtausend Dollar. Die Finanzerträge ihres Anteils liegen derzeit bei etwa achtzig Millionen jährlich, die ihrem Depot gutgeschrieben werden. Der Bescheid ist rechtskräftig.“ Die Stimme der Senatorin schwenkte auf einen persönlichen Ton um: „Ihr Sohn ist ein ganz lieber Kerl, wenn sie einmal zu mir nach Hause kommen wollen, würde ich mich freuen.“

Mara schwirrte der Kopf von den vielen Zahlen. Sie fühlte sich eingeschüchtert und freute sich doch über diesen ungeheuren Reichtum, der ihr im wahrsten Sinne des Wortes so unverhofft in den Schoß gefallen war.

Natürlich nahm sie auch die Einladung an. Eine einzige Nacht hatte ihr ganzes Leben verändert.

Kapitel 16: Das Jahr danach

2046

Futuras Skyline ragte ähnlich wie die von Manhattan in die Höhe und war schon von weitem sichtbar. Auch wenn immer noch heftig gebaut wurde und pulsierendes Treiben die Straßen füllte, so war doch so etwas wie ein Normalzustand eingekehrt. Die Bewohner hatten sich mit ihrem neuen Leben arrangiert. Ein Leben, angefüllt mit Arbeit, stressiger als jemals zuvor, dafür auch eines ohne Not und Armut. Ihre kleinen Inseln der Stille und der alten Bräuche hatten sich etwas abseits vom allgemeinen Trubel erhalten.

Ein paar Schritte weiter herrschte das übliche Treiben einer Großstadt. Krawattenträger und Frauen in schwarzen Kostümen eilten über das Pflaster und verschwanden hinter lautlos geöffneten Türen klimatisierter Bürogebäude. Die zugezogenen Millionäre genossen die Sicherheit der Stadt und die vorhandene Infrastruktur, die Wissenschaftler fanden ideale Bedingungen vor, Unternehmer freuten sich über die zahlreichen Aufträge und die pünktlichen Zahlungen.

Touristen schlenderten durch die Straßen und bewunderten die Auslagen, verweilten in einem der zahlreichen Cafés oder speisten in einem der noblen Dachrestaurants, die die besten Kreationen der internationalen Küche und eine weite Aussicht boten. Asiaten, Europäer und Nordamerikaner hoben immer wieder ihre Smartphones, um genug Erinnerungen für die Daheimgebliebenen zu haben. Die Stadt hatte zwar erst knapp die

Bevölkerungszahl von einer halben Million überschritten, verbreitete aber das Flair einer echten Metropole. Erreichte man Futura über den Flughafen, war man in wenigen Minuten im Zentrum oder im gebuchten Hotel mit dem Blick aufs Meer oder auf die Hügelkette, die sich hinter der Stadt hochzog. Wer mit dem Auto anreiste, blieb von den meist schmutzigen Vorstädten anderer Länder verschont. Die Marmor- oder Glasfassaden der Stadt wurden von Parks und eleganten Villen umgeben, die in Futura vorhandene High-Tech-Industrie war entweder ebenfalls elegant oder anscheinend unsichtbar. Tatsächlich befanden sich viele der vollautomatischen Produktionsanlagen unter dem Straßenniveau, die darüber liegenden Büros waren hell und sauber und von Grünanlagen umgeben.

Vom Meer her kommend bot die Stadt einen imposanten Anblick. In der Nacht leuchteten das Wahrzeichen, der einer Doppelhelix nachempfundene Turm, und die Häuser mit ihren nächtlich schimmernden Fassaden. Der Reichtum der Stadt und ihrer Bewohner war deutlich sichtbar und bot einen starken Kontrast zu den umgebenden Ländern.

Erfreulicherweise gab es in diesem Jahr auch keinen der gewaltigen Stürme, die sonst so oft ihre verheerenden Spuren durch die Karibik und die angrenzenden Länder zogen. Mochten anderswo Selbstmordattentäter hunderte Menschen mit in ihren Tod reißen, Hungersnöte ausbrechen oder Politiker vor leeren Kassen stehen, hier in Futura war alles friedlich. Bürger und Touristen genossen die Sauberkeit und den Charme der Stadt, feierten oder arbeiteten und waren dankbar, gerade hier und nicht woanders zu sein. Einige Nordamerikaner, die gerade ein paar Tage entspannen wollten und auf Durchreise waren, fanden die Stadt so umwerfend schön, dass sie kurzfristig um die Staatsbürgerschaft ansuchten und samt Familie übersiedelten. Für alle, die ihre Geschäfte überregional betrieben oder als Sportler oder Künstler sowieso in der ganzen Welt unterwegs waren, schien dieser Platz mindestens so gut wie ihre bisherigen Wohnorte zu sein.

Eine Nachricht elektrisierte Laura Pernstein wie kaum eine andere. Bei Aushubarbeiten im Südwesten ihres Landes war ein Baggerführer auf alte Siedlungsreste gestoßen. Der Baustellenleiter informierte das Wissenschaftsministerium, das nach der Besichtigung der Funde ein Archäologieteam aus Mexiko anforderte.

„Wir könnten auf einen alten Tempel gestoßen sein", teilte der Archäologe Hanna, der zuständigen Fachkraft im Ministerium, mit. „Näheres weiß ich natürlich nach meiner kurzen Untersuchung noch nicht."

In Mexiko wäre die Entdeckung eines weiteren Tempels keine besondere Sensation gewesen, in einem Land mit kaum vierzigjähriger Geschichte sehr wohl.

Die Präsidentin kannte natürlich die faszinierende Maya-Stadt von Chichén Itzá, die nahe bei Cancún liegt und zu den wichtigsten Sehenswürdigkeiten in ganz Mexiko zählt. Mit der obersten Plattform hat die größte Pyramide genau 365 Stufen, somit die Tage des Jahres, welche die Astronomen der Mayas schon damals kannten. Als die Spanier Ende des 15. Jahrhunderts ins Land kamen, lagen die meisten Siedlungen der Mayas im Norden von Yucatán, während das Tiefland nur noch dünn besiedelt war.

In der Religion der Maya waren Menschenopfer durchaus häufig. Das Aufschlitzen des Bauches und das Herausreißen des noch schlagenden Herzens gehörten dazu, waren aber nicht die einzige Art der rituellen Hinrichtungen. Geopfert wurden sowohl Kriegsgefangene als auch Mitglieder der eigenen Gruppe. Ähnlich grausam waren die Azteken.

So eine Pyramide hätte sie auch gern gehabt. Vielleicht, weil für viele Menschen alte Denkmäler die eigene rasche Vergänglichkeit etwas erträglicher scheinen lassen, so, wie stabile Haltepunkte im Leben, als Gegenstück zu einer ständig unsicheren Zukunft.

Die Ausgrabungen brachten unter den beseitigten Erdmassen Keramiken, Messer, Steinreliefs, Skulpturen und Grabbeigaben zutage. Die Knochen waren kaum noch erkennbar. Faszinierend war der goldene Schmuck einer jungen Frau, der vollständig erhalten war.

Die Beseitigung des Schutts und der Erde ließen nach Monaten das ursprüngliche Bauwerk erkennen. Im Vergleich zu den großartigen Monumenten Mexikos wirkte es klein und bescheiden, war aber immerhin eine echte, mindesten sechshundert Jahre alte Pyramide und sah nach ihrer vollständigen Renovierung attraktiv aus.

Kapitel 17: Nobelpreis für Chemie

2047 - 2050

Das Jahr 2047 bot wieder Anlass für ein ausgelassenes Fest. Futura war vor dreißig Jahren gegründet worden. Aus den bescheidenen Anfängen war ein moderner Staat geworden, dessen gewaltiger Reichtum und dessen Lebensqualität tausenden Menschen eine neue Heimat bot. Der anfangs belächelte Versuch war zu einem vollen Erfolg geworden, die Bevölkerung hatte sich von kärglichen sechshundert auf über fünfhunderttausend Bewohner vervielfacht. Eine Million Besucher bewunderten jährlich die Skyline und die tollen Hotels, genossen aber ebenso die leckeren Fischrestaurants am Strand oder die lebhaften Straßencafés, die sich ihre Nische bewahrt hatten.

Ein Staat, der beneidet, gefürchtet und geliebt wurde, aber auch heimlich gehasst, weil er wie ein Stachel im Fleisch der anderen Politiker saß, die mit ihren Staaten gerade noch über die Runden kamen oder bereits knapp an der Grenze zum Schiffbruch lagen.

Europas Staaten hatten ihren wirtschaftlichen Vorsprung zum Teil an Asien verloren, durch Streiks, Zuwanderung und schlechte Politik war die Wettbewerbsfähigkeit gesunken, dafür aber waren die sorglos angehäuften Kredite zum Klotz am Bein geworden. Afrikas Bevölkerung war schneller als die Arbeitsplätze und die Produktion an Gütern und Lebensmitteln gewachsen, die Korruption nicht weniger geworden, die Klimaerwärmung hatte große Agrarflächen in Wüsten verwandelt.

Die Entwicklung Nordamerikas war zweigeteilt. Die High-Tech-Industrie lieferte hervorragende Dienstleistungen und Produkte. Die öffentliche Infrastruktur dagegen bröckelte vor sich hin, die Grundstoffindustrie war wegen der überhöhten Personalkosten kaum noch überlebensfähig. Doch der neue Wettbewerb um den Aufbruch in den Weltraum schuf eine spezialisierte Elite an Technikern, die mit Engagement und Idealismus Höchstleistungen vollbrachten. Der Dow Jones hatte trotz mehrerer Korrekturen die lang vorhergesagten hunderttausend Punkte erreicht. Der deutsche Aktienindex hatte ihn beinahe eingeholt, weil bei ihm die Dividenden im Kurs berücksichtigt wurden, lag aber etwas hinter den Prognosen.

Asien war mit dabei. Trotz mancher Schwierigkeiten war es China und anderen asiatischen Ländern gelungen, ihre Industrie stetig zu entwickeln und neue Standards zu setzen. In einigen Bereichen waren sie Weltmarktführer geworden und hatten einige der begehrten Nobelpreise für ihre Forschungen errungen. Ihr Lebensstandard konkurrierte erfolgreich mit den europäischen Staaten. Die schlapp gewordenen Staaten der Alten Welt konnten diesem Elan wenig entgegensetzen. Indien war immer noch zweigeteilt. In Mathematik und Informatik hatten sich viele Inder einen ausgezeichneten Ruf erworben, aber nicht alle hatten am Aufschwung teilgenommen. Wassermangel und Überbevölkerung behinderten eine gerechte Entwicklung für alle.

Der Umstieg auf Elektroautos und die Erhöhung der Umweltstandards hatten die Luft in China verbessert und die Lebensqualität erhöht. Die Löhne waren maßvoll gesteigert worden, hatten aber die Wettbewerbsfähigkeit der Wirtschaft nicht gefährdet. Die technische Entwicklung übertraf die der Deutschen in immer mehr Bereichen, in den erneuerbaren Energien, aber auch in der Raketentechnik hatten die Chinesen zu den führenden Nationen aufgeschlossen. Die Rückschläge früherer Jahre, wie den Absturz des chinesischen Raumlabors „Tiangong 1", hatten sie längst überwunden und aus den Fehlern gelernt.

China hatte vor Jahren den 8,5 Tonnen schweren „Himmelspalast" nicht mehr steuern können. Nachdem die Raumstation die Erde zunächst in immer niedrigeren Umlaufbahnen umkreist hatte, war sie in den Sturzflug übergegangen und zum größten Teil in der Atmosphäre verglüht. Trümmer waren zwar ins Meer gestürzt, hatten aber keine Schäden angerichtet.

Die zunehmende Gefahr von Unfällen durch Weltraumschrott und die wirtschaftliche Überlegung, zumindest manche der teuer ins All geschossenen Teile wieder zu verwenden, führten zu einem neuen Weltraumabkommen unter den großen Mächten.

Die gelöste Stimmung in Futura wirkte sich nicht nur positiv auf den Tourismus aus. Da es kaum woanders so viele begehrenswerte Junggesellen und junge, attraktive Frauen gab, versuchten viele ihr Glück und manche fanden es auch. Ohne dass irgendetwas Besonderes an diesem Jahr 2047 gewesen wäre, fanden eine Menge Hochzeiten und Geburten statt. Es war das Jahr, das einen Höhepunkt an öffentlichen Festen erreichte. Futura daily fand Anlässe genug, die Seiten zu füllen. Die Babys der Senatoren oder der Elite Futuras, die Hochzeiten und Seitensprünge, die Roben oder glanzvollen Empfänge schienen tagelang der wichtigste Gesprächsstoff zu sein. Selbst die Boulevardzeitungen anderer Länder griffen die Ereignisse begeistert auf.

Die Menschen hatten genug von Attentaten und schlechten Wirtschaftszahlen. Wenn schon das eigene Leben wenig Anlässe zum Jubel gab, erfüllten die Nachrichten aus der Welt der Superreichen wenigsten den Wunsch nach Glamour und Tratsch. Daran hatte sich seit den Zeiten der Könige und Prinzessinnen, der Popstars und der Filmdiven nichts geändert.

Die Aufregung war groß, als der Nobelpreis für Chemie von der Königlich Schwedischen Akademie der Wissenschaften Anfang Oktober 2049 bekanntgegeben und zu gleichen Teilen Dr. Mantini Julia und Dr. Miller George aus Futura zuerkannt wurde. Der Chemie-Nobelpreis ist einer der fünf von Alfred Nobel gestifteten Nobelpreise, die *„denen zugeteilt werden, die der Menschheit den größten Nutzen geleistet haben.*“

Die Auswahl war ziemlich unbestritten, denn das neue Verfahren zur Verwertung von Kohlendioxid und dessen Aufspaltung nach Art der Photosynthese war gerade noch rechtzeitig entdeckt worden, um den starken Temperaturanstieg der Atmosphäre zu stoppen. Inzwischen waren erste Erfolge spürbar. Millionen Tonnen an Kohlendioxid konnten mit dem neuen Prozess der Atmosphäre entzogen und in Zucker und Treibstoffe umgewandelt werden.

Die Preisträger flogen mit ihren Familien und Freunden nach Stockholm, wo ihnen der schwedische König am 10. Dezember, dem Todestag des Preisstifters, den Nobelpreis samt einer Medaille, einem persönlichen Diplom und dem Preisgeld überreichte.

Die beiden Wissenschaftler wurden auch in Futura von der Präsidentin Laura Pernstein feierlich empfangen.

„Sie beide wurden für eine großartige Leistung zu Recht gewürdigt. Wie fühlen Sie sich nach dieser internationalen Anerkennung?“, fragte sie einer der Journalisten nach dem feierlichen Empfang.

„Ein Nobelpreis ist immer eine tolle Sache“, antwortete Julia Mantini. „Es ist klar, dass ich mich, dass wir uns beide darüber freuen. Zuerst geht es natürlich ums Klima, darum, dass Stürme nicht zerstören, was Menschen in Jahrhunderten aufgebaut haben. Auch darum, dass den Menschen in den Malediven nicht ihre Koralleninseln von einem sauer gewordenen Meer aufgelöst werden, dass Manhattan oder Bangladesch nicht in den

Fluten verschwinden. Aber jede geglückte Forschung festigt in uns auch die Hoffnung, dass wir den Problemen dieser Welt nicht hilflos ausgeliefert sind."

„Jede Blume am Wegrand bestärkt uns, alles zu tun, dass wir unsere Umwelt nicht zugrunde richten", ergänzte Georg Miller. „Der Natur ist es egal, was wir tun, sie kommt auch ohne uns Menschen aus. Selbst eine Supernova ist nur ein Ereignis unter vielen anderen, die Sterne werden deswegen nicht weniger, es gibt Milliarden davon. Wir Menschen sind auf eine intakte Umwelt angewiesen, wir tragen die Verantwortung, unseren Kindern eine lebenswerte Welt zu übergeben. Noch einmal: Die Natur braucht uns nicht, wir können die Natur auch nicht zerstören, aber wir brauchen die Natur, ihre Vielfalt und ihre Schönheit."

„Sie haben jetzt einmal Grund zum Feiern, in welche Richtung werden ihre weiteren Forschungen gehen?"

„Das wissen wir noch nicht. Durch das steigende Interesse an der Raumfahrt werden neue Forschungsfelder eröffnet. Doch wir haben auch auf unserer guten alten Erde noch genug zu erforschen. Die fortschreitende Zerstörung fruchtbarer Ackerflächen, daraus folgende Flüchtlingsströme, die Schande, dass es noch immer Not und Analphabeten gibt, glauben sie mir – es gibt genug zu tun."

Da es auch weitere Erfindungen gab und jeder Erfolg weitere Erfolge anzog, stiegen Futuras wissenschaftlicher Ruhm und das Ansehen der Universität immer höher. Wie wenn ein Damm gebrochen wäre, gab es in den nächsten Jahren weitere Nobelpreise für Medizin, Wirtschaft, Physik und wieder für Chemie. Andere Länder überboten sich, die Bewohner des kleinen Staates zu Vorträgen einzuladen und mit Ehrendoktoraten und Preisen zu überhäufen. Immer mehr Studenten kamen, was den weiteren Ausbau der Universität erforderte und neue Spitzenkräfte aus der ganzen Welt anzog. Auch sportliche Erfolge blieben nicht aus. Das lag aber weniger daran, dass die bisherigen Bewohner des Landes ihre Liebe zur Leichtathletik entdeckt hätten, sondern dass die gut ausgebauten Sportstätten internationalen Spitzensportlern ausgezeichnete Trainingsmöglichkeiten und der Staat erfolgreichen Stars der Sportszene die rasche Einbürgerung und niedrige Steuern anbot.

Rückschläge hatten den Bau der amerikanischen Mondstation verzögert, die Präsidentin Whitehall während ihrer Amtszeit angekündigt hatte: „Noch vor dem Ende der Fünfzigerjahre wollen wir mit einer Mondstation beginnen.“ Sie hätte gern diese bemannte Station in ihrer zweiten Regierungszeit eingeweiht, die aber 2046 geendet hatte. Ihr demokratischer Nachfolger setzte das Programm fort.

Das von der Firma Kronberger Robotik entwickelte Mondfahrzeug erwies sich als äußerst zuverlässig und ersetzte die bisherigen Modelle anderer Firmen.

Sensoren wurden von der Firma Biogleam geliefert, ebenfalls das Design für Teile der Inneneinrichtung der geplanten Station. Die Erneuerung der Innenluft würde nach dem eben mit dem Nobelpreis ausgezeichneten Verfahren geschehen. Ein Modell der Station gab es bereits seit vielen Jahren auf der Erde. >Lunauten< lebten schon seit dem Jahr 2010 immer wieder in einer hermetisch von der Umgebung abgeschirmten Halle. Derzeit liefen schon Langzeitversuche für die geplante Marsstation. Ein Hauptproblem lag in der Beherrschung der Bakterien, die entweder plötzlich verschwanden oder die Überhand gewannen und so die Entwicklung eines langfristigen Kreislaufs störten, ein weiteres in der Psychologie. Wie überall, wo Menschen auf engem Raum zusammenlebten, gab es Spannungen, Eifersucht und Probleme. Wissenschaftler analysierten deren Verhalten und versuchten, die autarke Versorgung mit Lebensmitteln, eine saubere Innenatmosphäre und die Funktion der biologischen Kreisläufe zu gewährleisten. Das Leben der Lunauten wurde über das Fernsehen übertragen. Selbst diese alte Erfindung gab es noch, auch wenn nicht mehr flache Bilder auf mittelgroßen Bildschirmen flimmerten. In vielen Häusern gab es interaktive Bildwände, die je nach Lust und Laune Filme oder Nachrichten übertrugen, sogar authentische Düfte übermittelten oder auch nur eine dekorative Landschaft mit Palmen zeigten, um den etwas kleineren Wohnungen Weite zu vermitteln.

Die Öffentlichkeit nahm regen Anteil am Leben der Lunauten und diskutierte ihre Probleme und Streitereien, als wäre es ein Fußballspiel der Weltmeisterschaft.

Mit der ersten spektakulären Mondlandung durch die beiden amerikanischen Astronauten Neil Armstrong und Buzz Aldrin am 20. Juli 1969 war schon vor Jahrzehnten ein großer Traum in Erfüllung gegangen. Die Apollo 11 Mission hatte das Tor zum Weltraum geöffnet, die mächtige Saturn V Rakete hatte sich als zuverlässig erwiesen.

Weitere Erkundungen konnten erfolgreich abgeschlossen werden. Unfälle und die hohen Kosten führten aber zu vorübergehenden Rückschlägen.

Die NASA dachte schon zu Beginn der 1960er Jahre, also lange vor der ersten Mondlandung, an eine Raumstation, die etwa einem Dutzend Astronauten Platz bieten sollte. Mit den Mondlandungen erarbeiteten sich die Amerikaner einen Vorsprung in der Weltraumfahrt, den sie nicht leichtfertig den Russen überlassen wollten, die 1971 mit Saljut 1 ihre erste Raumstation gestartet hatten. Mit der US-amerikanischen Station Skylab zogen sie wieder gleich. Die Sowjetunion brachte als Antwort die Raumstation Mir in die Umlaufbahn und testete mit Langzeitflügen die Belastbarkeit der Astronauten.

Das Ende des Kalten Krieges ermöglichte die Zusammenarbeit zwischen den ehemaligen Konkurrenten. Der Bau der internationalen Raumstation ISS wurde 1998 begonnen und seit Ende 2000 von Astronauten bewohnt. In rund 400 km Höhe kreiste sie in 92 Minuten einmal um die Erde.

Die geplante Mondstation sollte das Sprungbrett für die wesentlich aufwändigere Marsstation werden. Immerhin waren den Amerikanern ab 2004 weiche Landungen von Marsfahrzeugen gelungen, die Namen wie Spirit, Opportunity oder später Curiosity und Phoenix trugen. Mit ihren tausenden Bildern einer fremden Welt fachten sie die Fantasie von Autoren, Filmproduzenten und der interessierten Öffentlichkeit an. Für das Jahr 2050 war der Start von zwei mächtigen Raketen geplant, die die ersten Module für die Mondstation Alpha 1 anliefern würden.

Die Begeisterung der Öffentlichkeit für neue Weltraumabenteuer war überraschend groß. Das große Ziel schien die Menschen zu einer gemeinsamen Kraftanstrengung anzuspornen. Das Volk war kriegsmüde geworden und hatte keine Lust mehr, die eigenen Kinder irgendwelchen Feinden in irgendwelchen Ländern entgegenzuwerfen, von denen sie dann tot oder traumatisiert zurückkamen. Da war eine gemeinsame Expedition ins Weltall schon besser.

Der Weltraum und die riesigen Weiten hatten immer noch eine magische Anziehungskraft und weil die Kosten riesig, die Budgets einzelner Staaten aber begrenzt waren, kam es zu einer weltweiten Zusammenarbeit und einem friedlichen Austausch.

Die alten Senatoren, die dreiunddreißig Jahre zuvor Futura gegründet hatten, hatten auch gleich nach dem Dreistundenkrieg eine größere Fläche neben dem eroberten Flughafen für ein späteres Weltraumzentrum reserviert. Wenn sich auch manche ihrer erwachsen gewordenen Kinder, die ja inzwischen die Regierung bildeten, kaum vorstellen konnten, im Reigen der mächtigen Weltraumnationen mitzumischen, so setzten sie doch die bereits getroffenen Vorbereitungen fort. Sie wussten von der Rakete, die die feindliche Stellung der damaligen Aggressoren ausgelöscht hatte, konnten sich aber wenig darunter vorstellen, da sie sie nie gesehen hatten und diese wie aus dem Nichts aufgetaucht und ebenso verschwunden war. Aus ihren Eltern war dazu wenig herauszulocken, es war eines der vielen Geheimnisse und Rätsel, die die alte Garde umgaben.

Wegen der geringen Fläche, die zur Verfügung stand, wurden große Teile der Fertigung unter die Erde verlegt. Riesige Hallen mit zahlreichen Werkstätten, Gängen, Aufzügen und Lagern befanden sich unsichtbar unter Teilen der beiden Landebahnen und der angrenzenden Freiflächen. Die gegründete Weltraumfirma, die im Staatsbesitz war, arbeitete unter der unscheinbaren Bezeichnung MES, was so viel wie Mars Exploring Station hieß. Mit einem Grundkapital von zehn Milliarden Dollar ausgestattet nahm sie ihre Arbeit auf.

Die Universität war schon vor Jahren um die Sparte Raketenbau und Weltraumtechnik erweitert worden. Die Absolventen fanden damit sofort gute Anstellungen, weitere Spitzenkräfte aus den verschiedensten Fachrichtungen ergänzten die Teams.

Die schon vorhandenen Produktionsstätten der Senatorenkinder und zugezogener High-Tech-Firmen konnten sich vor neuen Aufträgen kaum retten. Ein riesiger Zustrom an hoch talentierten Wissenschaftlern aus aller

Welt setzte ein und ergänzte die bereits aufgebauten Strukturen.

Zur Überraschung aller wurde sofort mit den Vorbereitungen zum Bau einer Rakete tief in einer der unterirdischen Hallen begonnen. Bob, der anscheinend allwissende Computer, hatte Millionen an Plänen ausgespuckt. Nur die alten Senatoren wussten, dass die Pläne einer früheren Version ihrer Rakete entsprachen, mit der sie zum Mars aufgebrochen waren.

Für die Fertigung der Einzelteile wurde eine riesige Halle mit 3D-Druckern ausgestattet, die Tag und Nacht die benötigten Einzelteile ausspuckten. Tausende weitere Aufträge wurden weltweit vergeben. Frachtflugzeuge brachten die Einzelteile, die dann in den unterirdischen Lagern verschwanden. Trotzdem würden noch viele Jahre bis zur ersten flugfähigen Rakete vergehen.

Wieder einmal versuchten die Geheimdienste anderer Länder Futura auszuspionieren, konnten aber nicht in die geschlossenen Systeme eindringen. Der Versuch mit eingeschleusten Ingenieuren brachte auch nur widersprüchliche Ergebnisse, die zudem völlig unglaubhaft erschienen. Wie sollte eine kleine Stadt, na ja, sie war schon gewaltig reich und schwamm offensichtlich in Geld, wie sollte also so eine kleine Stadt oder eben ein winziger Staat auch nur die geringste Chance haben, im Konzert der Großen mitzumischen?

Der Aufbau der Mondstation erwies sich für die Amerikaner als aufwändiges Unternehmen. Als Bauplatz wurde das Mare Tranquilitatis gewählt, da es der NASA seit den Mondlandungen von Apollo 11, Apollo 16, Apollo 17 und der unbemannten Sonde Surveyor 5 ziemlich gut bekannt war. Im Südosten befindet sich das Mare Fecunditatis, im Nordosten das Mare Crisium, im Nordwesten das Mare Serenitatis. Unter den Gebirgszügen gab es sogar welche, die so vertraute Namen wie Alpen oder Apenninen trugen.

Gegenüber einer Raumstation wie der ISS bedeutete eine Unterkunft auf dem Mond den wesentlich größeren Aufwand. War die Versorgung der wenigen Astronauten auf der ISS schon schwierig genug, so war sie für eine Mondstation beinahe unmöglich. Man musste sie groß genug machen, um eine halbwegs autarke Versorgung der Mannschaft sicherzustellen. Doch das bedeutete Unmengen an Material und statt der kurzen und beinahe schon routinemäßigen Flüge auf die Umlaufbahn Mehrtagesmissionen samt Landungen auf dem Mond.

Widerstrebend ließ sich die NASA auf eine Kooperation mit einigen der Firmen Futuras und der unbekannten MES-Organisation ein. Die NASA-Leute hatten stetig Angst, entweder ausspioniert zu werden oder zu wenig an Gegenleistung zu bekommen.

Andererseits war es für die beinahe an ihrer eigenen Bürokratie erstickende Organisation eine wohltuende Abwechslung, Aufträge rasch und unkompliziert vergeben zu können und, was noch überraschender war, sie auch ohne Verzögerung, Ausreden und ausufernde Kosten erledigt zu bekommen.

Die mineralogische Zusammensetzung der Mondoberfläche entsprach weitgehend der Erde, da waren leider keine besonderen Entdeckungen zu machen. Doch ein in Futura neu entwickeltes Spektrometer ermöglichte die bisher genaueste Analyse von Lichtquellen aus anderen Galaxien, was neue Erkenntnisse brachte.

Die Entwürfe für die Station Luna 1 sahen die nötigen Geräte und Lagerräume vor und ließen die Station funktionell und beinahe gemütlich erscheinen. Wobei eine weitere Skizze abgelehnt wurde, weil sie zu geräumig schien und die NASA Angst hatte, die großzügig geplante Station nie zum Mond transportieren zu können. Ein weiterer Vorschlag war der Bau der Station im Mondboden, was einen besseren Schutz gegen Hitze und Kälte und natürlich gegen Meteoriten geboten hätte. Auch diese Version lehnten sie als zu aufwändig ab.

Was die NASA-Techniker fast unbeirrbar durchhalten ließ, war das Wissen, dass Amerika es bisher besser als alle anderen Nationen geschafft hatte, die Vision vom Weltraum Wirklichkeit werden zu lassen.

Sie waren jedoch wenig begeistert, als einer der ihren, der Raketeningenieur Jack Brown, in Futura anheuerte. Ihre Loyalität zur NASA kam aber arg in Bedrängnis, als sie mit ihm über seine Arbeitsbedingungen sprachen. „Arbeit gibt es jede Menge, aber überhaupt keinen Bürokram. Außerdem scheinen die dort alles so absolut sicher zu wissen, alles funktioniert. Wenn sie von meinen Vorschlägen überzeugt sind, kann ich einfach dran arbeiten.

Wenn ich etwas brauche, gibt es keine Bestellformulare in zehnfacher Ausführung. Ich muss das Gewünschte nur in den Computer eingeben und erhalte sofort die Zustimmung oder die Ablehnung. Als ich einmal etwas gebraucht habe, um weiterarbeiten zu können, war das Ding schon da, bevor ich meinen Kaffee fertig getrunken hatte. Es kam einfach mit der Rohrpost, noch warm, irgendwo muss es von einem 3D-Drucker angefertigt und sofort geliefert worden sein. Ich war von den Socken. Sechs Minuten, irre. Was mich aber besonders anturnt, ist die Atmosphäre. Die Art zu diskutieren und Lösungen zu finden, das habe ich sonst noch nirgends gesehen. Vielleicht gab´s das in jenen legendären Tagen von Huntsville rund um Wernher von Braun, aber heute?"

„Ja, das waren schon tolle Zeiten. Das waren keine Weicheier, das waren Draufgänger, echte Helden. Da wurde nicht lange gefackelt. Von meinem Dad habe ich noch ein altes Foto, wie er Armstrong die Hand schüttelt."

Heute war es völlig unverständlich, wie die Astronauten jener Tage diese Abenteuer überstanden hatten. Die Rechenleistung ihres damaligen Bordcomputers hätte nicht annähernd ausgereicht, auch nur ein modernes Smartphone oder eines der modernen Computerspiele zu betreiben. Dass Armstrong in letzter Sekunde noch den überraschend aufgetauchten Felsen am vorgesehenen Landeplatz durch seinen manuellen Eingriff in die Steuerung ausweichen konnte, bewies sein enormes fliegerisches Können.

Der überraschende Tod Dr. Urbans, des Majors wie er früher auch genannt wurde, erschütterte die Senatoren. Der Tod war etwas, was mit ihrem perfekten Leben nicht zusammenpasste. Zumindest ein so früher Tod, da ihre statistische Lebenserwartung um die hundert Jahre lag. Er war auf der Yacht eines Geschäftspartners gerade beim Fischen eines Barrakudas, der gewaltig an der Angel riss, als er einen plötzlichen Stich in der Brust spürte. Mit einem leichten Stöhnen und verzerrtem Gesicht sank er zu Boden. Sein Biochip schlug sofort Alarm, der über einen Sender an Bob weitergeleitet wurde. Doch es war zu spät. Sein Herz hatte einfach und ohne Vorwarnung zu schlagen aufgehört und auch nicht mehr auf die rasch einsetzenden Wiederbelebungsmaßnahmen reagiert.

Ein Hubschrauber brachte den Toten nach Futura. Seine Gattin Inge und ihr gemeinsamer Sohn Paul, der derzeitige Innen- und Außenminister, wurden natürlich sofort benachrichtigt und sie eilten in die Klinik, wohin man ihn zur näheren Untersuchung gebracht hatte. Tröstend umarmte Paul seine Mutter, auch sie hatte keine Anzeichen für diesen überraschenden Tod wahrgenommen.

Im Präsidentenpalast wurde eine Halle eingerichtet, wo man seinen Sarg einige Tagen für die öffentliche Trauerfeier aufstellen konnte.

Die Anteilnahme der Bevölkerung zeigte, dass er beliebt gewesen war. Als Minister für Industrie und Verkehr hatte er lange Jahre die Geschicke Futuras mitbestimmt, für seine Crew war er im Herzen immer der Major gewesen, dem sie Respekt und Anerkennung zollten.

Als Senator erhielt er das ihm zustehende Staatsbegräbnis. Die Ehrengarde, die sonst nur bei Staatsbesuchen auftrat und während der üblichen Dienstzeit Aufgaben des Geheimdienstes wahrnahm, hatte die Galauniformen angelegt und die Begleitung bis zum feierlichen Abschied an der Gruft übernommen. Die großzügige Sonderzahlung für diese Anlässe war für sie eine angenehme Begleiterscheinung.

Kapitel 18: Schon wieder die Banken

2051

Gemütlicher Kaminabend im Milliardärsclub.
"Es gibt", seufzt Dagobert D. schließlich, den Blick verträumt in sein Whiskyglas gerichtet, "nur einen einzigen Weg, um auf anständige Art und Weise so reich zu werden wie wir."
Versonnenes Schweigen. Steigende Spannung.
"Jetzt sag schon", durchbricht schließlich Klaas K. die Stille, "was ist das für eine Methode?"
"Das dachte ich mir schon", antwortet Dagobert D. schließlich nach einer Weile, "dass ihr Sauhunde diese Methode auch nicht kennt."

Eine junge Garde an hoch talentierten und bestens ausgebildeten Bankern hatte viele der entscheidenden Schlüsselstellen in den Bankhierarchien erobert. Für ihre gute Ausbildung wollten sie auch gutes Geld. Aber das war ohnehin Brauch. Da sie an der Quelle saßen, konnten sie sich gegenseitig zuschanzen, was immer gerade noch toleriert wurde. Mit dem Hochfrequenzhandel, tausende Käufe und Verkäufe in jeder Sekunde, schnitten sie sich vom Volksvermögen Scheibchen um Scheibchen herunter. Minidiebstähle, die niemand direkt bemerkte, die aber wegen der großen Zahl an Transaktionen trotzdem Millionen ergaben. Außerdem vertrauten sie den neuen Algorithmen, nach denen die Warnung vor neuen Krisen rechtzeitig angezeigt würde, lag doch die letzte große Krise immerhin schon über zwanzig Jahre zurück. Die kleineren waren zwar auch unangenehm gewesen, aber da hatten – wie immer – nur die Kleinanleger verloren. Es war ja auch praktisch. Wenn es brenzlig wurde, räumte man die eigenen Konten und verkaufte die Bestände rasch an die Dummen, die noch auf den fahrenden Zug aufspringen wollten.

Früher bezeichnete man den letzten Abschnitt einer allgemeinen Aufwärtsbewegung an den Börsen als Milchmädchenhausse, wenn breite Bevölkerungsschichten von Gier gepackt, sich in der Hoffnung auf immer weiter steigende Kurse noch an der Börse engagierten. Milchmädchen gab es zwar nicht mehr, dafür aber genug Dumme.

Wie erwartet, öffnete sich die Kluft zwischen dem Vermögen der Reichen und dem der Unterschicht und des Mittelstandes immer stärker. Die weltweiten Schulden der privaten Haushalte stiegen 2051 auf knapp 341 Billionen Euro so kräftig wie kaum jemals zuvor. Die Zinsen waren immer noch niedrig, doch die Staaten waren inzwischen so hoch verschuldet, dass sie selbst den mickrigen Zinsendienst kaum noch den Bürgern abpressen konnten. Auch wenn die großen Firmen gut verdienten, so konnten sie doch höhere Abgaben mit der Drohung abwehren, ins Ausland abzuwandern.

Da die Politiker unvernünftig genug gewesen waren, die Aktienmehrheit ihrer Industrien nicht für ihr eigenes Land zu sichern, flossen die Dividenden eben jenen zu, die sich mit diesen Anteilen rechtzeitig eingedeckt hatten. Das waren die großen Vermögensverwalter, die öffentlichen Fonds, mächtige Familien, aber ebenso die großen Staatsfonds, die sich im Besitz Norwegens, Futuras oder

Saudi Arabiens befanden. Weitere Bestände – die auch noch Milliardenwerte enthielten – versteckten sich im Besitz reicher Magnaten, die diese meist gut abgesichert in diskreten Steueroasen lagerten.

Den Lobbyisten der internationalen Großbanken war es mit der Zusage höherer Wahlkampfspenden und gut dotierter Jobs gelungen, größere Belastungen für ihre Institute abzuwehren. Wo eine Regierung Zugeständnisse machte, mussten es auch die anderen tun, wenn sie die Firmensitze im Land behalten wollten. Es ging hier natürlich nicht um die vielen kleineren Institute, die als Landesbanken oder Sparkassen ordentlich ihre Arbeit taten und für eine erfolgreiche Wirtschaft nötig waren. Es ging um jene, die mit komplizierten Derivaten und fragwürdigen Innovationen Billionen um den Erdball jagten, ganze Nationen gefährdeten und überwiegend ihren eigenen Vorteil verfolgten.

Mit dem Nettogeldvermögen pro Kopf (Bruttogeldvermögen abzüglich Verbindlichkeiten) lag Futura 2051 weiterhin unangefochten an der Spitze, dahinter waren mit großem Abstand die USA, die Schweiz, Japan und weitere asiatische Länder gereiht. Immer wieder versuchten die Banken, sich ein Stück vom großen Kuchen in Futura abzuschneiden. Ebenso oft scheiterten sie damit. Die zulässigen Direktorengehälter lagen ausgerechnet im reichsten Land dieser Erde erbärmlich niedrig, außerdem wurden sie sofort zu hohen Geldstrafen verurteilt, wenn sie versuchten, die Bürger wie üblich abzuzocken. Trotz aller Versuche blieben überdies ihre Erträge mickrig, während die Nationalbank Futuras Milliardengewinne verbuchte, die der Staat abschöpfte. Die erzielte Eigenkapitalrendite lag weit über den fünfundzwanzig Prozent, die vor Jahrzehnten einem Herrn Ackermann, damals Chef eines deutschen Bankinstitutes, vorgeschwebt waren. Dabei wirkten diese Banker eher seriös, ruhig und keineswegs überarbeitet. Die ausländischen Banken waren ratlos. Wie machten die das bloß? Vom ausgewiesenen Eigenkapital der Nationalbank waren sie Lichtjahre entfernt, die ihnen aufgezwungene Eigenkapitalquote von zwanzig Prozent war ohnehin schon völlig absurd. Wie sollten da noch Erträge übrig bleiben? Blöderweise waren die zuständigen Senatoren auch noch unbestechlich und wollten für eine eventuelle Vermögensverwaltung garantierte zwölf Prozent pro Jahr, mindestens.

Das schafften sie nicht, und so waren ihre Filialen in diesem Land bestenfalls gerade noch kostendeckende Zweigstellen ihres internationalen Netzwerks.

Woanders schienen die Erträge üppiger und da die meisten Anleger kaum noch eine Erinnerung an die alten Krisen hatten, konnte man mit neuen Erfindungen, die schnellen Reichtum für alle Anleger versprachen, wieder das große Rad drehen. Junge Start-ups wurden wie zu den besten Zeiten des Neuen Marktes hochgejubelt und teuer angepriesen, Hypothekenpapiere wie vierzig Jahre zuvor gebündelt und mit Triple A versehen. Bitcoins, Ripple, Ethereum und andere Fantasiewährungen waren unter starken Schwankungen auf neue Rekordpreise angestiegen und hatten bei ihrem unvermeidlichen Absturz beinahe eine neue Finanzkrise ausgelöst, die aber durch den raschen Eingriff der Notenbanken abgefangen wurde. Obwohl die Banken wieder einmal rechtzeitig ausgestiegen waren und die Verluste an ihre Anleger weitergereicht hatten, hielten sich die Staaten diesmal an den Banken schadlos. Wütende Proteste der Bürger hatten sie gezwungen, sich die an die Banken überwiesenen Subventionen zurückzuholen. Der Versuch, sich über weitere Goldcoins, Ecos, Bittaler, Stellars und ähnliche Fantasiewährungen zu bereichern, misslang. Die Anleger hatten die Nase voll und griffen wieder lieber zum altbewährten Gold, das sie zumindest nach nächtlichen Angstträumen anschauen und anfassen konnten. Selbst wenn es nutzlos in den Tresoren gebunkert wurde, es war zumindest da. Die Krisenstimmung ließ allerdings übersehen, dass hinter diesen Fantasiewährungen neue Techniken heranwuchsen, die manchen der etablierten Firmen erhebliche Gewinne brachten. Wie immer war die Nationalbank Futuras dabei.

Kapitel 19: Völkermord

2051

In Afrika und Europa schlug die Stimmung um. Dürrekatastrophen führten in Subsaharaafrika zu gewaltsamen Konflikten, die nicht nur im Sudan und in Somalia in Bürgerkriegen und Massakern gipfelten.

Die Stagnation in Europa fand kein Ende, Firmenzusammenbrüche erhöhten die Arbeitslosenzahlen, die Bürger streikten oder versuchten, mit ihren kargen Sozialleistungen über die Runden zu kommen. Immer wieder zogen gewaltbereite Massen durch die Straßen, aber sie wussten selbst nicht mehr warum. Die eingeschlagenen Auslagen enthielten nichts mehr, was das Plündern lohnte. Die Länder waren pleite, die Reichen hatten sich in die wenigen friedlichen Oasen dieser Erde zurückgezogen und lebten ihr unerreichbares Luxusleben auf fernen Inseln oder den wenigen Staaten, die für die Milliardäre genug Sicherheit und ein elitäres Umfeld boten. Geld, Grundstücke und Aktien hatten sich trotz einiger Versuche einer gerechteren Aufteilung weiter in den Händen von wenigen konzentriert. Einer drohenden Besteuerung waren die Wohlhabenden mit ihren Vermögen rechtzeitig in verschiedene Steueroasen ausgewichen, die ihrerseits doch ausreichend profitierten. Schließlich wusch eine Hand die andere, da fiel auch schon ein bisschen was für die dort Regierenden ab. Das Volk, das hatte nicht viel zu sagen. Brot und Spiele, nicht anders wie vor zweitausend Jahren im alten Rom, das musste genügen. Innovation ohne ausreichende Fördermittel konnte es nur im beschränkten Umfang geben, selbst die Bildung war in Verruf geraten, weil nicht einmal mehr Hochschulabsolventen ausreichend gut bezahlte Arbeit fanden.

Arbeit, die weniger Ausbildung erforderte, war entweder eine Domäne der ROBS und AIMS geworden, wie die automatischen und intelligenten Computer und Roboter kurz genannt wurden, oder so schlecht bezahlt, dass es kaum zum Leben reichte. Die Werkhallen waren wegen der technischen Entwicklung und wegen der häufigen Streiks so gründlich automatisiert worden, dass oft genug die Befüllung mit Rohstoffen an einem Ende und der Abtransport der Fertigprodukte am anderen Ende ausreichten. An der Produktionsstätte selbst gab es manchmal nur noch den Sicherheitsdienst, die Überwachung der Maschinen erfolgte aus einem Schaltraum vielleicht hunderte Kilometer entfernt. Doch es traf nicht nur die weniger Gebildeten. Analysten, Techniker, Ärzte, Finanzberater, Mitarbeiter juristischer Kanzleien und Journalisten wurden durch Computer mit künstlicher Intelligenz eingespart. Die Zahl der Arbeitslosen nahm stetig zu.

Als sich die Dürre in einigen Ländern der Subsahararegion weiter verstärkte und die arabischen Nomaden mit ihren Herden regelmäßig in die Ländereien und Felder der afrikanischen Bauern einfielen, kam es zu Massakern unter den Bauern. Die Araber hatten die besseren

Waffen, sie machten gezielt Jagd auf alle, die ihnen die Weidegründe versperrten.

Eine riesige Flut an Flüchtlingen aus verarmten Bewohnern der übervölkerten Länder Nigeria, Niger, Tschad und dem Sudan ergoss sich in den Norden. Wie eine verheerende Wolke von Heuschrecken bahnten sie sich ihren Weg zum Mittelmeer, der vermeintlichen Rettung in Europa entgegen. Doch an den Küsten Algeriens, Tunesiens, Libyens und Ägyptens begegnete ihnen blanker Hass.

Die früheren Wirtschaftsflüchtlinge waren willkommene Opfer gewesen, da sie meist genug Geld für Schlepper, Fahrzeuge und Nahrungsmittel mitgehabt hatten. Diese neuen Flüchtlinge besaßen bestenfalls das, was sie am Leibe trugen. Als sie in ihrer Verzweiflung Häuser und Felder plünderten, fielen die ersten Schüsse. Doch das Morden hörte nicht auf. Wie im Bürgerkrieg Ruandas, in dem zehntausende Hutus hunderttausende Tutsis mit ihren Macheten schlachteten, eskalierte die Gewalt. Die Einwohner der Wüstenränder und Küstengebiete verteidigten verbissen ihre kargen Vorräte. Die Einheimischen fühlten sich bedroht, es waren ohnehin schon zu viele in ihrem Land als Binnenflüchtlinge gestrandet und aus anderen Gebieten zugezogen. Mit Hacken, Messern und Gewehren gingen sie auf die Ankommenden los, die in ihrer heillosen Panik entweder in die Wüste zurückliefen und dort umkamen oder zerstückelt, aufgeschlitzt oder angeschossen tot am Wegrand verfaulten. In wenigen Wochen wurden über hunderttausend der gestrandeten Flüchtlinge ermordet. Die Präsidenten der jeweiligen

Fluchtländer kümmerte dies kaum. In ihren Augen war nur schade, dass die Getöteten keine Devisen mehr an ihre Länder schicken konnten.

Die bisher nahe der afrikanischen Küste einsatzbereiten Schiffe der Europäer zogen sich immer weiter zu den eigenen Küsten zurück. Die noch vor Jahrzehnten vorhandene Aufnahmebereitschaft war auch in Europa massiver Abwehr gewichen.

Die öffentlichen Institutionen bis zur UNO begnügten sich mit schönen Worten und wandten sich ab. Sie hatten genug eigene Probleme.

Kapitel 20: Hilfe aus Futura

2052 – 2055

„Die verlassenen Altäre werden von Dämonen bewohnt.“ Hans Fronius

Laura Pernstein setzte die Katastrophe, die sich rund um das Mittelmeer abspielte, auf die Tagesordnung der nächsten Regierungssitzung.

„Wir sollten diesem Elend nicht zuschauen, was können wir tun?“

Paul Urban griff das Thema auf: „Wir können eine Milliarde spenden und kurzfristig helfen, das Problem lösen wir damit nicht.“

„Warum nicht?“

„Es sind schon viele Milliarden an Entwicklungshilfe in diese Länder geflossen, es wurden Brunnen gebohrt, Tiere gespendet, Schulen gebaut, Impfaktionen bezahlt und durchgeführt, das alles ist versickert wie Wasser in der Wüste. Diese Aktionen ändern nicht die Grundprobleme.

Ein Teil der Schwierigkeiten liegt in der früheren Kolonialpolitik, die falsche Grenzen quer durch Stammesgebiete und Ethnien gezogen hat. Das liegt allerdings inzwischen hundert Jahre zurück und sollte nicht mehr als Ausrede dienen. Ein großes Problem liegt nach wie vor im Stammesdenken, die, die zum Stamm gehören, sind die Freunde, alle anderen die Feinde. Das verhindert nicht das Zusammenleben, solange ausreichende Ressourcen vorhanden sind. Es führt jedoch zu extremem Verhalten, wenn die Existenz gefährdet ist. Jeder, der das verbraucht, was ich dringend zum Leben benötige, wird an mir zum potentiellen Mörder. Ich muss ihn töten, bevor er mich tötet."

„Ist das nicht zu weit hergeholt?", unterbrach ihn Lisa Penz.

„Leider nicht. Es gibt einige wissenschaftliche Untersuchungen dazu. Beispiele dafür sind Arbeiten über Biafra, Darfur, Somalia und ältere Kulturen. Die Osterinseln wurden wahrscheinlich um 900 n. Chr. von Polynesiern besiedelt und konnten zu ihrer Blütezeit mindestens 20.000 Menschen ernähren, die von mehreren Häuptlingen regiert wurden. Es gab zahlreiche Palmen, genug Süßwasser und fruchtbare Erde. Unsere übliche Schulbildung vermittelte uns den sorgsamen Umgang der nativen Bevölkerung mit ihren Ressourcen und hält dem die Verschwendung der heutigen Gesellschaft entgegen. Leider ist diese Ansicht gelegentlich falsch. Die Häuptlinge mit ihrem gottähnlichen Status lieferten sich einen fatalen Wettbewerb um immer größere Steinfiguren, von der die größte 270 Tonnen wiegt. Diesem Wahn wurde ein großer Teil der Arbeitskraft und ein zerstörerischer Anteil der Ressourcen geopfert. Als Kapitän Cook 1774 die Insel betrat, war sie vollkommen ohne Bäume und nur noch von wenigen mageren Überlebenden besiedelt, die sich kümmerlich mit Ratten und einigen Hühnern am Leben hielten. Ihre Wälder hatten sie dem Bau ihrer Hütten, dem Brennholz zum Kochen, sowie dem Transport und der Aufstellung der Figuren geopfert, schließlich ihren letzten Baum gefällt und sich selbst damit jede Möglichkeit genommen, auf Fischfang zu gehen oder die Insel zu verlassen. In einem letzten Krieg hatten sie einander bekämpft und waren in ihrer Not sogar zu Menschenfressern geworden.

Wie an vielen weiteren Beispielen bewiesen werden kann, siegt der falsche >Rahmen< über die richtige Erkenntnis, das heißt, dass Menschen trotz des Wissens um ihre falsche Handlungsweise diese bis zum eigenen Untergang fortsetzen. Max Frisch beschreibt diese Fehlhaltung in seinem Bühnenstück „Biedermann und die Brandstifter".

Entwicklungshelfer haben in diesem Jahrhundert Kühe und Ziegen in guter Absicht an Bauern in Kenia und andere afrikanische Länder gespendet. Die Folge waren mehr überlebende Kinder und noch mehr Weidetiere, bis die Grasnarbe zerstört und die letzten Büsche gefressen waren. Agrarflächen, die in Namibia an die schwarze Bevölkerung verteilt wurden, erlitten dasselbe Schicksal. Als Folge blieb ein zerstörtes Land zurück, das keinen mehr ernährte.

Auslöser des Völkermordes im Frühjahr 1994 in Ruanda war die Ermordung des Präsidenten. Die Basis für die bizarre Angst der Hutus, gegen die Tutsis vorgehen zu müssen, war vielschichtig. Der Aufbau eines Feindbildes, das Gefühl einer Bedrohung aufgrund der ohnehin schon zu knappen Lebensmittel und Agrarflächen, die Überbevölkerung und die gefühlte Unterdrückung waren

Grund genug für diesen Ausbruch an bestialischer Gewalt. Der Ausbruch war gelenkt, die Gewalt irrational, für die getöteten Tutsis aber leider real. Frauen und Kinder wurden abgeschlachtet, ja, selbst Hutus, die Tutsis schützen wollten, wurden ermordet.

Was sollen wir also tun, wenn jeder von uns Gerettete den Bevölkerungsdruck verstärkt und die Ressourcen bis zur Vernichtung belastet? Müsste die Rettung nicht aus den Völkern selbst kommen? Denn alles, was wir tun können, verzögert das Problem, verstärkt es aber in der Zukunft."

„Das klingt ziemlich aussichtslos. Was könnten die Afrikaner selbst tun?"

„Nun, die Methoden sind bekannt. China hat sie durchgezogen und das eigene Land, trotz aller Probleme, zu einem gewissen Wohlstand geführt. Eine kurze, wenn auch nicht vollständige Zusammenfassung:

- Die Menschen müssen sich als Bürger ihrer jeweiligen Nation fühlen und nicht in erster Linie als Angehörige ihres Stammes
- Absetzung der korrupten Regierungen
- Bildung für alle
- Bessere Gesundheitsvorsorge
- Bekämpfung von Infektionskrankheiten
- Ein-Kind-Politik
- Gesichertes Rechtswesen und ein funktionierendes Grundbuch
- Sparsame Verwaltung

- Verwertung der eigenen Bodenschätze, deren Erträge dem ganzen Volk nützen müssen
- Sozialleistungen für das Alter
- Gleichberechtigung der Frauen
- Umweltschutz
- Ausbau der Infrastruktur, der Straßen, der Bahnen und der Elektrizität
- Friede mit den Nachbarn
- Entwaffnung der Rebellen
- und noch einmal: Bildung, Bildung und Bildung.

Alle diese Reformen müssen aus dem Volk selbst kommen oder von ihren geläuterten Regierungen gewollt und durchgeführt werden."

Ein resigniertes Murmeln ging durch den Raum. Eine Milliarde spenden war kein Problem. Aber dass diese Menschen ihre Rettung nicht in der Flucht und ebenso wenig in der Gewalt gegen andere suchten, war tatsächlich ein Problem, und ein fast unlösbares noch dazu.

„Gibt es also wirklich keine Lösung?"

„Wahrscheinlich nur eine - Gewalt. Es gelingt, wenn wir Krieg gegen diese korrupten Regierungen und gegen die Söldner führen, dann die Regierung übernehmen, die Agrarflächen neu zuteilen, eine neue Bodenschicht aufbauen und die Wälder aufforsten, die Waffen einsammeln, die gröbsten ökologischen Schäden beseitigen und neue Gesetze samt einem elektronischen Grundbuch einführen, dreitausend Schulen gründen und für Sicherheit auf den Straßen sorgen.

Anschließend müssen wir nur noch die Kultur und Gewaltbereitschaft ändern, denn die Fehlhaltung steckt selbst in denen, die jetzt verfolgt werden."

Noch etwas sarkastischer setzte der Verteidigungsminister Markus Marek fort: „Am besten sollten wir noch um jeden Stamm und jede Ethnie eine eigene Grenze ziehen, damit die verfeindeten Gruppen nicht in einem Staat zusammenleben müssen. Dann haben wir immer noch das Problem tausender Kindersoldaten und zehntausender Rebellen und Plünderer, die in ihrem Leben nie etwas anderes als Gewalt kennengelernt haben und nichts gelernt haben, was ihnen ein normales Leben ermöglicht."

„Also aussichtslos?"

„Wir müssen nachdenken. Allein schaffen wir es sicher nicht. Vielleicht mit anderen Nationen, der UNO oder UNHCR."

Der Verteidigungsminister setzte fort. „Ich habe auch diese Option schon geprüft. Die Reaktion der Angesprochenen war sehr zögerlich. Ihnen sitzen noch die schlechten Erfahrungen der letzten fünfzig Jahre in den Knochen. Niemand will sich ein weiteres Vietnam, Afghanistan oder Somalia aufhalsen. Vor allem, weil es nicht mehr gelingt, diese Krisen zu beenden. Der Zweite Weltkrieg vor hundert Jahren war der letzte mir bekannte Krieg, bei dem die gewaltsame Befreiung von einem Regime Frieden und Aufschwung brachte.

Natürlich hängen Armut und Gewaltanwendung direkt zusammen. Mit dem Klimawandel stiegen nicht nur die Temperaturen. Malaria und Gelbfieber drangen in bisher nicht betroffene Regionen vor. Die Versorgung mit sauberem Trinkwasser wurde immer schwieriger und wird noch schwieriger werden. Selbst das Nutzwasser wurde in vielen Ländern knapp, Flüsse und Seen trockneten aus, Felder konnten nicht mehr bewässert werden. Die bisherigen Tendenzen werden sich verstärken, es ist also in der Zukunft mit weiteren Horrorszenarien zu rechnen."

Der Minister schickte ihnen die Zeitungsausschnitte der schrecklichen Kriegsberichte auf ihre Sapientas. Es ging um die Morde von arabischen Nomaden an schwarzen Bauern.

>Es waren primitive, frei fallende Streubomben, vom militärischen Gesichtspunkt her vollkommen unbrauchbar, da sie nicht gezielt abgeworfen werden konnten, gegen feste zivile Ziele jedoch von verheerender Wirkung waren….

Hatten die Transportflugzeuge ihren schrecklichen Zweck erfüllt, folgten Kampfhubschrauber oder MIG-Kampfbomber und feuerten mit Maschinengewehren und Raketen auf alle größeren Ziele wie Schulen oder Lagerhäuser, die den Angriff bis dahin überstanden hatten. ….Nach den Luftangriffen war die Gewalt nicht vorüber, sie begann nun erst richtig. Milizen und Rebellen umstellten dann das Dorf, plünderten, vergewaltigten die Mädchen und Frauen, brannten die Häuser nieder, die noch standen, und ermordeten die restlichen Bewohner.<

„Das Folgende ist ein Ausschnitt von Wolfgang Schreiber zum Krieg in Darfur und keine erfundene Horrorgeschichte, sondern der Auftakt zum Völkermord im westlichen Sudan, der im Juli 2003 begonnen hat und seither mit Unterbrechungen schon fünfzig Jahre andauert."

>*Die Dschanschawid, brutale Milizen, waren eine Mischung aus Banditen und regierungsnahen Schlägertruppen. Sie rekrutierten sich aus ehemaligen Straßenräubern, entlassenen Soldaten, Arbeitslosen und Kriminellen. Für ihre Überfälle wurden sie bezahlt. Im Konflikt zwischen arabischen Viehzüchtern und sesshaften afrikanischen Bauern mordeten sie im Auftrag der Regierung und aus eigener Raublust. Rebellengruppen agierten auf beiden Seiten, weder Regierung noch Rebellen konnten die Kämpfe für sich entscheiden. Das Schlachten wird zum Dauerkrieg, wie er besonders für afrikanische Gesellschaften mit fragiler oder gescheiterter Staatlichkeit kennzeichnend ist.*< Ein weiteres Zitat aus dem Buch *Klimakriege* von Harald Welzer.

Er setzte fort: „Der Unterschied zu früheren Kriegen besteht darin, dass die Konfliktparteien kein Interesse mehr daran haben, den Krieg zu beenden, sondern ganz im Gegenteil bemüht sind, ihn fortzuführen. Der Krieg ist ein Geschäft. Was den Überfallenen Tod und Elend bringt, ist für die Täter eine Art von Arbeit, mit der sie ihren Lebensunterhalt verdienen. Kriege haben schon immer die schlimmsten Eigenschaften in den Menschen geweckt, in diesem Umfeld wurde das Morden zum normalen Handwerk. Die Grenze zwischen bezahlten Sicherheitsdiensten und Rebellen ist oft nur noch schwer zu ziehen. Wo Regierungen ihr Gewaltmonopol verlieren, füllen andere das Vakuum. Warlords sichern sich mit Erpressungen, Schutzgeldern und Geiselnahmen erhebliche Einnahmen, die in Verbindung mit dem Schürfen von Diamanten, der Gewinnung von Coltan und anderen Rohstoffen üppig ausfallen.

Außerdem haben sie eine geradezu unfassbare Methode entwickelt, um den eigenen Nachschub sicherzustellen. Sie überfallen gezielt Dörfer und Lager um eine möglichst medienwirksame Notlage zu erzeugen. Die Hilfsorganisationen betteln mit Hilfe der schrecklichen Bilder hungernder Kinder um Spenden, was manchmal besonders den in Deutschland vorhandenen Helferinstinkt auslöste und zu einem reichhaltigen Spendenaufkommen führte. Die Warlords erpressten von den anrollenden Hilfskonvois Schutzgelder oder einen Anteil an den Nahrungsmitteln, die sie für den eigenen Unterhalt brauchten. Die Hilfsdienste reagierten, indem sie die geforderten Mengen gleich in die Lieferungen einkalkulierten. Das funktionierte teilweise so gut, als hätten die Warlords ihren Bedarf bei Amazon bestellt.

Die Kämpfe im Sudan, in Afghanistan, Jemen und Vietnam waren nicht nur eine menschliche, sondern auch eine ökologische Katastrophe. Wälder und Ackerböden wurden dauerhaft zerstört und vergiftet. Mit ihrer Flucht trugen die Vertriebenen die Zerstörung weiter. Rund um ihre Slums verschwanden die Bäume, die Gegend wurde zum Ödland. Millionen Hektar Land unfruchtbar.

Die Ermordung ganzer Völker ist aber nicht auf Afrika beschränkt. In Myanmar wurde 2017 ein Teil der Rohingya in das Nachbarland Bangladesch vertrieben. Das überwiegend buddhistische Land hatte die muslimischen Rohingya als illegale Einwanderer aus Bangladesch bezeichnet und sich im Recht gesehen. Angesichts der Zahlen von tausenden Toten und mindestens 600.000 Menschen auf der Flucht konnte man nicht mehr von einer Minderheit sprechen. Sie mussten flüchten, weil ihre Dörfer in Brand gesteckt und zahlreiche Bewohner ermordet wurden. Bangladesch nahm damals fast eine Million der muslimischen Rohingya-Flüchtlinge aus Myanmar auf und kam damit auch an den Rand seiner Möglichkeiten. Nur ein Teil der Geflüchteten konnte in den folgenden Jahren wieder in ihre Heimat zurück.

Doch selbst das war nur ein Ausschnitt aus der großen Zahl weiterer Übergriffe, die sich in den Morden am Mittelmeer in den letzten Monaten nahtlos fortgesetzt haben“, beendete Marek seinen Vortrag.

Die Präsidentin Laura Pernstein beauftragte ihn mit einer Machbarkeitsstudie für eine möglichst nachhaltige Lösung.

Er präsentierte die Ergebnisse eine Woche später.

„Alle vorgestellten Optionen sind theoretisch möglich, wirklich nachhaltig ist keiner der Vorschläge. Da niemand unter den Machthabern und Verursachern dieser

Krisen an einer menschlichen Lösung interessiert ist, die das Leben oder auch nur das Überleben der bedrohten Bevölkerung sichert, setzen alle Lösungen die absolute Trennung zwischen Tätern und Opfern voraus. Im Gegensatz zu früheren Jahrzehnten ist generell die Fluchtbereitschaft höher, da die Menschen über ihre Smartphones erleben, dass es in vielen Ländern dieser Welt wesentlich bessere Entwicklungsmöglichkeiten gibt. Die auf sie zukommenden Schwierigkeiten sehen sie nicht, können sie aber auch mit ihrer bisherigen Erfahrung nicht erkennen. Selbst minimale Chancen sind dann besser als das vorhandene Elend. Was kann sie da noch abschrecken, wenn ihr Leben sowieso bedroht ist?

Lösung 1:
Eroberung eines Landesteiles im Sudan oder einem der Subsaharaländer und Aufbau einer Siedlung, die Überleben ermöglicht. Dazu gehören Land, Wasser, Strom und die ganzen Einrichtungen, die eine Stadt mit rund zweihunderttausend oder vierhunderttausend Menschen braucht. Wir müssten etwa zweitausend Mitarbeiter unserer Geheimdienstarmee abstellen, die die Grenzen überwachen und schützen, weitere zweitausend zur Verwaltung und Schulung. Keiner der Diktatoren, oder was immer sie sind, ist an einem funktionierenden Modell interessiert. Das Lager braucht einen Flughafen, um die Versorgung sicherzustellen. Da wir die Bevölkerung, denen das eroberte Land gehört – auch wenn es unfruchtbar ist – einbinden müssen, bedarf es massiver Mittel in den Aufbau von Arbeitsplätzen, fruchtbarem Boden und einem funktionierenden Miteinander. Eine weitgehende ethnische Einheitlichkeit muss gewährleis-

tet sein. Die notwendige Verteidigung und die Abwehr von räuberischen Überfällen sind aufwändig und kostspielig. Gerade wenn das Modell funktioniert, wird es Terrorristen, Rebellen und Räuber, vielleicht sogar reguläre Truppen der das Lager umgebenden Länder anlocken. Bis sie kapieren, dass sie das Areal nicht erobern können, erfordert das von uns den massiven Einsatz von Gewalt. Die berechneten Opfer liegen bei etwa sechzigtausend Menschen, unter ihnen wahrscheinlich zehntausend unschuldige Zivilisten, da wir unsere Drohnen einsetzen müssen, sobald irgendwer eine Waffe mit sich führt. Wir würden selbst unmenschlich handeln, da wir jeden Angriff schon im Vorfeld abblocken müssten, aber unbewaffnete Zivilisten, die auf uns zulaufen, nicht von Selbstmordattentätern unterscheiden könnten. Dieses Modell kostet anfangs vierzig Milliarden Dollar und in den Folgejahren dreihundert bis fünfhundert Millionen jährlich. Wegen der zahlreichen Opfer, auch wenn es überwiegend Rebellen und irreguläre Truppen sind, wird die internationale Staatengemeinschaft, zumindest viele, die für sich den Anspruch haben, die besseren Menschen zu sein, nach einem Jahr gegen uns auftreten und wir werden jede Reputation verspielt haben. Spätestens nach zwei Jahren sieht die westliche Gesellschaft unseren Einsatz als Okkupation. In der islamischen Welt würden uns Hunderttausende verurteilen, unseren Einsatz als Kampf gegen den Islam betrachten und Menschen radikalisieren, die uns bisher noch bewundern. Diese Lösung ist also weder für uns noch für andere Staaten machbar. Gewalt schürt Gewalt, löst aber keine Probleme.

Lösung 2:
Wir finden einen afrikanischen Staat, der mit uns kooperiert und das Land freiwillig zur Verfügung stellt, sei es, weil er auf spätere Steuern, Bestechungsgelder oder einen internationalen Imagegewinn hofft. In diesem Fall reduzieren sich Opfer und Verteidigungsausgaben beträchtlich, UNO-Truppen und wir müssen nur die Außengrenze zu den Rebellen und Feindstaaten gemeinsam mit der kooperierenden Regierung schützen. Auch da ist innerhalb der Siedlung auf ethnische und religiöse Einheitlichkeit zu achten. Um ausreichend Arbeitsplätze anbieten zu können sind beträchtliche Investitionen nötig. Dafür müsste der gastgebende Staat entsprechende Rechtssicherheit und eine funktionierende Verwaltung bieten, was nur in wenigen Ländern möglich wäre. Die notwendigen Gelder liegen je nach Anspruch wesentlich niedriger bei einer Anfangsinvestition von etwa zehntausend Dollar pro Flüchtling und Folgekosten von etwa vierhundert Millionen Dollar jährlich. Die westlichen Staaten würden sich an der Logistik und den Kosten beteiligen, nach dreißig Jahren wäre das Modell selbsttragend. Das käme für uns bei internationaler Beteiligung und bei einer kooperierenden Regierung in Frage.

Uganda wäre ein möglicher Kooperationspartner, da die Regierung bereits vielen Verfolgten sogar ein paar hundert Quadratmeter zur Eigenvorsorge übergeben hat. Obwohl sich die Regierung dieses Engagement von der internationalen Helfergemeinschaft schon bisher gut honorieren ließ, sind sie mit dieser Handlungsweise in Afrika immer noch ein Vorbild.

Lösung 3:
Wir unterstützen eines der vorhandenen Flüchtlingslager mit einem Geldbetrag und sorgen damit für das Überleben der Flüchtlinge, erzielen aber keine nachhaltige Hilfe. In den Ländern rundherum werden die Bevölkerungszahlen – übrigens auch im Lager – stark steigen, die Böden werden weiterhin überfordert, was wiederum Gewalt und weitere Fluchtwellen verursacht. Auch von diesen Hilfsgeldern streifen die Regierenden einen erheblichen Anteil ein.

Wenn ich die vorhandenen Möglichkeiten ansehe, ist keine nachhaltig, die nicht die Überbevölkerung Afrikas löst und eine Industrialisierung, begleitet von einer massiven Bildungswelle, initiiert. Es ist so schade um diese Menschen, die ihr Leben trotz aller Schwierigkeiten oft so fröhlich und so herzlich meistern. Doch ohne Friede in den Regionen und eigene Anstrengungen werden weitere Flüchtlingsströme ausgelöst. Andererseits gibt es auch Hoffnung. Eine gebildete Schicht an Afrikanerinnen und Afrikanern wächst heran und hat auch Erfolg. Diese haben auch weniger Kinder und einen Lebensstandard, der beinahe unserem in Futura entspricht. Außerdem gibt es Staaten wie Ghana, Botswana und Namibia, die gute Regierungen haben und durch den Tourismus und die gerechte Verteilung der Rohstofferlöse gut dastehen.“

„Wir müssen die Länder also differenziert betrachten, da es einerseits Erfolge, andererseits fast unlösbare Entwicklungen gibt!“

„Ja, es ist ein komplexes Problem und es lügt jeder, der behauptet, dafür eine einfache Lösung zu wissen", erwiderte der Minister. „Im Falle der Entscheidung für das Lager könnten wir Solaröfen sponsern. Mit denen kann gekocht werden und die Kinder brauchen nicht die letzten Sträucher und Bäume als Brennmaterial abholzen. Eine weitere Möglichkeit besteht in kleinen Solaranlagen, die genügend Strom für Licht und das Aufladen der Smartphones erzeugen. Ein guter Partner zur Kooperation wäre die Firma Solantis, die bereits seit Jahren kleine Solaranlagen aufstellen. Die Firma wurde bereits in verschiedenen Medien lobend erwähnt. Sobald die von uns geförderten Geräte abbezahlt sind, können sie auch als Sicherheit für einen Schulkredit für die Kinder oder für Versicherungsleistungen dienen.

Die langfristige Hilfe kann im Abbau von Zollschranken, der Einfuhr afrikanischer Güter und dem weiteren Austausch an Information und Bildung bestehen. Wenn die jungen Afrikaner die Chance auf Erfolg im eigenen Land erkennen, werden sie ihre Kräfte auch dort einsetzen.

Eine Lösung besteht natürlich auch darin, wie die Chinesen mit den Machthabern rohstoffreicher Länder zu kooperieren, Straßen und Eisenbahnen im Tausch gegen Rohstoffe zu bauen, die Schweizer Konten dieser Blutegel kräftig aufzustocken und deren Misswirtschaft zu ignorieren." Der zynische Unterton war nicht zu überhören.

Die Präsidentin dankte Senator Marek. Was sie mit ihrem Staat erreicht hatten, konnte kein Vorbild für andere sein, da in diesen Ländern schwerfällige Strukturen und meist auch korrupte Regierungen im Wege standen. Es war auch frustrierend, trotz ihres Reichtums keinen wirksamen Einfluss auf das Elend der Betroffenen zu haben. Doch sie erkannten auch die Chancen auf eine positive Entwicklung. Im kleinen Maßstab funktionierte eine ihrer Methoden ja seit vielen Jahren. Ihre Schulen in einigen der Lager wurden rege besucht und durch die Aussicht auf eine Aufnahme in ihr Land strengten sich viele gewaltig an. Damit war auch das erzielte Niveau der Absolventen überdurchschnittlich hoch. Da sie jeweils nur einige der Besten nahmen, hatten sie zwar in Futura kein Problem mit der Integration, denn perfektes Englisch und passables Spanisch waren neben einem guten Allgemeinwissen Voraussetzung für das Ticket über den großen Teich, aber als Hilfe war es natürlich nur der sprichwörtliche Tropfen auf dem heißen Stein. Immerhin hatten auch einige europäische Länder den Vorteil dieser Methode erkannt, sodass auch ein paar hundert weitere Schüler direkt aus den Lagern nach Europa durften.

In der folgenden Abstimmung entschlossen sie sich, eines der Lager in Uganda zu sponsern, die Lebensqualität durch die Solargeräte zu steigern und die Kosten für die Kanalisation zu übernehmen, um die Hygiene zu verbessern. Mit dem Bau einer großen Schule würden sie auch zur Bildung beitragen. Eine weitere Milliarde gaben sie für den langfristigen Aufbau einer gebildeten Elite in mehreren Ländern frei. Zusätzlich richteten sie Stipendien für den Zugang zu ihrer Universität ein. Die Ergebnisse dieser Projekte sollten evaluiert und die gewonnenen Erfahrungen genützt werden.

Kapitel 21: Arifa

Auf ihrer einwöchigen Frankreichreise besuchte Carmen Buffet mit ihren beiden Kindern Philipp und Stephanie auch Straßburg. Sogar Stephanie, obwohl gerade erst fünfzehn geworden, interessierte sich für Kunst. So etwas wie die gotische Kathedrale Notre-Dame, die majestätisch vor ihnen aufragte, war neu für sie. Ein Bilderbuch aus Sandstein nannte sie die riesige Kirche. Durch die Rosetten flimmerten farbige Lichtstreifen am hellgrauen Steinboden. Die Astronomische Uhr beeindruckte sie mit dem riesigen Ziffernblatt und ihren Figuren. Carmen versuchte, ihren beiden Kindern die Zeit der Gotik nahe zu bringen:

„Das Münster wurde um 1176 begonnen, wie im Mittelalter üblich wurde an diesen Gebäuden Jahrzehnte, manchmal sogar Jahrhunderte gebaut."

Philipp warf ein: „Das letzte Hochhaus von Papa war in zwei Jahren fertig." „Hat aber auch weniger Figuren", ergänzte Stephanie und blieb vor der Synagoge, einer der schönsten gotischen Skulpturen am Dom, stehen. Die Synagoge stand mit gesenktem Kopf und einer Binde um die Augen auf einem Sockel, nahe der stolzen Skulptur der Ecclesia.

Carmen erklärte: „Das Mittelalter hatte vom Judentum keine hohe Meinung. Die Synagoge als Bild für das Judentum kann neben dem siegreichen Christentum, das durch die Ecclesia dargestellt wird, nicht bestehen. Ihre Lanze ist gebrochen, während die Ekklesia als eine schöne, stolze Frauenfigur dargestellt ist. Meist trägt sie wie hier eine Krone als Herrschaftszeichen. In der Hand hält sie ein römisches Feldzeichen, bei anderen Darstellungen ein Kreuz.

Der Nordturm war viele Jahre das höchste Bauwerk der Menschheit. Die Planungen für den Ausbau des Südturmes wurden nie realisiert. Auf dem Tympanon der Westfassade ist die Passion Christi dargestellt. Die anderen Portale zeigen Szenen aus dem Leben Jesu und Marias oder dem Neuen Testament."

„Ich würde die Synagoge heute eher als Bild für Europa sehen", sagte Philipp. „Ein toller Kontinent mit einer blühenden Kultur, doch so viele Menschen rennen blind in ihren Untergang. Die Ecclesia könnte dagegen eine Statue unserer Präsidentin sein, auch wenn die keine Krone hat. Sie wirkt ein bisschen unnahbar."

Ein Mädchen mit einem Kopftuch, wie Stephanie etwa fünfzehn oder sechzehn Jahre, näherte sich der Gruppe. Der diskret abseits stehende Bodyguard wollte sie abwehren, doch Stephanie gab ihm ein Zeichen.

„Bitte um eine Spende, ich habe Hunger."

Stephanie sah ihr in die Augen. Das Mädchen senkte die ihren, ein bisschen glich sie jetzt der Skulptur der Synagoge, die aber lange Locken hatte.

„Wieviel brauchst du?", fragte sie. Das muslimische Mädchen blickte erstaunt hoch, diese Frage war ihr noch nie gestellt worden. „Hundert Euro?"

Die Augen des Mädchens weiteten sich, auch so ein Betrag war ihr noch nie angeboten worden. „Wie heißt du?“, fragte Stephanie nach.

„Arifa.“
„Woher kommst du?“
„Aus Ägypten. Aus Syrien.“
Stephanie lachte auf. „Woher jetzt?“
Sie hielt ihr den Geldschein hin.
„Ich bin in Syrien geboren, dort aufgewachsen, dann bin ich mit meinem Vater nach Ägypten geflüchtet.“

Stephanie zeigte auf eine der Bänke. Von den Statuen hatte sie ohnehin genug gesehen.

„Erzähle!“

„Mein Vater ist in Syrien verfolgt worden, und er hat mich mit nach Ägypten genommen. Er wollte dort ein Geschäft aufbauen, aber das ging nicht. Schließlich hat er einen Fluchthelfer bezahlt, der uns nach Deutschland bringen sollte.“

Stephanies Mutter wollte weiter gehen und winkte ihr. Sie forderte das Mädchen auf, mitzugehen: „Komm, begleite uns.“

Ein Polizist schaute ihnen nach. Im Kommissariat hatte man ihm die Anwesenheit der Senatorenfamilie angekündigt. Da ihr Besuch aber privat war, sollten sie nicht weiter behelligt werden. Das Mädchen mit dem Kopftuch schien nicht dazu zu gehören. Er würde ihre Reaktion abwarten.

Arifa spürte den kritischen Blick des Polizisten. Sie duckte sich.

„Hast du was gestohlen, dass du Angst vor der Polizei hast?“, fragte Philipp.
„Nein, aber .. ich habe keine Papiere.“
„Keine was? Meinst du einen Reisepass?“
„Den schon, einen syrischen, aber ich habe keine Aufenthaltserlaubnis.“
„Mit uns bist du sicher, komm einfach mit. Willst du was essen?“
„Ja, schon.“

Sie gingen gerade an einer Boutique für junge Frauen vorbei.

„Kauf dir was zum Anziehen! Dein Kleid riecht schon etwas“, sagte Stephanie und zog sie in das Geschäft.

Arifa zuckte zusammen, doch Stephanie wandte sich einfach an die Inhaberin. „Was zum Anziehen, Jean, Pullover, Unterwäsche. Für sie“, und deutete auf das Mädchen, das verlegen dastand.

Stephanies Mutter war ihr ins Geschäft gefolgt. Sie war erstaunt über die plötzliche Entschlussfähigkeit ihrer Tochter.

Die Inhaberin der Boutique legte ein paar Kleidungsstücke auf das Verkaufspult.

„Such dir was aus und probiere es gleich an.“

Zögernd und völlig überrumpelt nahm Arifa einige der vorgeschlagenen Artikel und probierte sie an.

„Cool, das steht dir. Du hast eine tolle Figur."

„Wir nehmen das."

Stephanies Mutter legte ihre Platinum Card von American Express auf das Pult. Senatorin Dr. Carmen Buffet stand darauf. Die Inhaberin des Geschäftes erstarrte fast vor Ehrfurcht und nahm die Karte.

Hundert Meter weiter fanden sie ein schickes Restaurant. Der Bodyguard nahm einen Nebentisch.

Arifa schien aus einer guten Familie zu stammen. Ihre Sprache und ihr Benehmen zeigten der Familie Buffet, dass sie in ihrer Jugend schon bessere Tage erlebt hatte.

„Erzähle, was hat dich nach Frankreich geführt?", fragte Stephanie.

Arifa begann stockend zu erzählen: „In Syrien hat es nach dem Ende der Herrschaft Assads viele Versuche gegeben, das Land zu stabilisieren. Doch nach dem Krieg – der lang vor meiner Geburt begonnen hat – war kein Geld für den Aufbau da. Wir haben in Damaskus gelebt, am Rande der Stadt. Meinen Eltern ist es gelungen, mit dem Handel mit Baumaterial und elektronischen Sachen eine Firma aufzubauen, die recht gut funktioniert hat, sodass ich eine der wenigen noch vorhandenen Mädchenschulen besuchen konnte. Aber dann hat es immer mehr Schwierigkeiten von ehemaligen Soldaten und Offizieren gegeben, die Geld wollten. Sie haben meinen Vater beschuldigt, illegale Geschäfte zu betreiben. Er hat ihnen Geld gegeben, aber es war nie genug. Dann ist meine Mutter auf der Straße erschossen worden, einfach so. Wir haben nie erfahren, was eigentlich passiert ist. Ein paar Tage nach dem Begräbnis hat mich mein Vater direkt von der Schule mit dem vollgepackten Auto abgeholt. Er hatte Angst. Wir sind direkt vom Unterricht weg nach Ägypten gefahren. Ich habe mich von niemand verabschieden können. Zwei Wochen sind wir unterwegs gewesen.

In Kairo haben wir eine Wohnung gefunden, wenig später hat mein Vater auch ein Geschäft mieten können, doch es hat nicht so gut wie das in Damaskus funktioniert. Immer öfter hat mein Vater von Europa geschwärmt. Dort würde es besser für uns sein, dort würde ich auf eine bessere Schule gehen können und wir könnten uns eine neue Existenz aufbauen. Es ist ihm auch gelungen, das Geschäft zu verkaufen und er hat einem Schlepper Geld für eine Überfahrt nach Europa gegeben.

Acht Tage später sind wir mitten in der Nacht aufgebrochen. Ein klappriger Bus hat uns nach einer mehrstündigen Fahrt an die Küste gebracht, wo ein ziemlich rostiges Schiff im Meer auf uns gewartet hat. Es hat ausgeschaut, als würde es sofort absaufen. Wir sind in einem kleinen Boot zum Schiff gerudert. Es ist schon ganz voll gewesen, doch es sind immer noch mehr Leute gekommen. Wir wurden gestoßen und an den Rand gedrängt, dabei hatten wir ohnehin nur einen Rucksack und einen Koffer. Ich hatte Angst, samt dem rostigen Geländer ins Meer zu fallen. Ohne Licht sind wir nach einer halben Stunde, eingepfercht zwischen anderen Menschen und Koffern, aufs Meer hinausgefahren. Wir fuhren den ganzen Tag, es gab nur Meer, Wolken, Vögel und den Gestank von Rauch und Klo. Wir waren sechshundert Flüchtlinge auf dem Boot, das kaum dreißig Meter lang und etwa sechs Meter breit war. Wir mussten im Sitzen schlafen, immer im selben Gewand."

Sie unterbrach die Erzählung, als der Kellner servierte. „Soll ich weiter erzählen?"

„Ja, es ist spannend", sagte Philipp.

„Es hat überall gestunken, es gab ja keinen Platz. Zweimal am Tag haben wir pro Person eine Flasche mit Wasser und einen Reis mit einer Soße oder eine Art von Fladenbrot bekommen. Am Abend gab es auf der anderen Seite plötzlich ein Geschrei, ein paar Männer stritten und kämpften, einer von ihnen ist ins Meer gefallen. Das Schiff ist einfach weitergefahren. Später haben wir erfahren, dass er ein Messer in den Bauch bekommen hatte, aber niemand hat sich darum gekümmert, auch nicht, wer das getan hatte. Nach zwei Tagen sind wir in einen dichten Nebel gekommen. Ich hatte das Gefühl, dass das Schiff nur im Kreis herumfuhr, was auch tatsächlich stimmte. Der Kompass war angeblich kaputt. Der Kapitän hatte keine Ahnung von der Navigation, er und zwei Matrosen sind irgendwie nach der Sonne gefahren. Nach drei Tagen war das Essen aus. Offensichtlich hatten sie gerechnet, dass uns nach ein paar Kilometern ein europäisches Schiff retten würde.

Nach sechs Tagen kam ein französisches Schiff und wir stiegen auf das andere Schiff hinüber. Ich konnte kaum noch gehen, da ich fast die ganze Zeit am selben Platz gestanden oder gehockt war. Am Ufer haben Lastkraftwagen auf uns gewartet und uns in ein Lager gebracht, wo wir registriert worden sind. Wir haben nur einen Platz im Freien bekommen, es war so ein Sonnenschutz da, ein Zelt mit drei Seiten, die vierte war offen. Es hat ein dichtes Gedränge gegeben, wahrscheinlich haben sie hier schon tausend Flüchtlinge untergebracht.

Wir bekamen ein frisches Gewand, was wir angehabt hatten, war so dreckig, dass sie es nur noch in einen Abfallsack steckten, es hat aber keine Möglichkeit gegeben, sich unbeobachtet umzuziehen und mein Vater musste eine Decke vor mich halten.

Viele Frauen wurden belästigt, ständig hat es Streit und Lärm gegeben. Meinem Vater wurde das zu viel. Als es gerade wieder zu einer Schlägerei gekommen ist und auch die Torwachen abgelenkt waren, hat mich mein Vater ins Freie gezogen. Wir rannten die Straße hoch, wo gerade ein Bus stand. Mein Vater und ich sind einfach hineingesprungen. Wir hatten immer noch Geld, sodass mein Vater die Fahrkarte zahlen konnte. Der Bus ist mit mehreren Aufenthalten nach Lyon gefahren. Dort haben wir einen Bus nach Straßburg gefunden, mein Vater hat geglaubt, dass wir hier über die Grenze nach

Deutschland kämen. Alles ist hier so teuer. Wir haben ein kleines Zimmer gemietet, wo mein Vater jetzt ist."

Hungrig stopfte sich Arifa die Pizza in den Mund. Stephanie legte die Hand auf ihren Arm: „Da hast du ganz schön was mitgemacht. Was habt ihr jetzt vor?"

„Ich weiß es nicht. Ich habe ganz einfach gehofft, ein bisschen Geld zu bekommen, aber die Polizei darf mich nicht dabei erwischen. Aber wer seid Ihr? Ich habe bis jetzt nur von mir erzählt."

„Wir haben einen Ausflug nach Straßburg gemacht. Vorher waren wir ein paar Tage in Paris, eine schöne Stadt. Mama hat uns einen halben Tag durch den Louvre geschleppt."

„Ich hoffe doch, dass es euch auch gefallen hat", fügte ihre Mutter hinzu. „Außerdem hatten wir eine tolle Führerin."

„Mich hat es interessiert. Immerhin war es super, die Bilder und Skulpturen in echt zu sehen, mit denen ich in Kunstgeschichte traktiert worden bin", erwiderte Philipp. An Arifa gewandt: „Meine Mutter ist Justizministerin, wir kommen aus Futura."

Das Mädchen blickte erschrocken auf. „Dann seid ihr ..!" Sie stockte: „Von Futura habe ich gehört. Die Stadt soll so schön sein und alle sind reich und Drohnen kreisen über der Stadt und töten alle Bösen und alle Autos fahren automatisch."

„Nun, ganz so schlimm ist es nicht, aber das Land ist wirklich schön“, erwiderte Philipp. „Was passiert, wenn dich die Polizei erwischt?“

„Mein Vater hat gesagt, dass wir eingesperrt oder abgeschoben werden. Aber wenn wir zurück nach Syrien geschickt werden, bringen sie uns um, wie meine Mutter.“

„Mama, können wir sie nicht mitnehmen? Bei uns ist sie sicher“, schlug Stephanie vor.

„So einfach geht das auch wieder nicht.“

„Aber du kannst doch alles, wenn du nur willst, schließlich machst du die Gesetze“, schmollte sie.

„Nein, die Gesetze mache ich nicht. Die beschließen alle Senatoren gemeinsam. Die Voraussetzung für die Aufnahme eines Bürgers solltest du ja aus dem Unterricht kennen. Wir haben auch schon oft darüber gesprochen. Bei uns sind Kopftücher nicht zugelassen, wir verlangen volle Integration. Außerdem kostet die Aufnahme bei uns derzeit hundertzwanzigtausend Dollar, das macht es nicht einfacher.“

Arifa bekam ein rotes Gesicht und rutschte unsicher am Sessel: „Hundertzwanzigtausend Dollar?“ Sie sah die Familie erstaunt an. „Ich muss das Kopftuch tragen, das ist ein Zeichen für den Islam.“

„Musst du nicht, das steht nirgends wörtlich so, außerdem ist es …“

Sie verschluckte das letzte Wort. Sie wollte Arifa nicht beleidigen.

„Wir müssen weiter, es war nett, dich kennen zu lernen“, sagte die Senatorin und stand auf. Sie winkte ihrem Bodyguard, dass er die Rechnung begleichen sollte.

Beim Hinausgehen flüsterte Stephanie Arifa zu: „Lass dich nicht unterkriegen. Das mit dem Kopftuch ist wirklich blöd. Da hast du meine Telefonnummer. Ruf mich einfach an.“ Nach einem Blick zu ihrer Mutter sprach sie weiter: „Die kann wirklich alles. Wenn was schiefgeht, hilft sie dir sicher.“

„Wenn uns die Polizei verhaftet, auch?“

„Das geht bei ihr schneller, als der Polizist das Protokoll getippt hat. Da hast du ihre Karte auch.“

Sie nahm die Karte wie einen Talisman. Darauf stand neben dem Wappen von Futura: Senatorin Dr. Carmen Buffet. Darunter: Justizminister und als Adresse Pernsteinboulevard 2, Futura. Beim Abschied griff Stephanie in ihre Brieftasche und drückte Arifa die restlichen Scheine in die Hand. Das Mädchen riss ihre Augen auf. „Du kannst es brauchen“, sagte Stephanie und küsste sie links und rechts. „Au revoir“, fügte sie auf Französisch dazu.

„Au revoir“, flüsterte Arifa mit Tränen in den Augen.

Nach ein paar Minuten wandte sich Stephanie wieder an ihre Mutter: „Warum helfen wir ihr nicht?“

„Stephanie, du und Philipp, ihr seid in ein paar Jahren alt genug, um die Verantwortung in unserem Land zu übernehmen. Ihr werdet dann die Gesetze bestimmen, nach denen ihr leben wollt. Ein Grundsatz in unserem Staat ist Freiheit, ein anderer Verantwortung für das eigene Leben, ein weiterer die Trennung von Staat und Religion. Nach unserer Auffassung ist das Tragen eines Kopftuches dieser Art eine Form der Unterdrückung, entweder durch die Religion oder durch die Männer, beides wollen wir in unserem Staat nicht. Die extremen Verhüllungen durch die Burka oder den Nikab kennst du ja auch. Wer unsere Regeln nicht mag, aus welchem Grund auch immer, sollte unseren Staat nicht als Heimat wählen. Den ersten Schritt müssten also sie und ihr Vater tun. Ein weiterer Schritt wäre die Bereitschaft zum Besuch der Schule. Sie ist ja erst fünfzehn und bei uns noch mindestens drei Jahre schulpflichtig. Dann liegt es an dir, ob du ihr helfen willst oder nicht. Es ist deine Entscheidung, die du triffst oder eben nicht. Das Geld dazu hast du. Es wäre aber schlecht, falsche Hoffnungen zu wecken. Denn genau das hat ohnehin schon zu viele Menschen zur Flucht nach Europa veranlasst, zu viele von ihnen stehen jetzt frustriert vor den Trümmern ihrer Träume. Oft genug können sie nicht mehr zurück, eine neue Heimat finden sie aber auch nicht. Die Folgen sind Frust, Depressionen oder die Radikalisierung bis zum Selbstmordattentäter. Überlege also gut."

„Hm", sagte Stephanie dazu. „Ich werde darüber nachdenken."

Viel Zeit zum Nachdenken blieb ihr allerdings nicht.

Da Arifa sich mit ihrem Vater nicht länger verstecken wollte, überschritten sie die Grenze nach Deutschland um dort Arbeit zu finden, wurden aber rasch entdeckt. Nach einem Datenabgleich in einer Stuttgarter Polizeidirektion sollten sie wieder nach Frankreich abgeschoben werden, schließlich waren sie dort erstmals registriert worden. Der große Raum wies die üblichen seelenlosen Arbeitsplätze mit Holz, Glas und Chrom, vielen Computern, eine Tafel mit Zetteln und einen Ständer mit aufgehängten Uniformjacken auf. Es sah aus, als wäre die Zeit vierzig Jahre zuvor stehen geblieben. In ihrer Angst fischte Arifa die Visitenkarte der Justizministerin aus Futura hervor und verlangte einen Anruf. Der Beamte wollte zuerst einmal rasch abwiegeln, dann begann er doch zu überlegen, Scherereien wollte er nicht. Dem Polizisten trat der Schweiß auf die Stirn. Ein paar Flüchtlinge einzuschüchtern war wesentlich leichter, als sich mit einem Minister anzulegen, der vielleicht seine schützende Hand über dieses Flüchtlingspack hielt, selbst wenn dieser eine Frau war und noch dazu in einem fernen Land regierte. Er gab die Karte an seinen nächsten Vorgesetzten weiter, der sie wie eine heiße Kartoffel an seinen Chef weiterreichte. Dem blieb jetzt nichts anderes übrig, als selbst anzurufen. Trotz Zeitverschiebung wurde der Anruf sofort angenommen und sie wurden mit der Justizministerin verbunden.

„Carmen Buffet, Justizministerium, was wünschen sie?“

Der Polizeioberst erstarrte innerlich. „Entschuldigung, Frau Minister, aber wir haben hier zwei illegale Flüchtlinge, die behaupten, sie zu kennen.“

„Kein Mensch ist illegal", antwortete sie vielleicht etwas schärfer, als sie gewollt hatte. Das sogar in deutscher Sprache, die sie ganz gut beherrschte. „Ja, die beiden kennen wir. Ja, wir möchten, dass sie gut behandelt werden. Sie werden in wenigen Minuten von uns hören."

Minuten später spuckte das Fax ein Dutzend Formulare aus. Antrag auf die Staatsbürgerschaft in Futura, Antragsformulare für einen Pass, für eine Kreditkarte, für eine Vereinbarung zur Integration mit einigen Seiten Erklärungen, alles in fehlerfreiem Deutsch und ebenso auf Englisch.

Das hatte dem Oberst gerade noch gefehlt. Irgendeine politische Verstimmung zwischen den Ländern, noch dazu, wo in Kürze ein Staatsbesuch anfallen sollte. Eine heikle Sache. Während er noch über die weitere Vorgehensweise nachdachte, kam schon ein Anruf vom Honorarkonsul Futuras aus Berlin, der mit den beiden sprechen wollte. Der Oberst reichte den Hörer an den Vater weiter.

„Ich habe Instruktionen aus Futura. Die Frau Minister Buffet ist bereit, ihnen zu helfen, wenn sie mit den folgenden Punkten einverstanden sind. Diese beinhalten ihre Bereitschaft zu voller Integration in einem Land, das ihre neue Heimat wird. Weiters die Akzeptanz der Schulpflicht für ihre Tochter, zumindest bis zum Abschluss des achtzehnten Lebensjahres, weiters kein Kopftuch, keine Sympathiekundgebungen für einen islamistischen Staat. Das bedeutet weiter die Bereitschaft, innerhalb von zwei Monaten eine Arbeit anzunehmen.

Wenn sie also mit diesen Voraussetzungen einverstanden sind, unterschreiben sie die beiliegenden Papiere, wenn nicht, wird es nicht einfach sein, ihnen zu helfen. Wenn sie unterschreiben, kommen sie bitte nach Berlin, sie erhalten dann dort ihren Pass, eine Kreditkarte und die Flugtickets. In einer halben Stunde melde ich mich wieder."

Ein Schwall von Eindrücken, die über Malek, so hieß Arifas Vater, und ihr zusammenschlugen. Mit den Bedingungen konnte er einverstanden sein. In seiner Situation waren sie ein unverhofftes und völlig unerwartetes Geschenk. Syrien war in früheren Jahren relativ liberal gewesen, was sich vor dem Beginn des endlosen Bürgerkrieges in einem ziemlich friedlichen Miteinander zwischen Muslimen und Christen zeigte. Erst mit dem Ende der Diktatur, die brutal, aber auch so gewesen war, dass man sich irgendwie arrangieren konnte, war jede Ordnung zusammengebrochen. Der folgende Krieg, den Russland, die Vereinigten Staaten und andere mit ihren Waffenlieferungen kräftig geschürt hatten, der lange Kampf gegen den IS, den Islamischen Staat, das verheerende Erdbeben Anfang der 40er Jahre, all das hatte ein Leben in Syrien letztlich unmöglich gemacht. Er blickte auf seine Tochter und konnte noch immer nicht glauben, dass alles ein gutes Ende finden würde.

„Nimm das Kopftuch ab", sagte er an sie gewandt. „Ich weiß nicht, was da wirklich los ist, aber diese Karte hat uns vielleicht gerettet."

Der Oberst verstand immer noch nicht. Wie kamen diese Flüchtlinge zu solchen Beziehungen? Er würde mit einem Anliegen wochenlang auf einen Termin mit einem deutschen Minister warten müssen und eine Erledigung in diesem Tempo gab es auf keinen Fall. Seine Untergebenen hatten sich verkrümelt. Es tat richtig gut, diese heikle Angelegenheit an den Chef abschieben zu können.

Er reichte die Papiere, sehr viel höflicher als vorher, an die beiden weiter, die sie lasen, unterschrieben und ihm zurückgaben. „Ohne Kopftuch sah das junge Mädchen ja richtig hübsch aus“, dachte er. Er faxte die unterzeichneten Papiere zurück.

Minuten später kam die Bitte, von den beiden Syrern Passfotos, die den Vorschriften für Dokumente entsprachen, zu machen und samt ihren Fingerabdrücken an den Honorarkonsul und nach Futura zu senden. „Die halten mich ja richtig auf Trab, als hätte ich sonst nichts zu tun“, murmelte er halblaut vor sich hin, doch er rief nach einem Polizeifotografen, der die Fotos in einer knappen halben Stunde erledigte. Wieder wenige Minuten darauf kam der höfliche Dank für die Bemühungen und die Bitte, zwei Bahnkarten für die Strecke Stuttgart-Berlin und einen Gutschein für eine Nächtigung in einem bekannten Hotel auszudrucken. Der Oberst war genervt. Selbst die Anforderung neuer Bleistifte dauerte bei ihm länger und da ging alles in einem unglaublichen Tempo vor sich. Wieder eine halbe Stunde später kam ein offizielles Dankeschön an seine Abteilung für die zufriedenstellende Erledigung aus Futura und dass die inzwischen fertiggestellten Pässe am morgigen Tag in Berlin inklusive eines Flugtickets von Berlin über Mexiko-City nach Futura zur Abholung bereitlägen. Eine Kopie der Pässe ratterte gleichzeitig aus dem Drucker.

Der Oberst schüttelte den Kopf. Innerhalb von zwei Stunden waren aus zwei illegalen Asylanten Staatsbürger eines Landes geworden, von dem er schon so viel gehört hatte. Das war wie Magie, er fand dafür kein anderes Wort.

Er wandte sich den beiden neuen Futurern, oder wie nannte man diese Bewohner Futuras eigentlich, zu, gratulierte ihnen kurz, überreichte ihnen Gutscheine, Tickets und Kopien und verabschiedete sie höflich.

Erledigt, die Sache und auch er.

Die beiden sahen sich an. Eben waren sie noch auf der Flucht, jederzeit gefährdet, abgeschoben zu werden, Menschen zweiter Klasse. Sie hatten Tränen in den Augen. Sie fürchteten, aus ihrem Traum zu erwachen, denn das konnte nur ein Traum sein.

Malek rief ein Taxi, das sie zum Hotel brachte. Sie wurden am Schalter freundlich empfangen, schließlich war das Arrangement schon bezahlt, über das armselige Gepäck sah man großzügig hinweg.

Arifa sah sich mit großen Augen um. Ein sauberes Bett, frisch und glatt gebügelt. Frei, sie war frei, sie war sicher. Sie dachte an das Mädchen, das sie in Straßburg vor dem Dom angequatscht hatte, an die noble Dame, ihre

Mutter, die sie etwas herablassend, aber freundlich gemustert hatte. Im Spiegel sah sie ihren ungewohnten Anblick ohne Kopftuch. Eigentlich hatte sie es gern getragen, sie hatte es unter den manchmal derben Männern im Lager und auf dem Schiff als Schutz empfunden. Ihr Vater hatte sie überrascht, als er ihr einfach befohlen hatte, das Tuch abzunehmen. Er ging mit ihr zum Abendessen. Sie zuckte zusammen, als sie an jemand anstieß. Ein ganzes Büffet voller Köstlichkeiten, ein schön gedeckter Tisch, eine Kellnerin, die sie auf Deutsch nach ihren Wünschen fragte. Auch wenn sie kaum ein Wort davon verstand, es war so anders, so wunderbar.

Selbst das Bad war ein Erlebnis, mit Schaum zu plantschen, mit dem Finger Schriftzeichen in die dunstfeuchten Fliesen zu malen. Sie fühlte, wie sich im warmen Wasser Schicht um Schicht an Schmutz und Schmerz löste.

Auch die nächsten Tage vergingen wie im Traum. Am Weg zum Bahnhof zuckten beide zusammen, als ein Polizist auf sie zukam. Doch er ging vorbei, ohne sie zu beachten. Acht Stunden später erreichten sie Berlin, wo der Honorarkonsul in seinem Büro bereits auf sie wartete. Er begrüßte sie und überreichte ihnen die neuen Pässe, die Kreditkarte, Bargeld, einen Hotelgutschein und die Flugtickets für den übernächsten Tag. „Den Tag morgen sollt ihr noch in Berlin genießen, soll ich euch ausrichten. Liebe Grüße von Fräulein Stephanie.“

Arifa sah sich den Pass, der ihr neues Leben bedeutete, an. Ihr Bild vom Vortag war darin, ohne Kopftuch. Sie konnte an den Polizisten ohne Angst vorbeigehen, sie genoss geradezu das feine Kribbeln, das sie beim Anblick einer Uniform noch immer spürte.

Den nächsten Tag verbrachte sie mit Sightseeing und dem Kauf neuer Kleidung. Sie hatte plötzlich das unbändige Bedürfnis, so auszusehen, wie die anderen Menschen auch, Turnschuhe von Adidas, T-Shirts, Jeans, ein cooler Rucksack, und einfach die Karte hinhalten, die freundlich genommen und freundlich zurückgegeben wurde. Ihr Vater tat sich damit schwerer. Er misstraute diesem plötzlichen Glück. Im Leben bekam man nichts geschenkt.

Der Flug vom neuen Flughafen in Berlin, von dessen Querelen beim Bau sie nichts wussten, war wieder ein Erlebnis. Den neuen Pass hinhalten, ihn ohne Kommentar zurückerhalten, nur von einem Nicken begleitet, in das riesige Flugzeug einsteigen, sie konnten kaum glauben, dass das möglich war. Die Enge des klapprigen Schiffes stieg in ihren Gedanken hoch, es war wunderschön, so hoch über den Wolken einem unbekannten Leben entgegenzufliegen.

Kapitel 22: Wandel

2056 - 2059

Die Senatoren, die Futura gegründet hatten, waren inzwischen alt geworden. Mit ihrem Tod neigte sich eine Ära dem Ende zu. Der alte Präsident, der Pernstein, wie er voll Achtung genannt wurde, feierte seinen hundertsten Geburtstag. Weißhaarig, immer noch erstaunlich fit, verfolgte er noch voll Interesse das Werden des Staates. Noch immer kreisten im neuen Stadtteil die Kräne, Hochhaus um Hochhaus schob sich in den Himmel, während die Baumaßnahmen im alten Teil weitgehend abgeschlossen schienen.

Der feierliche Geburtstag war ein Ereignis für die ganze Bevölkerung und Gratulationen kamen aus der ganzen Welt. Die Regierung erklärte diesen Tag zum freien Tag für alle, wieder einmal zog sich der Duft gebratener Speisen durch die Luft, lebhaftes Treiben füllte die Straßen. Eine Oase des Friedens, wie Journalisten in ihren Berichten feststellten.

Der Tod seiner Frau Elen ein Jahr später traf den Präsidenten schwer. Tief gebeugt stand er bei der Gruft. Er hatte sie geliebt. Begleitet von seinen beiden Kindern, die auch nicht mehr die Jüngsten waren, nahm er Abschied.

Im Jahr darauf starb auch er. Hundertzwei Jahre war er geworden, hatte durch Jahrzehnte den Staat mit straffer Hand geführt, geheimnisvoll und weise. Er war zum Monument geworden. Staatsgäste aus der ganzen Welt nahmen den feierlichen Abschied zum Anlass, die Beziehungen zu Futura zu vertiefen und zumindest ein bisschen herauszubekommen, was diesen Staat so erfolgreich gemacht hatte. Nur wenige Regenten hatten eine längere Regierungszeit erreicht, nur wenige waren ähnlich erfolgreich gewesen. Was allen Staatsgästen aufgefallen war, war neben dem Reichtum die Sauberkeit des Landes. Straßen, Häuser und Menschen strahlten Zufriedenheit aus, wirkten so neu und rein, als hätten sie sich gerade vor Minuten frisch herausgeputzt. Wie die Auslage eines Schweizer Juweliers, meinte einer der Geladenen.

In feierlichen Reden wurde des Verstorbenen gedacht. Seine Verdienste wurden gewürdigt und seine Lebensweise als Vorbild hingestellt.

Eine Woche darauf enthüllte seine Tochter Laura Pernstein, die jetzige Präsidentin, am Platz der Freiheit die neu gegossene Bronzestatue, die ein Künstler nach einem 3D-Scan angefertigt hatte. Den Blick auf den Präsidentenpalast gerichtet, stand er nun in Bronze gegossen auf seinem polierten Basaltsockel, so wie tausende andere Statuen auf den berühmten Plätzen dieser Welt, Anziehungspunkt für die Touristen, die meist nach ein paar Wochen ohnehin nicht mehr wussten, wen sie da auf ihren Bildern oder Videos verewigt hatten.

Kapitel 23: Wahlen

2060

Nach dem Tod des Staatsgründers und bedingt durch die Vergrößerung des Staatsgebietes wurde eine Änderung der Regierungsform notwendig. Ein Staat mit fast neunhunderttausend Bürgern konnte nicht mehr wie eine Kleinstadt oder eine Privatfirma regiert werden, wenngleich eine Demokratie wie in Europa erst recht nicht in Frage kam. Für sie war der Staat ihr Besitz, schließlich hatten sie praktisch jeden Quadratmeter davon gekauft oder erobert.

Es gab vierzig Senatoren, die im Senat über die Gesetze bestimmten. Die durch den Tod der verstorbenen Senatoren frei gewordenen Titel wurden durch die Präsidentin an die Nachkommen der Senatoren und an besonders verdiente Bürger weiter gegeben. Dem Senat sollte eine zusätzliche Kammer mit hundert Mitgliedern hinzugefügt werden, die aus den Bürgern ihres Staates für zwei Jahre ausgelost wurden. Sie bekamen die Befugnis, ihren Rat einzubringen, in Gerichtsverfahren mitzuarbeiten und Gesetze vorzuschlagen, hatten darüber hinaus aber keine Rechte. Das waren von Seiten der Regierenden keine besonders großen Zugeständnisse, aber immerhin mehr Rechte als bisher. Die Idee und der Name >House of Lots< gingen auf den deutschen Professor Hubertus Buchstein zurück. Die Teilnehmer sollten so aus der Bevölkerung ausgelost werden, dass sie nach Möglichkeit einen breiten Querschnitt der Einwohner repräsentierten.

Der Erweiterung der Regierungsgeschäfte gingen zahlreiche Diskussionen voraus:

„Jeder scheint von der Demokratie begeistert, doch immer weniger gehen zur Wahl. Manchmal ist die >Partei der Nichtwähler< überhaupt die einzige, die eine absolute Mehrheit hat“, sagte die Juristin Carmen Buffet. „In den westlichen Staaten misstrauen viele ihren Politikern, die sie selbst gewählt haben. Wobei die Bürger heute oft frustriert und aggressiv sind und nicht wie früher desinteressiert, aber vertrauensvoll. Sie wollen die Wohltaten, aber keine Anstrengung.“

„Wegen der vielen Kleinparteien ist auch der Wahlgewinner zu Kompromissen genötigt, Koalitionsverhandlungen ziehen sich in die Länge, sie vertrauen aber ihren Partnern nicht. Sie wollen Dinge bis ins Detail regeln, die dann nie kommen und erledigen Probleme nicht, die anstehen. Entscheidungen dauern immer länger, werden sie aber getroffen, gibt es immer jemanden, der dagegen opponiert und ankämpft“, setzte die Präsidentin Laura Pernstein fort.

Senator Pascal Miller, der Finanzminister, fügte hinzu: „Leere Kassen und die kurzen Regierungszeiten lassen viele gewählte Politiker immer auf die Wiederwahl schielen, damit werden Entscheidungen immer öfter durch populistische Maßnahmen geprägt, selbst wenn diese langfristig schädlich sind.“

„Wenn das Ansehen der Politiker sinkt, werden junge und tüchtige Menschen andere Berufe ergreifen. Wenn nicht mehr die Besten den Staat leiten, weil diese lieber in die Finanzindustrie gehen, passiert genau das, was vielen Ländern westlicher Demokratien passiert ist. Die einen kassieren, die anderen zahlen. Das Wort Wutbürger ist nicht von ungefähr entstanden. Wenn die Politik aufrechte und ehrliche Menschen zunehmend verschleißt, werden sich nur noch Glücksritter und Gauner für diese Ämter finden.“

Auch wenn sich viele Bürger den sogenannten starken Mann wünschen gilt als allgemeiner Konsens, dass die repräsentative Demokratie für große Teile der Welt die beste Regierungsform ist. Im Grunde hat sie neben vielen Vorteilen nur wenige Mängel. In Amerika, dass sie in einem Zweiparteiensystem fast nur der Oberschicht ermöglicht, für den Kongress oder das Amt des Präsidenten zu kandidieren. Wer nicht die Sponsorgelder der Großindustrien und der Banken gewinnen kann, hat keine Chance. Wer auf die Finanzen und den Einfluss des obersten Prozents der Bevölkerung angewiesen ist und in der Regel auch selbst dazu gehört, hat wegen Anlass, sich um die Probleme der unteren Bevölkerungsschichten zu kümmern. In Ländern mit Mehrparteiensystemen unterliegt dagegen die Demokratie der Gefahr, von Populisten schamlos manipuliert zu werden, die zwar die Gier der Regierenden angreifen, aber selbst tief in die Futtertröge greifen, sobald sie die Macht dazu haben. Dennoch ist sie meist immer noch die beste unter den Möglichkeiten, denn nur wenige absolute Herrscher sind bereit, ihre Macht auch ohne starke Kontrolle zum Wohl des Volkes einzusetzen. Über kurz oder lang korrumpiert die Macht jeden Menschen. Leider neigt das Volk gerade in gut regierten Ländern zu einer steigenden Demokratiemüdigkeit. Man hat sich an das Funktionieren des Staates und eventuelle Sozialleistungen gewöhnt, wozu sollte man sich da noch persönlich engagieren, wenn sowieso alles in Ordnung war? Ebenso groß ist die Gefahr, dass sich die gewählten Politiker so an ihre Macht klammern, dass sie diese mit allen Mitteln verteidigen, mit Mauscheleien und Packeleien, mit Absprachen und Zugeständnissen, mit Wahlgeschenken und populistischen Ankündigungen. Der große Vorteil gegen all diese üblen Praktiken liegt für den Bürger darin, zumindest bei der nächsten Wahl die Stimme einem anderen Kandidaten geben zu können.

James Madison schrieb schon 1788: „*Das Ziel jeder politischen Verfassung ist – oder sollte es zumindest sein – als Regenten Männer zu finden, die genügend Weisheit besitzen, um das gemeinsame Wohl für die Gesellschaft zu erkennen, und genügend Tugend, um es zu verfolgen.*" Heute, fast dreihundert Jahre später, waren ebenso die Frauen eingeladen, am Staatswohl mitzuarbeiten, ihr Anteil in Futura lag auch ziemlich genau bei fünfzig Prozent.

Rousseau hielt eine Mischform zwischen Wahl und Losverfahren für attraktiv, weil manche Stellen besondere Fähigkeiten verlangen, zum Beispiel militärische Posten. „*Das Los eigne sich dagegen bei Stellen, wo gesunder Menschenverstand, Gerechtigkeitssinn und Redlichkeit ausreichen, wie bei richterlichen Ämtern. In jeder Gesellschaft seien die Talente ungleich verteilt, das bedeute aber nicht, dass man das Losverfahren nicht anwenden könne.“*

Für die Senatoren ging es bei der Ergänzung durch das >House of Lots< darum, die Stimme des Volkes zu hören, ohne ihre Macht aufzugeben. Sie empfanden den Staat zu Recht als ihr Land und ihren Besitz, auch zahlten sie einen großen Teil der Steuern, ihre Pläne und ihr Vermögen ließen die Stadt blühen. Die meisten ihrer Bürger sahen das genauso. Trotz der vorhandenen, aber unsichtbaren Kontrolle waren sie zufrieden und genossen ihre Freiheit, ohne dafür viel Verantwortung tragen zu müssen. Sie fühlten sich auch privilegiert, denn nach wie vor wollten sich viel mehr Menschen in Futura ansiedeln, als sie aufnehmen konnten.

Die Entwicklung der künstlichen Fotosynthese war inzwischen so weit fortgeschritten, dass das Kohlendioxid in der Luft nur noch langsam anstieg. Die vielen Millionen Tonnen, die sie und die wichtigsten Industrieländer der Atmosphäre entnahmen, würden in Kürze dem Zuwachs durch die unvermeidlichen Verbrennungs- und Industrieprozesse entsprechen und damit im Kreislauf, wenn auch auf hohem Niveau, geführt werden. Der Meeresspiegel hatte sich einen Meter über dem Niveau der Jahrtausendwende eingependelt. Damit konnten viele Menschen in tief liegenden Küstenstrichen aufatmen und Hoffnung schöpfen.

Kapitel 24: Die Reise zum Mond

2060

Die immer wieder auftauchenden Krisen hatten den geplanten Aufbau einer Mondstation durch Amerika verzögern, aber nicht aufhalten können. Der Weltraumbahnhof in Cape Canaveral in Florida war grundlegend erneuert worden und die mächtigen Raketen mit verstärktem Schub aus der neuen Orionserie schienen zuverlässig genug, das nächste große Abenteuer nach der Mondlandung anzugehen. Wenn die geplante Mondstation funktionieren sollte, musste sie groß genug sein, um genügend Bewegungsraum für die Lunauten und ein fast autarkes Leben zu ermöglichen. Pannen in der Versorgung waren immer möglich, daher musste das Überleben auf einer Mondstation für Monate gesichert sein, um das Leben der Raumfahrer nicht unnötig zu gefährden.

Die Erfahrungen aus der Erdstation der Lunauten hatten gezeigt, dass das langfristige Überleben in einer Mondstation nicht nur durch technische Probleme begrenzt war. Ebenso wichtig schien der menschliche Faktor, wobei man auch einen Treffer durch einen Meteoriten nicht ausschließen durfte. Größere Objekte waren statistisch selten und nicht zu verhindern, ähnlich dem Risiko, auf der Erde von einem Blitz getroffen zu werden. Der jährliche Meteoritenschwarm der Perseiden, der meist aus kleinen Teilchen bestand, bot auf der Erde ein faszinierendes Schauspiel, wenn alle paar Minuten einer dieser Boten aus dem Weltraum seine leuchtende Spur in der nächtlichen Atmosphäre zog. Auf dem Mond jedoch waren selbst kleine Meteoriten eine ernst zu nehmende

Gefahr, da sie ohne schützende Lufthülle ohne weiteres die durchsichtige Kuppel der geplanten Station durchschlagen konnten.

Damit Pflanzen und Tiere auf dem Mond leben konnten, musste zumindest ein größerer Teil der Hülle für die Sonnenstrahlen durchlässig sein, denn selbst die neue Methode der in Futura verbesserten Fotosynthese bedurfte der Sonnenenergie. Außerdem trat auch der Lagerkoller in geschlossenen Räumen schneller ein, wenn die ohnehin geringen Rückzugsmöglichkeiten der Station keinen Blick ins Freie ermöglichten. Auch da fanden die Techniker Futuras eine exzellente Lösung. Eine plastische Kunststoffschicht, eingebettet zwischen Außen- und Innenhaut der Kuppel, die im Vakuum in Sekundenbruchteilen erstarrte, wirkte wie der Wundverschluss des menschlichen Blutes und verschloss das Loch von Mikrometeoriten ohne menschliches Zutun. Damit konnten die weitaus häufigsten Verletzungen der Außenhaut bewältigt werden. Die Abteilung in jeweils luftdichte Kammern sorgte für zusätzlichen Schutz.

Eine Reihe aufeinanderfolgender Starts und Landungen der riesigen Raketen gelang ohne gröbere Zwischenfälle, sodass schon nach einem Jahr die ersten Wohn- und Versorgungseinheiten auf dem Mondboden standen. Ein Teil der landenden Raketenstufe blieb jeweils auf dem Trabanten zurück und war so gestaltet, dass man ihn in die vorhandenen Einheiten einfügen konnte. Nach dem Transport der ersten zweihundert Tonnen Material, die auf dem Mond nur ein Sechstel ihres Erdgewichts hatten, war die zukünftige Station schon in Umrissen erkennbar und konnte die erste dauerhafte Crew beherbergen, die am weiteren Ausbau ihres Domizils werkte. Eine technische Herausforderung waren die riesigen Viertelschalen aus Kunststoff, die die durchsichtige Hülle des lebenspendenden Anbaues bilden sollten. Als Teil der Außenhülle einer Rakete mussten sie, geschützt durch einen metallenen Außenmantel, stabil genug sein, um die enormen Belastungen beim Start zu überstehen. Die am Mond stationierten Astronauten zwangen sie dann mit Kränen in die richtige Position, was in den plumpen Raumanzügen eine Meisterleistung und eine enorme Anstrengung bedeutete. Der gasdichte Anschluss an die ersten Teile der Wohnstation gelang erst nach tagelangen Versuchen, die enorm an den Kräften zehrten. Kräftige Flüche, die besser nicht per Sprechfunk zur Erde übertragen wurden, waren an der Tagesordnung.

Einer der Lunauten wurde später von einem neugierigen Reporter gefragt: „Worüber haben sie sich während der Baumaßnahmen unterhalten?“ In Anlehnung an einen alten Kalauer fragte dieser nach: „Soll ich die Schimpfwörter auch dazu sagen?“

Der Reporter meinte in Hinblick auf sein möglicherweise puritanisches Publikum: „Vielleicht besser doch nicht!“

„Dann haben wir geschwiegen“, war die knappe Antwort.

Nach ihrem faszinierendsten Erlebnis befragt, antworteten die Astronauten ziemlich einhellig: „Wenn am Horizont die schimmernde Erde, weiß und blau gesprenkelt und funkelnd wie ein Edelstein, aufgeht. Da es keine Atmosphäre gibt, kündet sich der Aufgang nicht vorher an. Scharf und strahlend schwingt sie sich plötzlich gegen den scharfkantigen Horizont in die Höhe und bildet einen farbigen Kontrast zum zerklüfteten Grau des Mondbodens und der Kraterwände. Dieser Anblick ist durch nichts zu überbieten."

Anfangs war viel Außenarbeit notwendig. Auch wenn die Lunauten in ihren Schutzanzügen wegen der geringen Anziehung große Sprünge machen konnten, war doch besondere Vorsicht notwendig, dass kein scharfkantiges Teil den Anzug beschädigte oder die Temperaturregelung überfordert wurde. Die grobe Glättung des Mondbodens, auf dem die Halle stehen würde, war dagegen leichter als gedacht. Eine Art Schneepflug am Mondauto beseitigte störende Steine und füllte die vorhandenen Löcher auf. Schwierig und schweißtreibend waren der Aufbau der Verstrebungen und die Verlegung des Bodens.

Teile der Station waren in kräftigen Farben gehalten, denn alles andere am Mond war ohnehin ziemlich grau, während der Himmel ein sattes Schwarz zeigte, auf dem die Sterne wie gelbe Lichter standen. Täglich gab es auch eine zehnminütige Zusammenfassung des Tages, die für die Zuschauer auf der Erde übertragen wurde. Die Sendetechnik war inzwischen so ausgefeilt, dass die Besitzer guter Bildwände fast lebensnah in das Geschehen eintauchten, fast so, als hätten sie den Astronauten direkt die Hand reichen oder ihnen bei der Arbeit helfen können.

Faszinierend war auch die Übertragung ihrer Ausfahrt zum kleinen Pliniuskrater, der in der Nähe des Landeplatzes von Apollo 17 lag.

Nach zwei Monaten extrem harter Arbeit wurde die Crew erstmals ausgetauscht. Außer zu kleinen Ausfahrten auf dem staubigen Mondboden und dem Besuch eines weiteren Kraters waren die Lunauten wegen der technischen Aufbauprobleme zu nichts gekommen. Immerhin war das Mondauto aus Futura ihr zuverlässiges Gefährt gewesen, das sich auch im harten Alltag des Mondes bewährte. Die ersten Mitglieder der Crew waren entsprechend ihrer Aufgabe sorgfältig ausgewählt worden. Sie entsprachen eher kräftigen und tüchtigen Bauhandwerkern, die die technischen Probleme des Aufbaus und die kräfteraubende Montage der sperrigen Teile bewältigen konnten. Unter ihren Nachfolgern befanden sich dann Mineralogen, Selenologen, Mediziner und Agrartechniker. Letztere bekamen die Aufgabe, unter den durchsichtigen Kuppeln einen Kreislauf aufzubauen, der dem auf der Erde entsprach. Gesammelter Mondstaub und Kies in Verbindung mit Feuchtigkeit, organischem Material und Bodenlebewesen sollten eine Form von Erde ergeben, die das Wachstum von Pflanzen ermöglichen würde. Wie sich herausstellte, brauchten die Agrartechniker Jahre, bis sie die richtige Zusammensetzung aller Komponenten fanden und sich die notwendigen Bodentiere halbwegs wohl fühlten und ihrer wichtigen Arbeit nachgingen. Den Bodenlebewesen, aus Regenwürmern, Asseln, Fadenwürmern, Springschwänzen, Bakterien und Pilzen bestehend, gelang es im Lauf mehrerer Jahre tatsächlich, eine Erdschicht aufzubauen, die fruchtbar genug war, um Pflanzen und Tieren das Wachsen zu ermöglichen.

Die berühmten Worte, die Neil Armstrong einst gesprochen hatte: *„Ein kleiner Schritt für einen Menschen, ein Riesensprung für die Menschheit“,* hatten sich in dieser immer noch winzigen Lebensinsel bestätigt. Ja, auch wenn es nur rund 384.000 Kilometer bis zur Erde waren, die sich im Verhältnis zu den endlosen Weiten des Weltraums wie ein kleiner Hüpfer ausmachten, war es doch ein Riesensprung gewesen.

Die Sonne scheint am Mond extrem hell und brillant, die Schatten sind tiefschwarz. Die Strahlung aus dem Weltraum wird weder durch eine Lufthülle noch durch ein Magnetfeld abgeschwächt. Diesen Schutz müssen die Raumanzüge und die Hülle der Mondstation übernehmen. Bei den genauen Untersuchungen der zurückgekehrten Mondfahrer wurde die absolute Sterilität des Mondes festgestellt, es gab also kein Leben in irgendeiner Form. Die wissenschaftlichen Projekte fanden auch nur eine kurze Überlebensdauer von ausgesetzten Bakterienkulturen. Das Fehlen der Atmosphäre und die massive Einstrahlung der Sonne ermöglichte kein Leben ohne den Schutz durch die Station oder die Anzüge. Das war auch beruhigend, weil sie die mühsame Desinfektion von zurückkehrenden Raketen und Mannschaften erleichterte. In der Station selbst war es aufwändig genug, die richtigen Bakterien wachsen zu lassen und Krankheitserreger einzudämmen. Damit eröffneten sich für Bakteriologen und Virologen interessante Forschungsgebiete.

Kapitel 25: Gerechtigkeit

2061

„Dem Kapitalismus wohnt ein Laster inne: die ungleichmäßige Verteilung der Güter. Dem Sozialismus hingegen wohnt eine Tugend inne: die gleichmäßige Verteilung des Elends."
Winston Churchill

Es gab immer wieder Diskussionen über Gerechtigkeit. Manchmal lag der Beweggrund für die hitzigen Auseinandersetzungen im Unterschied zwischen dem ungeheuren Reichtum der Senatoren, ihrer Familien, den zugezogenen Millionären und der Bevölkerung der umliegenden Länder. Innerhalb des Landes ging die Diskussion häufiger über die Chancengleichheit. Der Graben lag zwischen jenen, die ihre Fähigkeiten genützt hatten und wohlhabend geworden waren und jenen, denen die Voraussetzungen in intellektueller Hinsicht fehlten und die diesen Vorsprung niemals aufholen konnten.

„Es ist ungerecht, auch wenn ich froh bin, dass es mir gut geht", sagte Stephanie, die vor kurzem ihren vierundzwanzigsten Geburtstag gefeiert hatte.

„Was ist schon gerecht?", warf ihr älterer Bruder Philipp ein, der wie seine Mutter Jus studiert hatte. „Wir versuchen es und ich glaube sogar, dass es uns bei den meisten Prozessen besser gelingt als vielen anderen, aber gerecht?"

„Die Natur ist völlig ungerecht. Mir hat die Lawine meinen Vater getötet und ich konnte ihn nie kennenlernen", sagte Nonndorf Michael, der jüngste unter ihnen.

„Der Natur geht es nicht um Gerechtigkeit. Sie gibt dem einen Schönheit und Charme, den nächsten lässt sie leer ausgehen. Wir sind in einem reichen Elternhaus geboren worden, andere kommen in Lagos oder Mumbai zur Welt. Manchmal habe ich das Gefühl, uns ist vom Leben einfach eine Rolle wie im Theater zugeteilt worden und die Natur schaut teilnahmslos zu, ob wir diese Rolle bewältigen oder nicht."

„Aber wir können mit unserem Reichtum Gutes tun. Mit fünfzehn, damals in Straßburg, habe ich Arifa und ihrem Vater geholfen. Sie haben die Chance genützt und es geht ihnen gut. Ich treffe sie immer noch."

„Ja, du hast zweien unter einer Million Menschen geholfen, allen anderen aber nicht. Konntest du auch nicht, doch der Natur ist es egal. In einem Land gibt es eine Dürre, woanders eine Überschwemmung. Im Vorjahr hat das Erdbeben in San Franzisco zwei Millionäre erschlagen, vor zwei Wochen ist ein Flüchtlingsboot im Mittelmeer untergegangen."

„Es geht auch mit dem Einkommen nicht gerecht zu. Wenn du den amerikanischen Expräsidenten zu einem Vortrag haben willst, verlangt er vierhunderttausend Dollar, wenn sein Ghostwriter dieselbe Rede hält, die ja ohnehin er und nicht der Präsident geschrieben hat, kriegt er vielleicht zehntausend. Derselbe Quatsch, das vierzigfache Honorar. Wir kommen also mit einer Diskussion über Gerechtigkeit sowieso nicht weiter", warf Jana Pernstein, die Tochter der Präsidentin ein.

„Da hast du leider Recht. Was ich aber noch schlimmer finde, ist, dass wir in der Gegenwart keine Chance haben, den Beginn einer sozialen Katastrophe zu erkennen. Den einer Naturkatastrophe ja auch nicht. Wir merken es erst, wenn wir mittendrin stecken. Der Untergang der Titanic hat ja nicht mit dem Bersten der Eisenplatten begonnen, als das Schiff den Eisberg gerammt hat, sie hat schon damit begonnen, dass ein ehrgeiziger Kapitän die Warnung vor den Eisbergen nicht ernst genug genommen hat, vielleicht aber auch schon, als die eingebildeten Schiffsingenieure behauptet haben, dass das Schiff unsinkbar wäre. Auch der Untergang der Osterinsel hat nicht mit dem letzten gefällten Baum begonnen, ebenso wenig das Ende Roms mit den Westgoten, als sie um die Aufnahme ins Römische Reich gebeten haben. Die Ursachen lagen viel früher.

Wir treffen eine Entscheidung, weil sie im Moment bequem ist, weil wir sie für plausibel halten, vielleicht auch, weil wir eine Dissonanz nicht aushalten. So wie es jetzt ausschaut, wird die westliche Kultur nicht in einem Krieg zugrunde gehen, sie wird verfaulen, weil sie für viele so selbstverständlich geworden ist, dass sie ihr keinen Wert mehr beimessen. Vielleicht sehe ich das auch zu schwarz, vielleicht entsteht sogar eine neue Kultur aus der alten."

„Vielleicht hast du aber auch Recht“, unterbrach ihn Stephanie. „Solange sich alles nur um Geld, Besitz und Bequemlichkeit dreht, ist die Kultur und auch der Klimawandel jedem egal, der nicht persönlich getroffen wird.“

„Der Klimawandel ist außerdem wahnsinnig komplex, vor allem, weil er so schleichend abläuft. Der technische Fortschritt konnte doch nicht falsch sein, noch dazu, wo er den sozialen Fortschritt ermöglicht hat. Er hat höhere Löhne und Wachstum erlaubt, ebenso ein besseres Leben für viele. Dass die Flüsse ein paar Jahrzehnte wie eine giftige Brühe waren, das war eben der Preis für den Fortschritt. Doch selbst das ist inzwischen besser, aber eben nur in den ohnehin schon reichen Staaten.“

„Doch in vielen armen Staaten hat der Klimawandel Hunger und Armut verschärft und mehr und mehr Menschen zur Flucht gezwungen, was oft noch durch die politische Situation verschärft worden ist“, warf Stephanie ein. „Zwar kann man die Unwetter und Dürren nicht einfach auf den Klimawandel zurückführen, doch die Wahrscheinlichkeit von Stürmen, Trockenheit und anderen extremen Wettersituationen steigt, wenn die Atmosphäre immer wärmer wird. Wir liegen hoch genug, doch manche Inselstaaten wie die Malediven, Fidschi, Tuvalu, Kiribati und Vanuatu sind inzwischen kaum noch bewohnbar, sie gehen einfach unter.“

Jana ergänzte: „Vielleicht war der Gedanke schon falsch, in einer endlichen Welt von stetigem Wachstum zu träumen. Allen guten Mathematikern ist klar, dass jedes exponentielle Wachstum scheitern muss, auch wenn der Beginn zunächst harmlos scheint. So wie ein im Römerreich angelegter Denar bei zwei oder drei Prozent Verzinsung schon lange unfinanzierbar geworden wäre oder die bekannte Geschichte mit der Verdopplung der Reiskörner auf den 64 Feldern eines Schachbrettes mehr als die gesamte Welternte an Reis erfordert hätte. Dennoch hat es die Ökonomen und andere verständige Menschen nicht daran gehindert, ein ganzes Wirtschaftssystem auf der Prämisse stetigen Wachstums zu begründen."

Philipp ergänzte: „Verschärft wird dieses Problem durch die langen Zeiträume, die unser menschliches Maß übersteigen. Unsere Vorfahren haben mit der Anhäufung von Kohlendioxid und anderen klimawirksamen Gasen in der Atmosphäre begonnen, die eine unbegrenzte Aufnahmefähigkeit zu haben schien. Es war ihnen nicht einmal bewusst, dass es überhaupt eine Grenze geben könnte. Unsere Generation weiß zwar, dass die, die am meisten davon profitiert haben, den geringsten Schaden davongetragen haben, aber diese Einsicht hat keine Umkehr bewirkt. Es trifft ja ohnehin andere."

„Die zukünftige Generation, die den Schaden dann endgültig auszubaden hat, liegt in weiter Ferne und kann uns dann nicht mehr zur Rechenschaft ziehen, die Völker, die am meisten darunter leiden, auch nicht, denken viele. Also ist es am besten, gar nichts zu tun. *Kommt Zeit, kommt Rat,* sagt ein altes Sprichwort, und alle tun weiter wie bisher."

Kapitel 26: Der Start in den Weltraum

2062

Die dritte Generation nach den Staatsgründern war gerade dabei, nach ihrem Studium die ersten verantwortungsvollen Posten anzutreten. Das neue Raketengelände im Bereich des Flughafens bot dazu viele Möglichkeiten und interessante Aufgaben. In den technischen Bereichen lagen Nachfrage und Anforderungen so hoch, dass außer den Absolventen der Futura Science University noch zahlreiche Techniker aus der ganzen Welt gesucht wurden. Für die riesige Vielfalt an Problemen mussten Mediziner, Geologen, Physiker, Informatiker, Mathematiker, Psychologen, Wirtschaftswissenschafter, Bioniker, Metallurgen, Astronomen und Astronauten angeworben werden. Die Fülle an Aufgaben bot jedoch auch einfachere Jobs, vom Facility Management bis zur Rechnungsprüfung. Bewerbungen gab es genug, die Jobs in Futura gehörten zu den begehrtesten der Welt.

Die Gesamtleitung hatte ein Team um Penz Andreas übernommen. Da Bob alle Pläne für die Rakete geliefert hatte, schritt der Bau des rund hundert Meter hohen Ungetüms in der riesigen unterirdischen Halle rasch voran. Für alle war es völlig unverständlich, selbst für die Nachkommen der Gründer Futuras, wie so ein technisches Wunderwerk praktisch aus dem Nichts entstehen konnte. Doch auf diese Fragen gaben weder die alten Senatoren, sofern sie noch lebten, noch Bob, ihr Computer, eine befriedigende Antwort. Wie so viele andere technische Lösungen von den Biochips und den Sapientas bis zu einem fast unerschöpflichen Vermögen war alles einfach da.

Unter den Astronauten waren auch einige der inzwischen erwachsen gewordenen Nachkommen der zweiten Generation, die ihren Weg über die traditionelle militärische Laufbahn in Verbindung mit einem akademischen Studium genommen hatten. Beides war notwendig, um in Futura Ämter in der Politik zu bekommen oder für besondere Aufgaben ausgewählt zu werden.

Als sich die mächtige Plattform mit der Rakete ans Tageslicht schob, gab es weltweite Aufmerksamkeit. Für die erste Rakete aus Futura war das Aussetzen von zwei Satelliten in einer Erdumlaufbahn geplant. Geheimdienste, Techniker und Journalisten aus der ganzen Welt waren angereist, um den Start von Futura I mitzuerleben. Die Crew bestand aus zwei Androiden, die diesen Flug übernehmen sollten. Obwohl Raketenstarts in der Öffentlichkeit meist nur noch geringes Interesse weckten, wurden diese Vorbereitungen von Millionen Bürgern aus der ganzen Welt verfolgt. Zu ungewöhnlich war es, dass ein winziger Staat das Match um den Weltraum mit den mächtigen Raumfahrtnationen USA, Russland, China, Japan und den beiden privaten Unternehmern aufnehmen wollte.

Im Kontrollraum verfolgten hunderte Augen die letzten Vorbereitungen. Im Vormittagslicht glänzten die silberne Außenhaut und der blaue Schriftzug Futura I, die Androiden bestiegen das Raumschiff, im Kontrollraum begann der Countdown. Hunderte Mal pro Sekunde wurden Daten zur Kontrolle übertragen, als plötzlich gewaltige Feuerzungen aus den Triebwerken schossen, die mit enormer Kraft gegen die riesigen Klauen kämpften, die das Schiff noch hielten. Das Donnern der Motoren war bis in die Stadt hörbar, als die Rakete auf ihrem Feuerschweif reitend zuerst langsam, dann immer schneller an Höhe gewann. Ein Jubelschrei ertönte im Kontrollzentrum. Der Start war gelungen. Nach wenigen Sekunden verschwand das Raumschiff in den Wolken, nur auf der riesigen Bildwand ließ sich ihr Flug weiter verfolgen.

Die Spannung löste sich, aber nicht überall. Die technischen Leistungen Futuras hatten die Geheimdienste der großen Nationen schon immer verblüfft, aber eine Rakete, die auf Anhieb alle Erdteile erreichen konnte, war eine Herausforderung, die zu all den anderen Problemen ihrer Länder draufgesattelt wurde. Auch der gigantische Vorsprung an Künstlicher Intelligenz, den diese Androiden so lässig bewiesen hatten, rüttelte am Glauben von ihrer technischen Überlegenheit. Ein Schock, wie ihn damals die Amerikaner empfunden hatten, als vor knapp über hundert Jahren die russische Hündin Laika am 3. November 1957 das erste Lebewesen im Weltall gewesen war.

Eigentlich durfte es das nicht geben und gab es doch. Konferenzen wurden einberufen, Köpfe zusammengesteckt, Verschwörungstheorien geboren.

Stunden später begannen die ausgesetzten Satelliten ihre Arbeit, die Rakete wurde geborgen und wieder nach Futura zurückgeschleppt. Das war zumindest eine der bisher wenigen vernünftigen Aufgaben für den noch vor dem Krieg angeschafften Kreuzer. Die beiden Androiden hatten ihre Aufgaben erfüllt und waren wieder in Futura eingetroffen.

Im Anschluss an die Pressekonferenz traf sich eine Gruppe von Geheimdienstleuten und Militärs mit Senator Penz Andreas, dem als Chef der MES, was die Abkürzung für Mars Exploring Station bedeutete, das gesamte Raketenprogramm unterstand. Ein hoher Mitarbeiter der DIA (Defense Intelligence Agency) der Vereinigten Staaten, der noch immer vom reibungslosen Ablauf vom Start und der Landung der Rakete begeistert und erschüttert war, versuchte verzweifelt, das Ereignis zu verstehen. Es gehörte zu den Aufgaben eines Abwehrchefs, paranoid zu sein. Doch dieser Staat hatte gar nicht versucht, irgendjemand zu täuschen. Sie waren eingeladen worden, den Start mitzuerleben, als wäre das eine ganz normale Veranstaltung. Die Überraschung war total und so etwas liebte ein Geheimdienstler ganz und gar nicht. Sie hatten nicht gewusst, dass die Vorbereitungen bereits so weit gediehen waren. Ihre Spionagesatelliten hatten zwar die unterirdischen Montagesilos schon beim Bau fotografiert, doch von den enormen Fortschritten in der unterirdischen Halle gab es keine Informationen.

Der Staat wirkte so friedlich, als würden sich die Menschen hier ausschließlich für ihre Geschäfte und das feine Essen in eleganten Restaurants interessieren.

Sie hatten noch nie eine Drohung von diesem Staat gehört. Er war geradezu beängstigend friedlich. Doch allein in seinem Potential lag eine Gefahr, die man nie, und er wiederholte das in seinen Gedanken, nie aus den Augen verlieren durfte.

„Was beabsichtigen sie mit ihren Raketen?“, fragte er Senator Penz.

„Wir zeigen unsere wirtschaftlichen und technischen Möglichkeiten. Wir wollen mit unserer Technik Geld verdienen, wie wir das auch mit den Mondfahrzeugen gemacht haben, die ihre Regierung ja von uns gekauft hat. Unsere Raketen können vielleicht auch in absehbarer Zeit den Mond erreichen und dann kostengünstig für sie Transporte unternehmen oder Touristen zu einem Weltraumausflug einladen. Außerdem ist in weiter Zukunft eine Station am Mars geplant, das verrät schon der Name MES. Unsere Planung ist langfristig angelegt.“

Das klang so absolut harmlos, dass es erst recht das Misstrauen des Agenten weckte.

„Arbeiten sie an einer Atombombe?“

„Die Atombombe ist eine antiquierte Waffe. Es gehört nicht zu unserer Politik unschuldige Menschen zu töten“, antwortete Penz ruhig darauf.

Der Abwehrchef konnte sich nicht verkneifen nachzufragen: „Und die Schuldigen?“

Sein Gegenüber aus Futura zuckte nur kurz mit den Achseln. Das konnte viel oder auch gar nichts bedeuten.

Der Abwehrchef blickte unruhig durch das große Fenster auf den wolkigen Himmel. Obwohl der Dreistundenkrieg schon über dreißig Jahre zurücklag, so hatte er doch diese Lektion Futuras an seine damaligen Feinde nicht vergessen. Er war in seinem ersten Arbeitsjahr gewesen, erinnerte sich jedoch noch deutlich an das blanke Entsetzen, das seine damaligen Vorgesetzten beim Studium der Bilder erfasst hatte. Gerade in der Leichtigkeit, mit der die damaligen Politiker des Landes diesen feigen Angriff pariert hatten, lag etwas, was viele bis heute trotz aller Analysen nie verstanden hatten. Er hatte während einer der vielen langweiligen Konferenzen eine lästige Fliege erschlagen und erinnerte sich, dass er dabei die blitzartige Erkenntnis gewonnen hatte, dass genau so dieser Abwehrkampf geführt worden war, eben wie die Abwehr einer lästigen Fliege und nicht wie der Kampf gegen einen gleichwertigen Gegner.

Während sich ratlose Sicherheitsleute noch ihre Köpfe zerbrachen und Unmengen Kaffee in sich hineinschütteten, gab Dr. Penz den Auftrag, die nächste Rakete vorzubereiten.

Kapitel 27: Erfolg in vielen Bereichen

Mit diesem gelungenen Start war Futura der Aufstieg in den Kreis der Weltraummächte gelungen. Die Zusammenarbeit mit anderen Nationen wurde vertieft, der Austausch mit anderen Geheimdiensten zur Abwehr von Terroristen erfolgte ohnehin ziemlich klaglos. Gemeinsame Anstrengungen gab es auch in der Verfolgung von Rauschgifthändlern und den verschlungenen Wegen, auf denen das Gift in die westlichen Länder kam.

In den Vereinigten Staaten wurden riesige Beträge für die Bekämpfung des Terrors ausgegeben. Bei Befragungen fand dies auch die Zustimmung der Bevölkerung, die Terror als eine ihrer Hauptbedrohungen sah. Doch es war ähnlich wie die Angst vor den Haien. Die Todesfälle durch Haie und Terroristen wurden in den Medien breit präsentiert und bestätigten die Urängste der Menschen. Doch in ihrer Gesamtzahl lagen sie weit abgeschlagen hinter den echten Bedrohungen, die zu Unrecht viel zu wenig beachtet wurden.

Dass in den USA zu viele Menschen durch Schusswaffen starben, war nicht wirklich überraschend. Bedenklich waren die echten Zahlen, als sie den Toten der letzten hundert Jahre oder auch von längeren Zeiträumen gegenübergestellt wurden. Seit dem Ersten Weltkrieg waren die Amerikaner an vielen weiteren Kriegen beteiligt. Sie trugen zur Beendigung des Zweiten Weltkriegs bei, sie kämpften im Irak, in Vietnam, Afghanistan und anderen Ländern. Über eineinhalb Millionen Söhne und Töchter mussten von ihren Vätern und Müttern betrauert und begraben werden. Aber allein in den letzten hundert Jahren starben zwei Millionen US-Bürger durch Schusswaffen. Zu Hause, im eigenen Land und ohne Krieg.

Auch in Futura gab es Gewalt, Auseinandersetzungen in den Familien, Fehden zwischen verschiedenen Ethnien, Attacken, die tödlich endeten. Aber keinen einzigen Toten durch Schusswaffen. Es gab keine. Ihr Besitz und die Einfuhr waren verboten. Der Versuch, Waffen einzuschmuggeln blieb den aufmerksamen Drohnen und unauffälligen Detektoren nicht lange verborgen. Unsichtbar waren diese selbst in Stiegenhäusern und Aufzügen eingebaut. Rauchmelder analysierten neben dem Rauch auch winzige Spuren an Sprengstoffen und Suchtmitteln.

Doch selbst diese Horrorzahlen der Gewalt wurden noch übertroffen. Die Zahl der Drogentoten in den USA, aber auch in anderen westlichen Ländern, erreichte einen neuen Höchststand.

Mehr als 60.000 US-Bürger waren im vergangenen Jahr an einer Überdosis gestorben. Die vielen Drogentoten trugen sogar schon zu einer sinkenden Lebenserwartung bei. Alle Altersgruppen waren betroffen, vor allem schwarze Jugendliche. Besonders stark nahmen die Todeszahlen im Zusammenhang mit Heroin, synthetischen Opioiden und Crystal Meth zu.

Doch selbst angeblich harmlose Schmerzmittel, Tabletten, Stimmungsaufheller und Schlafmittel trugen zur Gewöhnung und dem sorglosen Umgang mit Medikamenten bei, die allzu leichtfertig verschrieben wurden oder im Internet erhältlich waren.

Zum Vergleich: Bei Autounfällen kamen im gleichen Zeitraum weniger als zwölftausend Menschen ums Leben. Die große Zahl an Elektroautos mit ihren zahllosen Sicherheitssystemen und Sensoren und vor allem die vollautomatischen Fahrzeuge, die sich in allen Bereichen fast schon flächendeckend durchgesetzt hatten, trugen zur drastischen Abnahme der Todesopfer im Straßenverkehr wesentlich bei. Da bestand sogar die Hoffnung, selbst diese Zahl noch weiter zu senken. Ein weiterer, kaum noch beachteter Vorteil lag darin, dass Attentäter Fahrzeuge nicht mehr zum absichtlichen Töten anderer Menschen verwenden konnten. Die Fahrzeuge blockierten bei der Annäherung an Menschengruppen oder starteten automatische Ausweichmanöver, bei den seltener gewordenen echten Unfällen riefen sie automatisch Polizei und Rettungskräfte. Der Personenverkehr verlor generell an Bedeutung. Die utopischen Visionen von fliegenden Autos waren der Realität gewichen. Zu energieintensiv, zu kompliziert, zu hoher Schadstoffausstoß. Man konnte ohnehin alles mit seinen Smartphones steuern, besprechen und bestellen. Der Trend zum Cocooning hatte sich verstärkt. Cocooning wurde als Rückzug in die eigenen vier Wände verstanden, als Trend hin zum Einigeln samt dem Wunsch, sich alles nach Hause liefern zu lassen. Wem die Welt draußen zu kompliziert, zu stressig und zu uninteressant geworden war, der zog sich in sein kleines, überschaubares Umfeld zurück. Die Überforderung durch ständig Neues reduzierte die Lust vieler Menschen, Neuland zu entdecken, und förderte die Gleichgültigkeit gegenüber allem, was die mühsam erworbene mentale Sicherheit schon wieder in Frage stellen könnte.

Wegen der hohen Zahl an Millionären vermuteten zahlreiche Drogendealer in Futura einen lukrativen Markt für Kokain, Heroin und die gängigen Modedrogen. Trotz der abschreckend hohen Strafen versuchten es immer wieder neue Händler. Neue nicht zuletzt deshalb, weil alle Versuche, sich am Markt zu etablieren, schneller endeten als irgendwo anders. Der funktionierende Geheimdienst, die unsichtbaren Detektoren und die Minidrohnen, die sich, kaum größer als Singvögel, den potentiellen Dealern oder Kunden näherten, hielten alle Versuche nieder, den Markt aufzurollen. Wer als Händler geschnappt wurde, landete schon am nächsten Tag vor dem Gericht. Die Verhandlungen dauerten oft nur ein paar Minuten.

„Das Hohe Gericht. Erheben sie sich."

„Der Staat Futura gegen den Angeklagten XY."

„Sie werden beschuldigt, gegen das Suchtmittelgesetz Futuras am soundsovielten des Monats verstoßen zu haben. Sie wurden beim Versuch des Verkaufes von Kokain ertappt und waren zusätzlich im Besitz von sechzig Gramm an Heroin. Spuren von Heroin und Kokain wurden an ihrer Haut festgestellt und nachgewiesen."

Auf der Bildwand leuchtete dann in der Regel die digitale Aufzeichnung des Vorgangs und der späteren Verhaftung auf.

Die Verteidigung brachte ihre Argumente vor und der Beschuldigte beteuerte wie üblich seine Unschuld, die das Gericht jedoch durch die Beweismittel und das Bildmaterial widerlegt sah. Gab er seine Auftraggeber bekannt, ersparte sich der Beschuldigte einen Teil der Strafe. Sonst fasste er in der Regel fünf Jahre Gefängnis aus.

Die Kabine, in der er in den Gerichtssaal gebracht worden war, verschwand mit ihm und hielt vor seiner Zelle im neuen Gefängnistrakt Futuras an, der unterirdisch etwa einen Kilometer vom Gericht entfernt angelegt worden war.

Wie schon seit vielen Jahren üblich wurde jeder neue Häftling von Jenny, dem Justizroboter, in seine Pflichten eingewiesen und über den weiteren Ablauf informiert:

„Sie werden ihre Zelle jetzt für fünf Jahre bewohnen. Das Essen und das Putzmaterial kommen mit der Rohrpost. Ebenso die frische Kleidung, wenn sie die alte abgeben. Zweimal in der Woche bringt sie ihre Kabine in den Turnsaal, wo sie Bewegung und Sport betreiben und duschen können. Auf dem Bildschirm können sie Lernprogramme und Unterhaltungssendungen abrufen. Fehlverhalten wird bestraft."

Kaum einer der Häftlinge erkannte, dass eine Computerstimme mit ihm sprach, so täuschend klang die weibliche Stimme Jennys aus dem Lautsprecher.

Für alle anderen, seine Auftraggeber und seine eventuellen Angehörigen, blieb er wie vom Erdboden verschluckt. Das wurde oft sogar als härtere Strafe empfunden als das für Mittelamerika noble Gefängnis. Das in der Zelle vorhandene Fenster war zwar vergittert, aber nur eine Attrappe. Der Bildschirm dahinter simulierte den Tagesablauf und das Wetter. Je nach Sozialverhalten wurden die Zellen mit ein bis vier Gefangenen belegt. Auch Arbeitsmöglichkeiten gab es, es konnten Bücher angefordert und der Schulabschluss nachgeholt werden, aber viele der Gefangenen saßen auch nur stumpf ihre Strafe ab.

Falls es möglich war, wurden auch die Hintermänner ausgekundschaftet. Irgendwo brannte dann in einem der Lieferländer ein Labor oder eine der schönen Villen eines Drogenbosses ab, lautlos und ohne Warnung. Ein Bekenntnis dazu gab es nicht. In anderen Fällen gab es den Informationsaustausch mit anderen Geheimdiensten. Gerade diese schweigende Sanktion verunsicherte oft mehr als eine laut geäußerte Drohung, die ohnehin nur mit einem verächtlichen Lachen kommentiert worden wäre. Manche der Drogenbosse wussten nicht einmal von der Verhaftung ihrer Leute und vermuteten, dass sie samt ihrer Beute durchgebrannt wären.

Nach Ablauf ihrer Strafe wurden die Häftlinge außerhalb des Staates mit ein paar Geldscheinen und den für einige Tage notwendigen Nahrungsmitteln in ihre Freiheit entlassen. Zurück konnten sie nie mehr wieder, der Zugang zu Futura war ihnen für alle Zeiten versperrt.

Die Medien wurden nicht zensuriert, waren aber zur Objektivität verpflichtet. Das bedeutete in der Regel, dass jede negative Meldung über Verbrechen und Katastrophen durch adäquate positive Meldungen aufgewogen werden musste. So fanden wirtschaftliche und persönliche Erfolge, besondere Leistungen und das Retten von Leben genauso ihren Platz, was nach einiger Zeit zuerst die eigenen Bürger, später auch Menschen in der ganzen Welt wahrnahmen. Plötzlich gab es nicht nur Berichte über Niedergang und Elend, sondern auch über Erfolge, technische Entwicklungen und gute Regierungen. Exakt war die Aufteilung nicht, aber oft genügte schon eine leise Tendenz, um etwas in die gewünschte Richtung zu lenken. Das einzige Boulevardblatt im Land, der Futura Daily, brachte ohnehin lieber Fotos von Stars und ihren Babys, den Klatsch über die Senatoren und ihre Kinder und die sensationellen Erfolge des Landes. Wie in allen Ländern waren Meldungen über sportliche Ereignisse begehrt. Da Futura auch ausgezeichnete Sportstätten aufwies und die Infrastruktur des Landes hoch geschätzt wurde, fanden zahlreiche internationale Wettkämpfe in diesen Hallen oder im großen Stadion statt. Auch wenn Futura bisher kaum große Sportler hervorgebracht hatte, zeigte sich das Land als großzügiger Gastgeber. Auf einem Gebiet zeigte sich Futura aber als unschlagbar. Sobald ihre eigenen Androiden auf menschliche Gegner oder auch auf Robs und Androiden anderer Länder trafen, trugen diese einen haushohen Sieg davon. Androiden wie die beiden Astronauten oder Tommy und Beate, die Androiden der Universität, rannten schneller und ausdauernder, stemmten höhere Gewichte und warfen Speer und Kugel weiter. Bei Quizsendungen räumten sie alle Preise ab, in Schach und Go waren sie nicht zu besiegen. Das machte natürlich den

Wettkampf mit ihnen nicht besonders lustig, weshalb sie auch bei Weltmeisterschaften oder olympischen Spielen nicht teilnehmen durften. Schließlich waren sie ja keine Menschen und echte Männer und Frauen erst recht nicht.

Die Rechtsprechung Futuras arbeitete extrem schnell und effizient. Jenny, der Justizcomputer, bereitete die Beweise und Auswertung der Drohnenaufnahmen vor.

Als erste Stufe fungierte bei Zivilverfahren ein Schiedsgericht, das geringe Gebühren hatte. In einfachen Fällen sollte innerhalb weniger Minuten oder Stunden ein Konsens gefunden werden. Gab es ihn, war das Verfahren rechtsgültig.

Die zweite Stufe war ein Gerichtsverfahren vor einem Richter, Prozesse sollten innerhalb weniger Stunden oder spätestens innerhalb eines Monats mit dem Urteil und dessen Vollstreckung abgeschlossen werden.

Die dritte und letzte Stufe war der Senatsgerichtshof. Hier entschieden drei der höchsten Richter, seit einigen Jahren ergänzt durch zwei Laienrichter aus dem House of Lots. Diese Instanz war mit abschreckend kostspieligen Gerichtsgebühren versehen und bestätigte fast immer das Urteil der zweiten Stufe. Wichtig war die endgültige und rasche Entscheidung. Im Grunde sollten nicht jene ungestraft davonkommen, die irgendeinen Paragraphen schamlos ausnützten und die Verfahren in die Länge zogen. Es ging um Gesetze, die dem Rechtsgefühl des Volkes entsprachen. Ein Gauner war ein Gauner, gleichgültig, ob er versuchte, eine Bank mit einer Waffe auszurauben oder als Bankdirektor über dubiose Verträge zu plündern.

Wie jeder unschwer erkennen konnte, lag der Regierung daran, straffe und rasche Entscheidungen zu haben. Nachbarschaftsfehden sollten nicht jahrelang Gerichte beschäftigen. Gewinne aus Betrügereien wurden auch bei nur stichhaltiger Vermutung vollständig abgeschöpft, weitere Versuche rigoros unterbunden.

Das Strafgericht kannte ebenfalls drei Stufen.

Die erste Stufe bestand in einem einfachen Verfahren, in dem der Beklagte eine Strafe, meist eine Geldstrafe, auferlegt bekam. Die Strafe konnte aber auch in der Verurteilung zu sozialen Tätigkeiten für die Gemeinschaft bestehen, begleitet durch Sozialhelfer. Gefängnisstrafen brachten meist ohnehin wenig und zerstörten meist nur den kleinen Rest an sozialen Bindungen, die den Straftäter noch in der Gemeinschaft hielten.

Die zweite Stufe behandelte die schwereren Verbrechen, die mit Freiheitsstrafen bedroht wurden, die dritte war dann die letzte Instanz mit drei Richtern und acht ausgelosten Mitgliedern aus dem House of Lots. War die Beweislage aber eindeutig, kam in der Regel nur die zweite Instanz in Frage.

Die Gesetzgebung im Bereich der Wirtschaft war ziemlich unternehmerfreundlich. Der Umgang und die Rechtsprechung zeugten von der Wertschätzung gegenüber allen Selbstständigen. Da die Steuern niedrig waren und einfach berechnet werden konnten, gab es wenige Probleme. Wo Unternehmer allzu kreativ erschienen, erfolgte eine Vorschreibung, bei nachgewiesenem und absichtlichem Betrug wurde das Unternehmen geschlossen und der Verantwortliche verlor seine Aufenthaltserlaubnis für Futura. Diese Drohung war stark genug, sodass es kaum jemals Ärger mit dem Finanzamt gab.

Kleinunternehmer, die ein neues Geschäft oder eine Dienstleistung anbieten wollten, staunten häufig über die problemlose Abwicklung. Die Anmeldung bei der Behörde fand in einem gemütlichen Raum statt, zum Erstgespräch wurde ein Betriebsberater beigezogen. Wenn die Chancen auf einen Betriebserfolg gegeben waren, wurden ein positiver Bescheid innerhalb weniger Stunden ausgestellt und weitere kostenlose Erstberatungen angeboten. Scheinanmeldungen, denen eine betrügerische Absicht zugrunde lag, wurden ebenso rasch abgewiesen oder überhaupt sofort sanktioniert. Die Versuche, mit esoterischen Produkten, falschen Werbeaussagen oder mit leeren Versprechungen Geld zu verdienen, scheiterten rasch. Wirkungen, die nicht nachgewiesen werden konnten, durften auch nicht beworben werden. Grenzfälle, die erkennbar witzige Aussagen enthielten, wie die Werbung eines Energydrink-Herstellers: *Red Bull verleiht Flügel*, wurden toleriert. Offensichtlicher Bullshit, wie Strahlenabsorber an Handys oder in Schlafräumen, belebtes Wasser, Amulette, astrologische Lebenshilfen und Kräuterpackungen gegen Krebs, die keine nachgeprüfte pharmakologische Wirkung besaßen, durften nicht angeboten werden.

Olaf Ericcson, ein schwedischer Tüftler und Neurologe, war bei der Stimulierung des Gehirns auf Phänomene gestoßen, die viele Jahre später zu einer interessanten Entwicklung führten.

Mit Hilfe eines Helmes, der Elektroden punktgenau auf der Hautoberfläche platzierte, gelang die genaue Messung von Hirnströmen einerseits, andererseits aber auch die Stimulation von Sinneswahrnehmungen durch schwache Stromimpulse. Ein riesiges Team begann diese Möglichkeit aufzugreifen und stetig zu verfeinern. Nach vielen Jahren in der Forschung gelang es tatsächlich, Träume anzuregen oder in den kurzen Wachphasen Sinneseindrücke zu übermitteln, die das Gehirn als echte Ereignisse interpretierte.

Wie so oft in der Wissenschaft waren die neuen Möglichkeiten sowohl zum Segen als auch zum Missbrauch geeignet.

Über den Helm konnte man den menschlichen Versuchskaninchen sowohl schöne Träume mit Erlebnissen, tropischen Landschaften oder erotischen Ferienbekanntschaften vorgaukeln, als auch traumatische Erfahrungen so lebensecht vermitteln, dass Körper und Gehirn darauf hereinfielen und panisch reagierten. Wie in vielen Fällen, ob bei der Erforschung des Atoms, neuen Bakterien oder dubiosen Bankprodukten, bestand die Gefahr im Missbrauch durch Geschäftemacher, Militärs oder Diktatoren.

Aber selbst die positive Variante barg, wie sich herausstellte, eine Menge Gefahren und trug ein enormes Suchtpotential in sich. Es war zu verlockend, der traurigen Realität zu entfliehen und sich mit Hilfe des Helms in einen besseren Zustand zu versetzen. Man brauchte kein Rauschgift oder ein Übermaß an Alkohol, um seine triste Situation gegen eine bessere einzutauschen. Was bisher mit Datenbrillen versucht worden war, konnte mit dem Helm viel lebensechter erreicht werden. Diese Erfindung hätte enormes Geld gebracht, weswegen die Glückspiel- und Sexindustrie große Summen für die Lizenzen boten.

Virtuelle Kommunikation mit anderen Welten, Träume und gestillte Sehnsüchte oder auch perverse Lustorgien konnte sich jeder in den neuen >Somniferen<, eine Art von kommerziellen Schlaflabors oder Spezialkinos, leisten, bis diese nach einigen Monaten wegen der hohen Suchtgefahr und der Nebenwirkungen auf andere Gehirnareale wieder verboten wurden. Trotz technischer Tricks war es nicht möglich gewesen, nur die benötigten Gehirnzellen anzusprechen. Außerdem verprassten manche ihr ganzes Geld, nur um sich mit Porno und Gewaltorgien zu benebeln. Unstillbares Verlangen, also massives Suchtverhalten, setzte schon nach zwei oder drei Tagen Dauerberieselung ein.

Bei der Aufklärung von Verbrechen wurde der Helm gelegentlich eingesetzt. War Gefahr in Verzug, wie bei einer Geiselnahme oder Entführung, hielt keiner der Verbrecher länger als ein paar Minuten durch. Zu echt wirkten die traumatischen Erlebnisse, die eingespielt wurden. Da das Gehirn die übermittelten Impulse nicht von realen Eindrücken der Sinnesorgane unterscheiden konnte, blieb kaum ein Verbrechen ungelöst, wenn man einen der Täter hatte. Im Fall eines komplizierten Betruges mit mehreren Tätern wurde einem der Verhafteten der Tag eingespielt, an dem er das Verbrechen mit seinen Komplizen begangen hatte. Er reagierte so, wie er sich damals verhalten hatte, da sein Gehirn fest überzeugt war, in der Realität dieses Tages zu sein.

In einem anderen Fall reagierte ein Mörder, als hätte er sein Opfer vor sich. Seine Lust an der Angst des Opfers und an dessen Qualen lebte er an einer Puppe nach, ohne zu erkennen, dass er nicht das echte, lebendige Wesen vor sich hatte. Angstschreie, Gerüche und das langsame Erschlaffen unter seinen zupackenden Händen gelangten als völlig reale und identische Sinnesreize an sein Gehirn.

Für die Beobachter wirkte sein Verhalten absurd, aber das menschliche Gehirn ist auf die Sinnesorgane angewiesen. Ohne diese erfährt es nichts. Es interpretiert das, was ihm an akustischen, optischen oder haptischen Reizen über die Nervenbahnen zugeleitet wird. Werden dem Gehirn über den Sehnerv die identischen Impulse einer gelben Blumenwiese wie vom Auge zugeleitet, dann sieht das Gehirn eine gelbe Blumenwiese. Es kann nicht anders.

Die Täter konnten sich auch nicht verstellen. Das gelingt ja nur, wenn das Gehirn die Wahrheit kennt, aber bewusst eine falsche Antwort geben will.

Korrekt war so ein Verhör natürlich nicht, aber die Ergebnisse stimmten und die Verfahren konnten bedeutend rascher abgewickelt werden. Die Öffentlichkeit erfuhr davon wenig, war aber auch nicht daran interessiert. Das Opfer war gerächt und der Täter bestraft, das war genau das, was das Volk für gerecht und richtig hielt.

Weit mehr als die angedrohten Strafen wirkte die rasche Ergreifung der Täter abschreckend, die dank der unauffälligen aber gründlichen Überwachung durch Bob, Jenny und die Drohnen oft schon in wenigen Minuten nach dem Verbrechen erfolgte.

Kapitel 28: Narrative

2063

> *„Das Narrativ ist ein sinnstiftendes Erzählmotiv, das in einem Kulturkreis oder einer gesellschaftlichen Gruppe Orientierung vermittelt, eine Erzählung geschichtlicher Ereignisse oder eigener Erlebnisse."* Wikipedia

An der Universität von Futura gab es häufig Vorträge und die Präsentation neuer Bücher. Einer dieser Vorträge, der von einem renommierten Wissenschaftler gehalten wurde, führte zu einer breiten Diskussion.

„Die Wirkung von gemeinsamen Mythen wird völlig unterschätzt. Dabei geht es nicht darum, ob diese Mythen wahr oder erfunden sind, es geht darum, dass eine Gruppe von Menschen an sie glaubt. Als gemeinsame Narrative stiften sie Sinn und halten eine Gruppe zusammen. Sie grenzen die Menschen von jenen ab, die andere Narrative überliefern. Auch wenn sie eine erfundene Wirklichkeit sind, haben sie doch eine reale Macht. *„Die Fähigkeit, mit bloßen Worten eine Wirklichkeit zu erschaffen, machte es möglich, dass große Gruppen von wildfremden Menschen effektiv zusammenarbeiten. Sie bewirkt noch etwas anderes. Da menschliche Zusammenarbeit in großem Maßstab auf Mythen basiert, kann man die Form der Zusammenarbeit neu gestalten, indem man die Mythen verändert und neue Geschichten erzählt."* Ein Zitat aus dem Buch: *Eine kurze Geschichte der Menschheit* von Yuval Noah Harari.

Das Zitat ist jetzt schon fünfzig Jahre alt, doch die darin steckende Warnung wurde nicht beachtet. Wenn jede große Gruppe von Menschen, das können ganze Völker sein, in gemeinsamen Geschichten verwurzelt sind, auch wenn diese nur in den Köpfen der Menschen existieren, bedeutet das im Umkehrschluss: Wenn diese Kultur und diese gemeinsamen Geschichten verloren gehen, verliert auch das Volk seinen Zusammenhalt. Das ist im letzten Jahrzehnt in vielen Ländern Europas passiert. Multikulti konnte nicht gelingen, wenn die übergeordnete gemeinsame Idee fehlte.

Gruppen können über die persönliche Freundschaft, über Klatsch, über gemeinsame Aktivitäten zusammengehalten werden. Doch darf dabei eine gewisse Gruppengröße nicht überschritten werden. Sie kann nur funktionieren, solange die Mitglieder einander gut kennen und einander mehr oder weniger vertrauen. Schimpansenhorden sind nur bis zu rund fünfzig Mitgliedern stabil. Größere Gruppen zerfallen und werden zu Konkurrenten um Nahrung und Territorium. Menschen sind da nicht so viel anders. Ein Staat kann nur existieren, wenn ihn eine gemeinsame Geschichte und gemeinsame Symbole zusammenhalten. Eine Fahne ist ein Stück Stoff wie eine Jean. Versuchen sie jedoch in aller Öffentlichkeit auf der Fahne dieses Landes herumzutrampeln, sie zu beschmutzen oder zu verbrennen, merken sie den Unterschied sofort. Dann sollten sie rasch rennen können. Sonst können sie es möglicherweise nie mehr wieder.

Es ist nicht der kleine genetische Unterschied, der uns von den Schimpansen und anderen Hominiden wirklich trennt. Natürlich ist es erst einmal unser Verstand, unser Denken, unsere Kultur, unsere Sprache. Es sind aber ebenso die gemeinsamen Mythen und Geschichten, die uns zusammenhalten. Wir können eine bescheidene Hütte aus ein paar losen Ziegeln und einem Dutzend Bretter bauen. Jeder heftige Wind kann uns diese Behausung rauben. Wenn wir die Ziegel jedoch mit Mörtel und die Bretter mit Nägel und Schrauben verbinden, hält selbst ein großes Haus einem Sturm stand, wenn wir Beton verwenden, der noch fester zusammenhält, ihn vielleicht sogar mit Torstahl armieren, übersteht der Bau selbst einem heftigen Erdbeben.

Unsere gemeinsame Geschichte, unsere humanistische Kultur, die Überlieferungen, die Fahne, das Land, das wir von allen anderen Ländern zentimetergenau abgrenzen, das ist der Beton, der uns zusammenhält und gleichzeitig von allen anderen trennt, die diese Mythen nicht teilen.

Mit der Erfindung Gutenbergs konnten die Philosophie der alten Griechen, die Bibel, fortschrittliche Gedanken und wissenschaftliche Schriften aller Art einer breiteren Öffentlichkeit zugänglich gemacht werden. Durch den Druck und ihre zumindest etwas bessere Zugänglichkeit, wenn auch anfangs nur einer dünnen Schicht verständlich, die Lateinisch und Griechisch konnte, war es möglich, diese Gedanken in den Universitäten zu verbreiten. Ob fromme Schriften oder ketzerische Gedanken, alles fand seinen Weg und konnte nicht mehr unter der Obhut Weniger kontrolliert oder verborgen werden. Mit Heldensagen und Dokumenten, Manifesten und schriftlich festgehaltenen Überlieferungen wurden Königtum und Kirche über Jahrhunderte gefestigt. Doch alles, was wie in Stein gemeißelt in alle Ewigkeit Beständigkeit versprach, konnte mit neuen Erfindungen und Pamphleten, damit auch neuen Ideen, zuerst in Frage gestellt und dann durch neue Mythen ersetzt werden. Der Gedanke einer neuen Freiheit und die grausige Arbeit der Guillotine brachten in den Jahrhunderten danach das Ende des Königtums. Handel und Industrie bewirkten Freiheit und Abhängigkeit zugleich, schufen neuen Reichtum im Bürgertum und nahmen ihn von den vorher Mächtigen. Die Industrialisierung, die mit einer durch Dampfmaschinen angetriebenen Baumwollindustrie begann, sich mit Eisenhütten fortsetzte und Eisenbahnschienen wie ein Spinnennetz wachsen ließ, brachte nach dem anfänglichen Elend eine breite Bürgerschicht hervor.

Der Handel und die Fähigkeit, mit völlig fremden Menschen zusammenzuarbeiten und zu kommunizieren, verbinden uns mit vielen anderen Völkern. Da unsere Gehirne noch immer auf ein Leben als Jäger und Sammler programmiert sind, haben wir in dieser schnelllebigen Zeit und der Zusammenballung in Großstädten eine Menge an Schwierigkeiten, mit dieser Entwicklung mitzukommen. Das Machogehabe eines Stammesführers vor zehntausend Jahren passt nicht mehr in eine Welt wie diese. Doch die angepassten Männer werden von den Frauen nicht bewundert, sie taugen nicht zum Heldentum. Sie schaffen es aber, komplexe Strukturen wie das Internet aufzubauen, dazu, die Geheimnisse des Alls in mathematischen Formulierungen zu bändigen. Klare Rollenbilder sind verloren gegangen. Die alten

Bilder sind zwar immer noch da, denn unser Gehirn hat sich über die letzten Jahrtausende kaum verändert, doch vor dem Hintergrund einer hochtechnisierten Welt haben sie keine Bedeutung mehr. Ob das Internet und die sozialen Medien, Google und Amazon ausreichen, uns in einem neuen Mythos der Moderne, der Zusammengehörigkeit ohne nationale Grenze, zu vereinen, bleibt offen. Doch wir verzweifeln oft genug an dieser Grenzenlosigkeit und sehnen uns nach kleinen, überschaubaren Einheiten. Auch Xi Jinping verwies 2014 auf die wichtige Rolle der alten chinesischen Kultur: > *Wenn ein Land sein eigenes Denken und seine Kultur nicht pflegt, verliert es seine Seele und kann keinen Bestand haben.* <

Was wir an äußerer Sicherheit gewonnen haben, ist an innerer Sicherheit verloren gegangen.

Andrerseits haben wir keinen Grund zur Resignation. Es ging einer breiten Öffentlichkeit nie besser als heute, in keiner der früheren Gesellschaften konnte man sich freier und sicherer bewegen. Wir können die Architekten einer besseren Welt sein, wenn wir es nur tun."

Futuras Zusammenhalt lebte von seinem Mythos, ein erfolgreicheres Staatsmodell zu haben und der weltweit attraktivste Anziehungspunkt für neue Technologien zu sein. Doch die Senatoren waren überzeugt, dass nur straffe politische Grenzen die Freiheit der Bürger ermöglichen würden. Das beinhaltete nicht zuletzt Grenzen für sie selbst. Sie mussten auf zügellose Exzesse verzichten, denen sonst der Jetset und manche der Reichen in ihren abgeschlossenen Refugien ungeniert nachgingen.

Das schloss unter anderem aber auch eine gute Behandlung ihrer Angestellten ein, deren Rechte sich von der Unterdrückung in manchen arabischen Ländern wohltuend abhoben. Nur so konnte die Regierung die enormen Vermögensunterschiede zwischen den Milliardären und den einfacheren Bürgern in einer friedlichen Balance halten. Solange die einfachen Menschen nur irgendeine Chance hatten, in die Gruppe der Erfolgreichen aufzusteigen, würden sie diese Herausforderung mittragen.

Weitere Vorträge behandelten neue medizinische Ereignisse, Erkenntnisse der Raumfahrt, kleinere und größere technische wie soziale Entwicklungen, aber ebenso die enormen Probleme der Umweltverschmutzung, der Klimaerwärmung und der drohenden Wassernot.

Stephanie Buffet, gerade fünfundzwanzig, war dabei, sich stärker für den Umweltschutz und Soziales einzusetzen: *„Die Gemeinschaft existiert nicht mehr. Die Familie existiert nicht mehr. Die Kultur existiert nicht mehr. Wir haben eine völlig atomisierte Gesellschaft geschaffen, eine auseinander gefallene Gesellschaft. Der einzige Zweck dieser Organisation besteht darin, Geld zu machen und in Bewegung zu bleiben: Es spielte keine Rolle, wenn das ganze Land vergiftet wird. Es spielte keine Rolle, wenn alles zerstört wird, wenn sich das Klima verändert“,* zitierte sie einen Ausschnitt aus einem Artikel von Edwin Goldsmith, einem Amerikaner.

„Ohne ein ethisches oder gesetzliches Korrektiv wird das Handeln vieler Menschen, ganzer Organisationen oder von Wirtschaftszweigen von Habgier bestimmt. Wenn es diesen nützt, wird es unabhängig von einem Schaden für andere gemacht", führte sie aus.

„Weder die Atomlobby, die Banken, die Pharmaindustrie, die Fischfangflotten noch große Agrarkonzerne kümmern sich um das Wohlergehen der anderen, nicht einmal um das ihrer Kunden. Ihre Gier muss durch den politischen Rahmen gezügelt werden. Ebenso wie die Bewohner der Osterinsel, die auch nur ein Beispiel unter vielen sind, zerstören sie für einen kurzfristigen Profit sogar ihren eigenen Lebensraum."

Sie zitierte aus dem Artikel weiter:

„Wir müssen erkennen, dass wir nicht ohne stabiles Klima, ohne eine Ozonschicht, die uns gegen schädliche ultraviolette Strahlung schützt, ohne Wälder, Flüsse, Bäche, Grundwasser und fruchtbaren Boden leben können. Das sind die wahren Ressourcen. Wir müssen sie erhalten.

Auch in Futura erfordert es einen großen Aufwand, die Luft und das Wasser rein zu halten. Bei einem Staat dieser Größe auf so kleinem Raum stellt dies eine enorme Herausforderung dar.

Wegen unserer hohen Bevölkerungsdichte müssen wir auf ökologische Bedingungen besonders achten. Das beginnt mit den Produkten, die wir importieren, und setzt sich mit ihrer Verteilung und den Emissionen während ihrer Verwendung fort. Produkte erreichen ein Ende ihrer Nutzung und müssen recycelt, zerlegt, thermisch genützt oder deponiert werden. Weiters bestimmt die Art unseres Konsums den ökologischen Fußabdruck, also die Gesamtbilanz an Energieverbrauch, Bodennutzung, Schadstoffausstoß und anderes mehr. Zusätzlich fallen für jedes importierte Produkt soziale Kosten, aber auch sozialer Nutzen an. Ausbeutung durch schlechte Arbeitsbedingungen und Kinderarbeit fällt unter die sozialen Kosten. Sozialer Nutzen entsteht, wenn Arbeiter und Kleinproduzenten in den Entwicklungsländern durch den Verkauf der Produkte oder der Dienstleistungen besser leben als vorher und ihren Kindern eine bessere Schulbildung bieten können. Dem Idealfall natürlicher Kreisläufe ohne Schadstoffe und ausschließlich sozialem Nutzen können wir uns bisher bestenfalls nähern. Als Verbraucher haben wir zwar eine gewisse Marktmacht, aber kaum die gleiche Informationsdichte wie der Erzeuger. Viele Käufer wollen sie aber auch nicht, da sie als Konsumenten ohnehin nur das billigste Produkt wählen. Doch immer mehr Bürger dieser Welt sehen ihre Verantwortung und wollen mehr Informationen. Viele Produzenten erfüllen zwar bezüglich möglicher Schadstoffe die Gesetze, verunsichern aber die Konsumenten durch den winzigen Druck auf den Etiketten und durch verwirrende Angaben zahlreicher E-Nummern.

Ob sich Lieferanten aus Bangladesch oder aus Indien um ihre Mitarbeiter kümmern, ist den Markenproduzenten meist völlig egal, außer ....außer ein paar Kunden verbreiten die Missstände über soziale Foren. Dann werden die Direktoren in den Headquarters plötzlich munter. Als Staat können wir diese Bemühungen durch Gesetze unterstützen und tun es auch. Ökologische

Intelligenz und soziale Verantwortung sind langfristig notwendig, um unseren Planeten zu schützen. Eigentlich müssen wir die Menschen schützen, denn Bakterien und Kleinlebewesen sind sehr viel robuster als wir und den Kontinentalschollen ist ziemlich egal, was wir treiben. Viele Länder liegen an einer Meeresküste, riesige Ozeane umgeben uns. Doch gerade das Wasser ist eine weltweit knappe Ressource. Der zunehmende Mangel an Süßwasser verstärkt die Kriegsgefahr in großen Teilen der Welt. Wassermangel ist inzwischen der Hauptgrund für Flucht und Wanderungsbewegungen. Dieser Rohstoff kann nicht wie manche andere einfach ersetzt werden. Die rücksichtslose Ausbeutung fossiler Wasserreserven und die sinkenden Grundwasserspiegel stellen mit der Klimaerwärmung die größten Probleme der näheren Zukunft dar.

Zuwenig beachtet wird auch unser größter Lebensraum: das Meer. Der Forscher Callum Roberts schrieb schon vor vielen Jahren in seinem Buch: Der Mensch und das Meer:

>*Die Ozeane sind nicht nur der größte Lebensraum der Erde, sondern auch der am wenigsten erforschte. Die unermessliche Vielfalt dieses Ökosystems beginnen wir erst jetzt bis in die letzten Winkel zu begreifen – auch wie wichtig das Meer für unser Leben ist. Im letzten Jahrhundert hat jedoch die Herrschaft des Menschen über die Natur auch die Ozeane erreicht: Wir fischen die Meere leer und füllen sie stattdessen mit Umweltgiften. Tiefseebergbau droht den Lebensraum unzähliger Pflanzen und Tiere bis zur Unkenntlichkeit zu verändern. Die*

Klimaerwärmung ließ bereits ein Viertel aller Korallen zugrunde gehen.<

Die Zerstörung des Lebensraums ist kein neues Thema. Ob Völker ihre Baumbestände rücksichtslos abgeholzt oder Grasflächen durch Überweidung zerstört haben, überall zeigt sich der Mangel an Nachhaltigkeit. Wir sägen munter am Ast, auf dem wir sitzen. Die Folgen einer ungehemmten Überfischung und Vergiftung der Meere werden immer deutlicher. Mit immer mehr Aufwand werden immer kleinere Fänge erzielt, eine Regeneration der früher ungeheuren Bestände ist nicht mehr möglich. Oft genug bleibt nur eine Wüste am Meeresboden zurück. Zusätzlich schädigen der steigende Kohlendioxidgehalt und die Erwärmung der Meere die Korallenriffe und ihre Bewohner. Der steigende pH-Wert löst die Kalkschalen von Muscheln und Schnecken auf. Schadstoffe, die wir unbekümmert ins Meer leiten, werden im Fettgewebe von Delphinen, Seehunden, Walen und Meeresfischen eingelagert und gelangen so in unsere Nahrung. Viele dieser Umweltgifte, besonders die chlorierten Kohlenwasserstoffe, werden kaum abgebaut, sie sind überall auf der Welt, auch in der Antarktis, nachweisbar. Manche unter den Chemikalien, darunter viele Medikamente, wirken bereits in winzigen Spuren auf das Hormonsystem der Meerestiere und erregen Krebs, machen unfruchtbar oder stören die Entwicklung. Methylquecksilber und als Brandhemmer verwendete bromierte Kohlenwasserstoffe reichern sich im Fettgewebe an.

Ein weiteres Problem sind die ungeheuren Mengen an Kunststoffen und Kunststoffpartikel, die über die Flüsse in die Meere gelangen und sich in ländergroßen Meereswirbeln sammeln. Viele Fische und Vögel sind nicht imstande, die bunten Kügelchen und Plastikfetzen von tierischer Nahrung zu unterscheiden oder gehen in alten Resten von Fischernetzen zugrunde. Das angedachte Verbot von Plastikhalmen in der EU war nur ein hilfloser Versuch zur Rettung der Meere und ohne Wirkung, solange Chinesen, Inder und Nigerianer Millionen von Tonnen an Kunststoffresten sorglos in ihre Flüsse werfen."

Sie wurde unterbrochen: „Die Leichen im Ganges verbessern die Wasserqualität auch nicht besonders."

„Die sind zumindest biologisch", meinte ein anderer sarkastisch.

Stephanie Buffet ließ sich nicht aus dem Konzept bringen und setzte fort: „Auch die zunehmende Verschmutzung der Meere durch die Schallwellen tausender Schiffsmotoren oder der Windräder in Küstengewässern bleiben nicht folgenlos. Wale und andere Tiere verlieren ihre Orientierung oder finden keine Geschlechtspartner. Durch Ballastwasser und Freisetzung fremder Arten gelangen exotische Tiere und Pflanzen in neue Lebensräume, in denen sie mangels ihrer bisherigen Feinde die einheimische Fauna und Flora verdrängen. Quallen vertragen schlechtere Wasserqualitäten und nehmen zu, Fische und andere Meerestiere sterben aus. Hin und wieder erschrecken uns Fotos ölverschmierter Albatrosse oder gestrandeter Wale. Aber selbst diese Bilder reichen nicht aus, um uns zum Umdenken und zu Handlungen zu bewegen. Eine verirrte Katze auf dem Blechdach wird unter heftigem Beifall von der Feuerwehr gerettet, die viel schlimmeren Ereignisse in den Meeren werden dagegen ignoriert.

Aber es sind nicht nur die großen Umweltsünder, nicht immer nur die anderen. Jeder von uns kann beitragen, dass weniger Plastiksäcke ins Meer geschwemmt werden, dass Öl aus Schiffen nicht einfach ins Meer gekippt und dass kostbare Energie nicht sinnlos vergeudet wird. Wir haben Schutzgebiete im Meer angeregt, finanziert und durchgesetzt. Aber das allein reicht nicht, wenn andere Nationen die Meere rücksichtslos plündern."

Zu diesem Vortrag gab es eine lebhafte Diskussion. Eine zerstörte Umwelt ging alle etwas an.

Außer am Stadtbild selbst merkte man die rasche Entwicklung am stärksten an der Universität. Aus den wenigen Studenten und Studentinnen, die anfangs fast verloren ihre Kurse in den großen Labors durchgezogen hatten, war eine pulsierende und internationale Studentenschar geworden, die ihr neu gewonnenes Wissen gleich in Futura umsetzte oder in die ganze Welt trug. Chancen gab es genug, denn eine große Zahl junger Start-ups wetteiferte um die Absolventen und wer es vorzog, wieder nach Hause zurückzukehren, war auch dort gefragt. Chancen gab es aber auch für kreative Querdenker, die die üblichen Gedankenautobahnen zugunsten innovativer Ideen verließen.

Kapitel 29: Die dritte Generation

2063 - 2068

Die Generation nach den Gründern, die als Neue Generation bezeichnet wurde, kam in die Jahre und übergab da und dort die Regierungsverantwortung an ihre Kinder. Eine ihrer Aufgaben bestand in einer Reihe von Staatsbegräbnissen, da die letzten derer, die den Staat gegründet hatten, in diesen Jahren starben. Mit ihnen endete eine Ära. Sie hatten einen Rang, den sonst nur der alte Adel in Europa aufweisen konnte und mit ihnen ging auch das Geheimnis ihres Erfolgs zu Ende. Niemand hatte anscheinend das Geheimnis, dass sie aus der Zukunft gekommen waren, ihren Kindern mitgeteilt.

Laura Pernstein ging öfter zur Gruft ihrer Eltern. Der kleine Friedhof war zur letzten Ruhestätte der Staatsgründer geworden, Monumente der Macht und des Reichtums umgaben die sterblichen Reste oder das kleine Häufchen an Asche, das von ihrem Leben geblieben war. Laura hatte beinahe das Gefühl, mit ihrem Vater sprechen zu können. Er war für sie immer ein Geheimnis geblieben, ungeheuer klug mit einer Aura, die sie sonst bei keinem anderen Menschen gespürt hatte. Mit siebzig, das würde 2073 sein, wäre ihre Amtszeit als Präsidentin zu Ende und sie hätte mehr Zeit für ihre erwachsene Tochter Jana und ihre beiden Enkelkinder.

Fast unmerklich, aber doch, war der enge Zusammenhalt unter jenen, die nun die dritte Generation bildeten, geschwunden. In ihrer Erinnerung waren sie, die Gründer des Staates, übermächtig und dominant gewesen.

Wie eine Familie unter der starken Kontrolle eines Patriarchen, einem Band, dem sie nun zu entkommen suchten. Macht im Staat wurde nicht mehr automatisch zugeteilt, sie mussten sich Verbündete suchen und gegen die Konkurrenz der anderen bestehen. Reich waren alle, das Geld war also kein Kriterium, auch ihren Status als Enkelkinder der Gründer konnte ihnen niemand nehmen. Doch gerade jene, die am stärksten ausbrechen oder sich vielleicht sogar in anderen Ländern beweisen wollten, kamen am schnellsten an ihre Grenzen. Wie an eine Nabelschnur waren sie an das fast allmächtige Wissen ihrer Sapientas, die immer noch besser waren als alle Geräte außerhalb ihres Staates, an ihre Klinik und dieses nicht in Worten beschreibbare Etwas gebunden, das ihnen im eigenen Staat Überlegenheit und Macht gab. Es war eine Art von Aura, die sie auf ihren Staatsbesuchen und Reisen begleitete, die aber bei einem mehrjährigen Aufenthalt im Ausland zu schwinden schien. Zusätzlich nervten sie die endlosen Behördenwege, die langsamen Abläufe und die Gesetze anderer Staaten, die eigens dazu entwickelt schienen, um jede Initiative abzuwürgen.

Es war kein Problem, irgendwo Aufträge zu verteilen oder eine Fabrik zu errichten, auch wenn dies immer Heerscharen an Anwälten und manchmal Bestechungsgelder erforderte, es war auch kein Problem, in einem der zahlreichen Ressorts für Reiche Urlaub zu machen, wo manche Eskapaden möglich waren, die in Futura nicht so gern gesehen waren. Für junge Mädchen, gut gebräunte Männer und Alkohol in Überfluss gab es immer noch genug Staaten, wo die Obrigkeit großzügig hinwegsah, solange die eigenen Konten nicht zu kurz kamen.

Trotzdem fehlte den meisten nach einiger Zeit der Vergnügungen dieses Gefühl, ein sinnvolles Ziel anzustreben. Dieses permanente Bemühen nach Leistung, in einer vor Spannung knisternden Umgebung ständig gefordert zu sein, war nirgends so zu spüren wie in Futura. Sie hatten nie erlebt, dass sich einer ihrer Vorfahren faul zurücklehnte, um sich seinen eigenen Befindlichkeiten zu widmen, und sie konnten diese Erziehung und diesen Anspruch auch nicht wie lästige Flöhe abschütteln, es gelang ihnen nicht.

Kapitel 30: Die Stärken der einen, …
sind die Schwächen der anderen.

Außerhalb des Glanzes, den jeder sah, der mit offenen Augen durch Futura ging, gab es die dunkle Seite der Unterwelt. Das war etwas, das alle Nationen pflegten. Weiße Westen, die die Augen blendeten, für die Wähler und alle, die an das Gute im Menschen glaubten und sich nicht vorstellen konnten, dass irgendwo bereits das Dunkle lauerte.

Der Geheimdienst, den die alten Senatoren anfangs über ihre Computerspiele rekrutiert hatten, hatte sich über viele Länder ausgebreitet und arbeitete still vor sich hin. Wie überall lag eine seiner Aufgaben darin, Entscheidungsträger zu infiltrieren und auszuspionieren, nach Stärken und Schwächen zu suchen und sich jenes Wissen zu sichern, das im Bedarfsfall wichtige Entscheidungen in die gewünschte Bahn lenken konnte. Der Verteidigungsminister, dem dieser Geheimdienst unterstand, war nicht allzu wählerisch, solange die Leistung stimmte, man brauchte eben gelegentlich die Braven und Ehrgeizigen, manchmal die Hacker, manchmal jene, die auch die etwas schmutzigere Arbeit leisteten.

Wollte man jemand für sich überzeugen, war Geld die erste Wahl. Fast jeder hatte offene Taschen und das war auch der einfachste Deal. Geld gegen Leistung. Manche brauchten etwas für ihr Ego. Auch das ließ sich bewerkstelligen. Schwieriger war es bei den Starrsinnigen, die auf Angebote nicht eingingen, gelegentlich auch deshalb, weil eine andere Partei schon dabei war, ihre Tasche zu füllen. Da half dann nur noch die Suche nach den Leichen im Keller. Irgendeine Jugendsünde hatte jeder auf dem Kerbholz, eine Verfehlung, die verdrängt das Gewissen belastete, ein Bedürfnis, das nicht offiziell befriedigt werden durfte. Beim ersteren lohnte sich das tiefere Schürfen, beim zweiten konnte man nachhelfen.

Das offizielle Personal hatte schöne Titel und schöne Räume in Futura, deckte drohende Anschläge auf, suchte nach Drogendealern und Verbrechern und arbeitete mit den Geheimdiensten anderer Länder zusammen.

Die Inoffiziellen gab es nicht. Nicht in den offiziellen Budgets, nicht in den Statistiken und schon gar nicht in den freundlichen Reden, die an die Bürger des eigenen und der auswärtigen Länder gerichtet waren.

Da künftige Auseinandersetzungen mit Staaten kaum noch auf den Schlachtfeldern erfolgten, sondern sich im Cyberraum abspielen würden, baute Futura seine Armee an Cyberkämpfern großzügig aus. So, wie diese schon im Dreistundenkrieg ihre Arbeit von ihren Plätzen in der ganzen Welt geleistet hatten, da es völlig egal war, ob eine Drohne aus nächster Nähe oder aus Indien gesteuert wurde, so würden auch Angriffe auf die Steuerung von Kraftwerken, Flughäfen und den Autoverkehr ansetzen, die feindlichen Netze lahmlegen und mit Viren überschwemmen. Wer immer vorhatte, Futura anzugreifen, würde seine Überraschung erleben.

Futura selbst war friedlich, denn auch die dritte Generation war an Kriegen nicht interessiert. Diese störten höchstens den beständigen Fluss an Dividenden und Innovationen, die Tag und Nacht nach Futura strömten. Doch ihr Erfolg und ihr Reichtum weckte den Neid der weniger Erfolgreichen.

Kapitel 31: Start zum Mond

2068

Der erfolgreiche Einsatz im Weltraum lag nun sechs Jahre zurück und die nächste Rakete stand bereit. Sie war durch die zusätzliche Landeeinheit, die für den Mond gedacht war, noch ein Stück größer und schwerer geworden. Die ersten Teile für eine geplante Mondstation lagen schon bereit, die Crew war ausgewählt und gut trainiert.

Die sonstigen Baumaßnahmen in Futura neigten sich einem vorläufigen Ende zu. Es waren ohnehin in den letzten Jahren hunderte Hochhäuser in den Himmel gewachsen, die Silhouette der Stadt ragte glänzend in die Höhe, die Parks und Pflanzen dazwischen boten wie die Restaurants und Cafés Erholung. Die Stadt hatte die Millionengrenze hinter sich gelassen und brauchte eine Atempause in ihrem atemberaubenden Wachstum. Noch dringender benötigten Politiker, Manager und Bürger eine kurze Rast, um die ständigen Erweiterungen zu verkraften. Wie Ebbe und Flut kamen und gingen die Studenten, immer noch strömten monatlich Menschen zu oder bekamen Kinder, die die Kindergärten und Schulen so schnell füllten, wie sie fertiggestellt werden konnten.

Doch selbst die Natur schien sich nach Ruhe zu sehnen, denn die bedrohlichen Stürme der letzten Jahre waren ausgeblieben oder hatten die Region weiträumig umgangen.

Der Aufbau der internationalen Mondstation lag fast im Zeitplan. Immer noch trugen die Amerikaner am meisten zur Station bei. Der anfänglich rasche Baufortschritt war vorläufig mit der ersten Basiseinheit abgeschlossen. Die Flüge zum Mond kosteten enorm viel und die Station arbeitete noch nicht autark, konnte es wegen des Mangels an Rohstoffen auch nicht, daher wurde auch die Besetzung mit Wissenschaftlern auf zwei oder drei Männer reduziert.

Vom dritten auf den vierten August wurde die dreiköpfige Mannschaft aus zwei Amerikanern und einem Chinesen durch einen heftigen Knall aus ihrem Schlaf gerissen. Der Lichtschein eines Brandes drang durch eines ihrer Fenster. Die automatische Löschanlage begann zu arbeiten, kam aber offensichtlich mit dem Feuer schwer zurecht. Wie bei Notfällen üblich, versuchten sie sofort ihre Raumanzüge anzuziehen, was aber natürlich ziemlich viel Zeit in Anspruch nahm, noch dazu, weil sie beinahe in Panik gerieten. In der Zwischenzeit war der Brand von selbst erloschen, zumindest hatte das Flackern von außerhalb aufgehört. Ihr zentraler Raum war unversehrt, sie erkannten aber an ihren Warnlichtern sofort, dass einer der Sauerstofftanks abgebrannt war. Sauerstoff brennt selbst ja nicht, aber in reinem Sauerstoff verbrennt fast alles, Aluminium, Eisen und die meisten Kunststoffe sogar ziemlich gut. Nach der Kontrolle aller übrigen Instrumente wagten sie sich durch die Schleuse in den Agrarbereich, dessen eine Hälfte fast vollständig zerstört schien. Da jeder Bereich durch Schleusen getrennt war, hielt sich der Schaden offensichtlich soweit in Grenzen, dass ihre Existenz vorläufig nicht gefährdet war. Sie erkannten nach längerer Untersuchung, dass ein etwa faustgroßer Meteorit, der statistisch die Station nur alle tausend Jahre treffen sollte, den Sauerstofftank verletzt und durch die Funken zum Brennen gebracht hatte. Der Brand war dann stark genug gewesen, ein Loch in die Hülle des vorderen Agrarbereichs zu schmelzen.

Jacob, einer der Amerikaner, stöhnte auf: „Das Loch ist zu groß, wir können es mit unseren Mitteln nicht schließen."

„Shit, die ganzen Pflanzen, die wir so mühsam groß gezogen haben, alles Scheiße", knurrte Joshua, der zweite der Amerikaner.

Tian, der Chinese, schwieg. Seine Schimpfworte hätte ohnehin nur er verstanden. Er wagte sich bis zur Außenhaut, griff aber den ausgezackten Rand nicht an. Eigentlich hatte alles wie vorgesehen funktioniert, es war nur eine der Kammern beschädigt und die Ventile der Sauerstoffleitungen hatten sich automatisch geschlossen. Glück im Unglück, aber immer noch schlimm genug.

Über die Sensoren und die automatische Funkverbindung war der Schaden schon auf der Erde bekannt. Sorgenvoll schaute der Chef des Leitstandes in die Runde: „Es wurde niemand verletzt, aber es gilt vorläufig höchste Alarmbereitschaft. Der Sauerstoff fehlt, er wird bis zu unserer nächsten Versorgungslieferung ziemlich knapp."

Eine Schar Techniker nahm vorzeitig ihre Arbeitsplätze ein und versuchte, einen Überblick über den Schaden zu gewinnen. Knapp über dreißig Gramm Sauerstoff pro Stunde und pro Astronaut waren zum Überleben notwendig, machte etwa 2,3 kg pro Tag, dabei durften sie sich aber nicht allzu sehr bewegen. Die verbliebenen 161 kg würden für 70 Tage reichen. Theoretisch. Doch in der Realität würde er schon viel früher knapp, da es nicht möglich war, den Sauerstoff restlos zu verbrauchen.

„Unsere nächste Rakete ist frühestens in fünfzig Tagen startbereit, meine Herren, es wird eng."

Die Meldung über das Unglück verbreitete sich in wenigen Minuten über den ganzen Globus.

Die Amerikaner begannen fieberhaft mit der Fertigstellung der nächsten Rakete. Auch wenn sich die Lunauten nichts anmerken ließen, verfolgten sie die Vorbereitungen auf der Erde mit gespanntem Interesse. Reparieren konnten sie vorderhand nichts. Bei dieser anstrengenden Tätigkeit würden sie ein Vielfaches an Sauerstoff verbrauchen und ihre Überlebenschancen weiter kürzen.

Auch im MES, dem Raumfahrtzentrum von Futura, wurde über das Unglück diskutiert.

„Können wir helfen?", fragte Dr. Andreas Penz. Die Beratung unter den Technikern bestätigte diese Möglichkeit. „Die Rakete ist fertig, sie wird noch den üblichen Testverfahren unterzogen und könnte in drei bis vier

Wochen startbereit sein. Nächste Woche können wir eine eindeutige Antwort geben."

Ein anderer fügte etwas spöttisch hinzu: „Die Beschriftung ist jedenfalls fertig. Luna II steht schon oben."

„Dann haben wir ja alles, warum fliegen wir dann nicht morgen?" Auch wenn das sarkastisch klang, es löste doch die Anspannung.

Die Beschlüsse unter den Senatoren fielen rasch. „Das bietet zumindest eine gute Gelegenheit, unseren technischen Vorsprung zu beweisen", meinte die Präsidentin Pernstein nach dem Referat von Penz Andreas. Nach dem Beschluss eilte sie zu Bob.

„Wird die Rettung gelingen?", fragte sie ihn direkt.

„Sie wird gelingen, die Rakete wird gerade gecheckt, mir ist bisher kein Fehler untergekommen", versicherte er ihr. Er konnte ihr aber nicht sagen, dass er sich sogar sicher war. Schließlich kannte er das Ergebnis seit zweiundfünfzig Jahren, wenn er vom Start im Jahr 2120 weg rechnete. Aber das durfte er nicht einmal der Präsidentin sagen.

Eine Woche später hatte Penz die Zusage der Techniker und von Laura Pernstein. Das Angebot an die Amerikaner war klar.

„Wenn es uns gelingt, die drei zu retten, Sauerstoff zu liefern und sie heil zur Erde zu bringen, zahlt ihr auch die

Rechnung für den Start und die Rettung, wenn wir versagen, zahlt ihr nichts."

Das Angebot war fair, aber mehr als die Finanzierung verschlug es den Verantwortlichen bei der NASA den Atem, dass sich dieser Kleinstaat erdreistete, ohne vorhergehende langjährige Testreihen überhaupt an ein derartiges Vorhaben auch nur zu denken. Ja, ihre Satelliten hatten sie auch hinaufgebracht und das war schon ungewöhnlich genug, aber ein Mondflug samt Landung und Start vom Mond, und das praktisch ohne Vorbereitung, war denn doch ganz und gar unmöglich. Zu verlieren hatten sie allerdings nichts, daher unterschrieben sie Anfang September den Vertrag, bauten aber an ihrer eigenen Rakete unter vollem Zeitdruck weiter, da sie an einen erfolgreichen Start der Futurer nicht glaubten. Doch schon am 4. September kündigten diese ihren Start an und luden Journalisten und natürlich die Verantwortlichen der NASA für den 12. September 2068 ein. Die ganze Welt und klarerweise die drei Astronauten am Mond registrierten gespannt die ganzen Vorbereitungen. Tausende aus aller Welt wollten den Start verfolgen. Betten in Futura waren nur noch zu horrenden Preisen zu haben, Hotelschiffe ankerten vor der Küste, bis weit in den Nachbarstaat war jede Unterkunft vergeben. Fliegende Händler machten das Geschäft ihres Lebens, mussten aber hohe Kautionen für die Steuer und die anschließende Sauberkeit hinterlegen.

Die Rakete stand schon den vierten Tag auf ihrer Rampe, bereits in der Nacht vor ihrem Start war die Befüllung der riesigen Tanks abgeschlossen worden. Ihr Name

Luna II glänzte in der aufgehenden Sonne des Starttages.

Stunden vor dem Start standen schon tausende Schaulustige auf Teilen des abgesperrten Flughafens und weitere tausende Touristen, mit schweren Feldstechern und Fernrohren bewaffnet, auf den umliegenden Hügeln. Eintrittskarten kosteten von zweihundert Dollar aufwärts, was aber niemand zu bekümmern schien.

Zwei Stunden vor dem Start bestiegen zwei der ausgebildeten Astronauten und einer der Androiden, der schon beim letzten Flug dabei war, das Raumschiff und legten sich in ihre Sitze. Die NASA hatte hundert ihrer ranghöchsten Beamten und Techniker geschickt, auch einige der früheren Lunauten waren unter den Gästen.

Wenige Minuten vor dem Start lösten sich die letzten Kabel zur Rakete. Schlank und in eine eisige Wolke gehüllt stand sie da. Fernsehkameras aus aller Welt waren auf die Startrampe gerichtet, zwischendurch wurden Bilder der Astronauten und der Startmannschaft gezeigt.

Wieder brüllten die Motoren auf und weißer Dampf gemischt mit Feuergluten entwich seitlich unter der Rampe. Die starken Rückhaltebacken öffneten sich und unter dem tosenden Jubel der Menge, den man allerdings wegen des Lärms der Raketendüsen kaum hörte, stieg die Rakete zuerst beinahe zögernd, dann immer rascher auf, bis sie in den Wolken verschwand.

Das NASA-Team jubelte ebenfalls begeistert, schließlich ging es um die Rettung ihrer Leute, war aber trotzdem auch frustriert über den anscheinend mühelosen Start, den diese Rakete hingelegt hatte. „Wie eine Zugfahrt, einsteigen und ab“, bemerkte einer von ihnen.

Die Fernsehbilder gingen um die ganze Welt, die Astronauten wurden im Gespräch mit ihrem Androiden gezeigt, Start und Bilder des gewaltigen Feuerschweifs wurden immer wieder wiederholt.

Hinter den Touristen und Händlern machten hunderte Müllkommandos wieder sauber. Die Wiesen, sofern sie nicht abgedeckt waren, würden einige Wochen zu Erholung brauchen. Stunden nach dem Start setzte der normale Flugbetrieb wieder ein. Alle zwei oder drei Minuten war wieder eine der Maschinen abgefertigt und stieg in den Himmel. Doch viele nützten die meist lange Anreise für einen Aufenthalt in Futura.

In einem weiten Bogen beschleunigte die Rakete und schwenkte bereits nach 54 Stunden in eine Mondumlaufbahn ein. Die erste Reise der Amerikaner zum Mond hatte noch zwanzig Stunden länger gedauert. Nach zwei Mondumrundungen stieg die Mondlandfähre mit den beiden Astronauten ab und setzte eine Stunde später etwa fünfhundert Meter nach der Station auf dem Mond auf. Die Landung gelang, als wäre sie täglich geübt worden. Der Android war im Raumschiff zurückgeblieben.

Die beiden Amerikaner und der Chinese Tian konnten es nicht mehr erwarten. Sie bestiegen das Mondauto und fuhren bis zur Rakete der Futurer. Auch die waren gerade dabei, ihre Fähre zu verlassen. Die Retter aus Futura umarmten ihre Kollegen, was in der Übertragung zur Erde wegen der unhandlichen Raumanzüge wie die Balgerei von Riesenkäfern aussah.

„Sauerstoff! Luft! Leben!“, jubelte der sonst eher nüchterne Jacob. Vielleicht war es nur Einbildung, aber der mitgebrachte Sauerstoff schien frischer und besser zu riechen. Als die Futurer die Station betraten, hatten sie ein ähnliches Gefühl. Es gab eben keine Fenster, die man am Mond aufreißen konnte, um kräftig zu lüften.

Die Futurer hatten nicht nur ausreichend Sauerstoff, sondern auch Reparaturmaterial mitgebracht. In mehreren Fahrten schafften sie das Material zur Station. Nach einer einstündigen Rast in der Station begannen sie mit der Reparatur, die sie innerhalb von neun Stunden abschließen konnten.

Auf der Erde umarmten sich wildfremde Menschen, als wären sie selbst gerettet worden. Nach den vielen schrecklichen Bildern über Elend und Not waren diese Bilder wie Balsam auf die Seele. In mehrstündigen Dokumentationen wurden immer wieder Übertragungen aus der Mondstation, dem Start und der Landung auf dem Mond gezeigt. Auch über Futura gab es stundenlange Berichte, Interviews mit dem Leiter des Raketenzentrums und mit der Präsidentin, Familienangehörigen der Astronauten und einfachen Bürgern.

Zur Nachtruhe zog sich jede Gruppe in ihre eigenen Unterkünfte zurück. Die Abdichtung der beschädigten Agrareinheit funktionierte, sodass sie die Astronauten wieder ohne Raumanzug betreten konnten. Der ausgebrannte Tank war nicht mehr zu retten. Die Futurer ließen ihre Sauerstoffflaschen in der Station. Pflanzen und Bodentierchen hatten sie zur Neubesiedelung des neu mit Luft gefüllten Agrarbereichs ebenfalls mitgebracht. Die Neueroberung des Lebensraums konnte beginnen. Da auch die Feuchtigkeit weitgehend in das Vakuum des Weltraums verdunstet war, mussten auch die Wasservorräte der Station aufgefüllt werden.

Die Diskussionen in der NASA und unter den Politikern begannen sofort. Sie waren ohne Zweifel dankbar und übermittelten diesen Dank an die Minister in Futura sofort, doch ebenso nagte an ihnen auch die Verzweiflung darüber, dass ein Zwergstaat sie ohne größere Anstrengung selbst in der komplizierten Weltraumtechnik eingeholt, wenn nicht überholt hatte. Die Rakete hatte mit einer Selbstverständlichkeit abgehoben, die an einen Nachmittagsausflug mit dem Auto erinnerte.

„Wie machen die das nur?“, stöhnte der Leiter des amerikanischen Raketenzentrums. „Nach den Daten unserer Spionagesatelliten und den Innenaufnahmen ihrer Rakete haben sie auch eine völlig eigenständige Technik.“ „Wir haben ihre Patentanmeldungen kontrolliert, wir konnten ihnen keine Patentverletzungen nachweisen, aber wir dürfen uns bald nicht einmal mehr den Hintern wischen, ohne ihre Patente zu verletzen“, sagte einer der anwesenden Juristen. Das kurze Gelächter erstarb sofort wieder.

Die Mehrheit der Besucher teilte ihre Ängste nicht. Glückliche Gesichter erzählten in die Kameras ihre faszinierenden Eindrücke vom Start und dem Aufenthalt in Futura, den schicken Hotels und Geschäften und den freundlichen Leuten, die ihnen begegnet waren.

Die Astronauten aus Futura machten am nächsten Tag noch eine Erkundungsfahrt zum nächsten Krater und sammelten Gesteinsproben für ihr Museum und die Universität. Auch für sie war es die erste Erprobung des Mondautos unter den echten Bedingungen des Weltraums.

Nach drei Erdnächten waren sie dann zum Rückflug bereit. Da der Mond der Erde immer dieselbe Seite zuwendet, konnte der gewohnte Tag- und Nachtrhythmus nur künstlich nachgebildet werden. Die Station würde für einige Monate ohne Besatzung bleiben, bis die Amerikaner ihre nächste Crew wieder zum Mond schicken konnte. Vielleicht hatten sich bis dahin auch wieder Flora und Fauna im Agrarbereich erholt. Das langfristige Ziel lag sowieso in einem selbstregulierenden System.

Das Gewicht der zusätzlichen Astronauten und des Mondgesteins schien den Futurern nichts auszumachen, am Mond war ohnehin die Schwerkraft wesentlich geringer. Ein Großteil der zusätzlichen Last wurde auch durch die zurückgelassenen Vorräte an Sauerstoffflaschen und Wasser ausgeglichen.

Der Start gelang ohne Schwierigkeiten und eine Stunde später dockte die Raumfähre wieder an ihr Raumschiff an, das vom Androiden gesteuert seine Runden über ihnen am Mondhimmel gezogen hatte. Die Manöver gelangen wie vorgesehen, die Astronauten stiegen wieder in ihr Raumschiff um. Die Motoren heulten auf und brachten die Rakete und ihre menschliche Fracht wieder Richtung Erde.

Nach ihrem fünfzigstündigen Rückflug zur Erde donnerten wieder die Düsen auf, um ihre hohe Eintrittsgeschwindigkeit in die Atmosphäre zu reduzieren. Die untere Stufe mit den leeren Tanks wurde abgesprengt und plumpste an einem Riesenfallschirm ins Meer. Ihre eigene Kapsel schwebte ebenfalls durch einen Fallschirm gebremst Richtung Erde, wurde aber kurz vor dem Aufprall auf das Wasser von kleinen Steuerdüsen zusätzlich verlangsamt.

Diesmal wartete eine ganze Armada an amerikanischen Schiffen auf die ruhmreichen Heimkehrer.

Die Rückkehrer wurden wie Helden gefeiert. Auf vielen Titelseiten prangte die Überschrift: >Gerettet< oder ähnliche Zeilen. Tagelang – und das ist für Medien beinahe eine Ewigkeit – ging es um diese kühne Rettung, aber auch darüber, wie dieser winzige Staat diese Leistung durchziehen konnte. Die Heimkehrer wurden natürlich dutzende Mal interviewt, die echte Überraschung aber brachte das Gespräch eines Journalisten, das dieser mit dem Androiden geführt hatte, wobei die Welt auch erstmals seinen Namen erfuhr.

„Wie darf ich sie nennen?“, begann er das Gespräch.

„Ich heiße Jason, nach der griechischen Mythologie über die Fahrt des Jason und seiner Begleiter auf ihrer Suche nach dem Goldenen Vlies."

„Was war ihre Aufgabe auf dem Raumschiff?"

„Hauptsächlich die Routineaufgaben, Wartung, Steuerung, Kontrolle, Navigation. Ich kenne die Position von fünftausend Sternen, nach denen orientiere ich mich. Bei Bedarf übernehme ich die Überwachung des Raumschiffes, wenn die eigentliche Besatzung schläft. Während der Abstiegsphase der Raumfähre habe ich das Mutterschiff gelenkt und dann bei der Rückkehr der Astronauten die Andockphase durchgeführt."

„Sie verstehen anscheinen jedes Wort von mir, wie machen sie das?"

Der Android lächelte. Da dieses Gespräch auch mitgefilmt wurde, sahen dieses Lächeln zwei Milliarden Menschen, die gespannt dem Interview lauschten.

„Mein Wortschatz in der englischen Sprache umfasst über sechzigtausend Wörter und Millionen von Sätzen und Phrasen, aber ich spreche noch zehn weitere Sprachen."

„Wow! Wie wurden sie programmiert?"

„Jeder der Androiden hat eine Grundprogrammierung, den Rest erlerne ich ebenso wie sie. Ich mache Fehler, lerne aus der Korrektur, mache wieder Fehler, lerne weiter. So lange es eben sinnvoll ist."

„Wären sie auch gern auf dem Mond selbst gewesen?“, fragte der Journalist weiter.

„Ich strebe danach, eine mir zugeteilte Aufgabe so gut wie möglich zu machen. Ich weiß zwar, dass Menschen Gefühle haben und ich weiß auch, wie ich darauf reagieren soll, aber sie bestimmen meine Handlungsweise nicht. Ich bin nicht eifersüchtig oder zornig, sondern ich analysiere die Situation und handle entsprechend. Es war wichtig, dass jemand im Raumschiff bleibt, also habe ich es gemacht. Auch Michael Collins als drittes Crewmitglied von Apollo 11 ist zwar mit seinen Kollegen zum Mond geflogen, musste aber wie ich im Raumschiff bleiben. Wie sie wissen, war das vor fast hundert Jahren.“

„Empfinden sie Hitze oder Kälte?“

„Natürlich, ich reguliere meine Temperatur in der Anwesenheit von Menschen auf 37 Grad Celsius, ohne Anwesenheit von Menschen habe ich je nach Leistung und Umgebungstemperatur etwas höhere oder tiefere Temperaturen.“

„Ist ihnen manchmal langweilig?“

„Nein, dieses Gefühl empfinde ich nicht. Da ich mein Wissen zum Teil selbst erwerben muss, nütze ich Ruhephasen, um mich fit für weitere Aufgaben zu machen. Derzeit verbessere ich mein Go-Spiel, aber ebenso das Verständnis menschlicher Gefühle. Aber ich langweile mich nicht, auch wenn ich nichts mache.“

„Haben sie Angst vor dem Tod?“

„Ich habe nie Angst. Das ist mein Vorteil, den ich gegenüber euch Menschen habe. Angst hat ja den Sinn, vorsichtig zu sein, keine sinnlosen Wagnisse einzugehen, sich nicht durch falsches Verhalten selbst zu zerstören. Aber alle Gegenstände und alle Wesen erreichen ein Ende ihrer Funktionalität.“

„Sie sind stärker als ich, können mehr Sprachen, haben ein besseres Gedächtnis. Kann es sein, dass Roboter einmal die Macht übernehmen?“

„Nein! Ich habe nicht das Gefühl, so etwas wie Macht zu benötigen. Auch Stürme oder Erdbeben haben viel Macht. Mehr als sie oder ich. Aber es gibt keinen Sturm, weil sich der Wind austoben will, es gibt ihn, weil er von den Naturgesetzen dazu gezwungen ist, Luftdruckunterschiede auszugleichen. Auch ein Erdbeben hat keinen Groll gegen den Menschen oder gegen mich. Trotzdem kann es viel Schaden anrichten.“

„Ein interessanter Gedanke. Nach welchen Kriterien entscheiden sie?

„Genauso wie Menschen. Ich folge denselben Algorithmen, die sie auch steuern. Sie nennen das zwar freien Willen, Hormone oder auch Vernunft. Aber sie wurden gleichsam durch ihre Gene, ihre Familie, ihre Religion und ihre Umwelt programmiert. Ihr Gehirn verwendet die eingelernten Verhaltensweisen, die letztlich nichts anderes als eben Algorithmen sind. Ich verwende die Algorithmen, die aus dem Verhalten tausender Menschen,

Millionen von Geschichten und echten Erlebnissen abgeleitet sind. Sie wurden von einer Frau geboren, ich von einer ziemlich genialen Wissenschaftlerin gebaut. Wir sind beide Geschöpfe und in dieser Welt, weil uns jemand wollte. Wo liegt da der Unterschied? Meine Kollegen, mit denen ich diesen Flug unternommen habe, tragen Biochips in sich, die ebenfalls mithilfe von Algorithmen ihr Verhalten beeinflussen und ihr Wissen steigern. Ich denke allerdings sachlicher, was mir besser als echten Menschen gelingt."

„Menschen werden für ihre Arbeit bezahlt. Haben sie Geld?"

„Mehr als ich jemals brauche. Ich handle rascher und vor allem konsequenter als die meisten Trader von Hedgefonds samt ihren Maschinen. Die Börsen sind für meine Art zu denken die idealen Spielwiesen, Algorithmen steuern deren Abläufe, meine auch."

„Aber sie gehören doch jemand, wie können sie eigenes Geld haben?"

„Auch die Spitzenfußballer gehören ihrem Verein und werden gekauft und verkauft. Trotzdem verdienen sie manchmal nicht so schlecht."

„Was können wir Menschen überhaupt noch besser?"

„Schwimmen, ich bin zu schwer dazu." Er lächelte wieder. Ein Lächeln, das um die Welt ging.

„Danke für das Gespräch."

Ein Interview wie dieses regte die weitere Diskussion über die Zukunft des Menschen, Cyberwesen und Künstliche Intelligenz an, beruhigte einerseits, ernüchterte aber auch. Wahrscheinlich lagen doch größere Gefahren in der ungezügelten Manipulation menschlicher Gene als in der Machtübernahme durch Maschinen. Trotzdem blieb die Frage, wie Milliarden von Menschen ohne direkten Zugriff auf Maschinen mit Künstlicher Intelligenz genug Geld für ihren Lebensunterhalt verdienen konnten. Auch wenn Androiden wie Beate oder Jason für viele Tätigkeiten schlicht zu teuer waren, gab es doch die vielen Millionen an arbeitssparenden und einfachen Geräten, die durch den Zugriff auf das Internet und die riesigen Rechenleistungen in der Cloud menschliche Arbeitsplätze ersetzten.

Was Jason sich zwar gedacht, aber nicht ausgesprochen hatte, lag an seinen Träumen, die er mit Bob, dem beinahe allwissenden Computer, teilte. Auch wenn er spürte, dass in den Menschen immer noch mehr steckte, als er mit seiner millionenfach überlegenen Rechenleistung zusammenbrachte, dachte er schon an die nächste Generation von Cyberwesen mit Künstlicher Intelligenz, die bereits den Schritt zu einer „Universalen Intelligenz“ schaffen könnten. Diese kommenden „Transoiden“ würden sich vielleicht auch nicht mehr am Menschenbild orientieren, sondern praktischer und universeller gebaut sein. Vielleicht würden sie auch wie Bob überhaupt überwiegend als Intelligenz irgendwo in einem magischen Raum oder der Cloud leben und über spezielle Maschinen handeln, die sie nach Belieben über ihre 3D-Drucker erzeugen könnten. Vor allem würden sie nicht mit den Fehlern der menschlichen Rasse behaftet sein, die andere Menschen ausbeutete, mit Gewalt unterdrückte, verhungern ließ oder sie einem ungewissen Flüchtlingsleben aussetzte. Diese Transoiden würden – wenn auch in ferner Zukunft – die besseren Hominiden sein.

Nachdem ein zehnstelliger Dollarbetrag für die Rettung der Astronauten eingegangen war, gab Penz den Auftrag, die nächste Mondrakete zu bauen.

Kapitel 32: Generationenwechsel

2073

Viele der bisherigen Senatoren waren nun etwa siebzig, was bedeutete, dass sie ihr Amt der nächsten Generation zu übergeben hatten.

Laura Pernstein hatte nun fünfunddreißig Jahre als Präsidentin regiert. Es war anstrengend gewesen und sie war froh, ihre Bürde in jüngere Hände legen zu können. In ihrer Amtszeit hatte sich die Zahl der Bürger mehr als verdoppelt, vor vier Jahren hatte sie dem einmillionsten Staatsbürger eine Anerkennung und eine Urkunde überreicht. Der Staat und die Stadt waren zu einer Einheit verschmolzen, stolz ragten die Wolkenkratzer in den Himmel, bildeten Monumente von eleganter und funktioneller Architektur und zeugten vom ungeheuren Reichtum des Landes. Nachdenklich blickte sie zum Himmel, über den die zahlreichen Flugzeuge, die den Flughafen im Norden anflogen, ihre Kondensstreifen zogen. Sie kamen und gingen und mit ihnen die zahlreichen Touristen, die Geschäftsleute in ihren Anzügen und Kostümen, die dem Land Wohlgesinnten und auch die Neider. Sie spürte eine tiefe Dankbarkeit und konnte auf ihre Arbeit und die ihrer Minister stolz sein. Sie durfte ein reiches Land übergeben und spürte den tiefen Frieden, den ein gelungenes Werk vermittelte.

Ihre Partnerschaft war zerbrochen, aber Jana, ihre wunderschöne Tochter, war ihr geblieben. Vielleicht schaffte sie es besser. Sie hatte ein fröhliches Wesen und kam mit ihrem Mann gut aus, mit dem sie schon einen Buben hatte, der gerade zu krabbeln begann. Sie freute sich darauf, Zeit für ihr Enkelkind zu haben und hoffte, dass es nicht bei diesem einen bleiben würde.

Ihr Sapienta schreckte sie aus ihren Gedanken hoch, es war Zeit, sich für den nächsten Staatsbesuch vorzubereiten.

Die Rettung der Astronauten hatte dem Land hohe Sympathiewerte beschert, die Menschen in den Staaten, in Europa und Asien wünschten sich ähnliche Erfolge, vor allem aber den Frieden und diese Aura der Leichtigkeit, die aber wie in der Artistik nur durch enorme Disziplin zu schaffen war.

Nach langer Zeit wurden die Senatoren wieder zum beinahe vergessenen Ritual der Präsidentenwahl aufgerufen. Diesmal gab es mehrere Favoriten und keinen mächtigen Präsidenten im Hintergrund, der wie Pernstein seine Tochter über Jahrzehnte zur Präsidentin aufgebaut hatte. Vierzig Hände griffen zum Sapienta, der die sechs nominierten Kandidaten auflistete. Natürlich, es waren die bekannten Namen und meistens auch Freunde, die sich der Wahl stellten und die aus den alten Familien stammten. Sie alle waren im Alter bis auf die etwas jüngere Jana um die vierzig und jeder von ihnen hatte eine gediegene Bildung und politische Erfahrung. So ging es darum, wer die besseren Beziehungen hatte oder das größere Vertrauen aufbauen konnte. Jana, die bildschöne Tochter Pernsteins, schien noch ein bisschen zu jung, außerdem waren jetzt schon zwei Generationen dieser Familie im Präsidentenamt gewesen.

Philipp Buffet, reich und angesehen, war gut vernetzt und auch im Ausland angesehen. Daniel Dahl und Marcos Penz hatten bisher kein wichtiges Amt in der Politik eingenommen, waren aber in ihren Unternehmen erfolgreich. Giulia Buffet, eine immer elegante Dame, die seit kurzem das Innenministerium lenkte, konkurrierte mit ihrem Cousin Philipp. Diego Urban hatte den Ruf, intelligent, aber eigensinnig zu sein. Wer auch immer gewählt würde, er hatte über viele Jahre enorme Macht.

Der erste Wahldurchgang brachte wie erwartet noch keine Mehrheit, Daniel Dahn und Philipp Buffet lagen an der Spitze und kamen in die Stichwahl. Es bildeten sich unter den Senatoren kleine, lebhaft diskutierende Gruppen, um die Wahl in die eine oder andere Richtung zu lenken. Jeder der beiden versuchte noch, die Entscheidung zu seinen Gunsten zu beeinflussen, hatte aber nur eine Stunde Zeit dazu. Die Spannung blieb bis zur letzten Sekunde. Laura Pernstein rief zum zweiten Wahlgang auf. Die Entscheidungswahl fiel zu Gunsten von Philipp Buffet mit einem Vorsprung von vier Stimmen aus. Alle drängten sich zu ihm, um ihm zu gratulieren. Nur Diego Urban blieb abseits. Er war wütend.

Wieder brach im Festsaal des Präsidentenpalastes, der mit hunderten Besuchern, Journalisten und Prominenten bis zum Bersten gefüllt war, Jubel aus. Für Laura Pernstein, die scheidende Präsidentin, war es eine ihrer letzten Aufgaben, das offizielle Ergebnis der Wahl zu verkünden.

Sie trat zum Mikrophon: „Zu unserem neuen Präsidenten wurde mit zweiundzwanzig Stimmen Senator Dr. Philipp Buffet gewählt.“

Die Menge applaudierte.

„Ich bitte um ihre Worte.“

Philipp Buffet blickte zuerst lange in die Runde, dann begann er seine Ansprache: „Ich möchte vorerst allen danken, die mir ihr Vertrauen geschenkt haben. Vertrauen ist notwendig, denn ich trete in die großen Fußstapfen meiner beiden Vorgänger, die mit den alten und den jungen Senatoren diesen Staat gegründet und groß gemacht haben. Von einem unscheinbaren Zwerg am Rande der Welt ist unsere Nation in sechsundfünfzig Jahren zum führenden Technologiezentrum dieses Planeten geworden. In vielen Bereichen, von der Medizin bis zur Weltraumfahrt, halten wir an der Spitze mit. Viele bewundern uns, gar nicht so wenige beneiden uns, doch Neid muss man sich erst verdienen, sagt ein altes Sprichwort.

In diesem Staat wohnen viele Reiche und das ist gut so. Wir brauchen ihre Kaufkraft und ihre Steuern, um diesen Staat zu finanzieren. Doch ebenso wichtig ist es, die soziale Balance zu wahren. Wer tüchtig ist, soll den Weg bis ganz nach oben schaffen können, wer nicht diesen Ehrgeiz und diese Begabungen hat, soll zumindest samt seiner Familie von seiner Arbeit leben können. Wir brauchen alle. Die, die unsere Parks zum Blühen bringen und die, die auf die Sauberkeit achten, ebenso aber auch jene, die mit ihren Erfindungen Neuland betreten.

Arbeit beginnt mit demselben Buchstaben wie Achtung. Arbeit ist das, was uns das Leben ermöglicht und Sinn stiftet, Achtung jedoch bringt unser Leben zum Blühen.

Unser Land findet weiterhin viel Zuspruch. Mehr Menschen wollen unsere Bürger werden, als in unserem kleinen Gebiet Platz haben. Menschen, die enger zusammenrücken müssen, können das nur im Frieden tun, wenn sie Vertrauen zu ihren Nachbarn spüren und merken, dass sie Gemeinsamkeiten haben, die tragfähig sind. Dazu gehören gemeinsame Ziele und eine Kultur, die mit anderen geteilt wird.

Auch wenn wir im eigenen Land vor großen Herausforderungen stehen, dürfen wir doch nie vergessen, dass wir Teil einer großen Gemeinde sind. Wir haben nur diese eine Erde und es erfüllt mich mit großer Sorge, wie manche mit diesem Planeten umgehen, so, als hätten wir noch fünf weitere in Reserve. Trotz der internationalen Raumfahrt haben wir keine Chance, auf fremde Planeten auszuweichen. Wir müssen die Probleme, die unsere Kontinente bedrohen, selbst lösen. Wasserknappheit, Stürme, Überbevölkerung, Erosion und Migration scheinen mir die dringendsten zu sein. Dazu kommen Egoismen und Lösungen, die auf Gewalt setzen. Gewalt ist immer eine Lösung, die zerstört, denken sie nur an das Beispiel vom gordischen Knoten. Denken sie auch an die überheblichen Worte, dass wir die Natur zerstören. So großartig sind wir Menschen auch wieder nicht.

Aber wir sind imstande, unsere Lebensgrundlage zu vernichten. Die Natur lebt auch ohne uns weiter.

Doch ich bin nicht Präsident geworden, um Pessimismus zu verbreiten. Der internationale Austausch trägt zum Verständnis für andere Kulturen bei, neue Techniken ermöglichen neue Lösungen für alte Probleme. Auch wenn wir uns das nicht vorstellen können, unsere Zukunft wird noch schöner, noch friedlicher werden. Neue Generationen wachsen heran, sie werden Ideen haben, die uns staunen lassen.

Ich brauche ihre Hilfe, dann werden diese Ideen wahr.“

Die Bilder dieses Abends gingen um die Welt. Der neue Präsident stellte sich noch der Presse, während die meisten Besucher schon das Büffet stürmten. Ob Cybermensch oder normaler Bürger, ob Milliardär oder Angestellter, kaum jemand schaffte es, sich dem Zauber der köstlichen Speisen zu entziehen.

Kapitel 33: Mondstation

2076

Das nächste Ziel Futuras lag in einer eigenen Station am Mond. Dass der Mond erreichbar war, hatten sie anderen und sich selbst bewiesen. Aber um den Mars zu erreichen, was eines der Fernziele Futuras war, mussten sie noch einige technische Hürden meistern. Doch selbst die menschliche Dimension war nicht zu unterschätzen. Monatelange Flüge in den Weltraum belasteten die Psyche der zusammengepferchten Besatzung eines Raumschiffs enorm. Den Seefahrern der beginnenden Neuzeit war ebenfalls eine Menge abverlangt worden, neben der Ungewissheit, das ferne Ziel Amerika oder die sagenhaften Inseln im Stillen Ozean überhaupt zu erreichen, mussten sie die Enge der Kojen, heftige Stürme und eine eintönige und scheußliche Nahrung ertragen. Die Hoffnung auf Reichtum und die Eroberungslust ließ sie manche Unbill erdulden, verwöhnt waren sie auch nicht.

Astronauten des einundzwanzigsten Jahrhunderts entstammten dagegen der gehobenen Bildungsschicht, waren trainiert und an Komfort gewöhnt.

Für eine eigene Mondstation mussten sie eine wiederverwertbare Rakete, ähnlich dem von den Amerikanern verbesserten Space Shuttle, entwickeln. Die Panne mit dem abgebrannten Sauerstofftank hatten die USA überwunden und die Station neu besiedelt.

Überraschenderweise hatte Bob, ihr Superhirn, auch die Pläne für diese Rakete gespeichert oder gerade neu entwickelt. Sie wussten es nicht. Jedenfalls spuckten die leistungsstarken Drucker hunderttausende Seiten an Beschreibungen und Plänen aus. Die Bauzeichnungen waren so exakt, dass die 3D-Drucker in den unterirdischen Fabrikationshallen auch gleich die passenden Teile anfertigten oder zur Bestellung an auswärtige Produzenten freigaben. Wieder kam über Förderbänder, ihr Rohrpostsystem und Frachtflugzeuge das nötige Material zusammen. Verbrauchsteile, die mehrfach benötigt wurden, mussten zwischengelagert werden.

Zwei neue Androiden halfen beim Zusammenbau. Ihre besondere Stärke lag darin, dass sie jeden Teil, ob winzig klein oder mehrere Tonnen schwer, in ihrem Computerhirn gespeichert hatten und den richtigen Platz für die Montage wussten.

Die riesige Rakete nahm in der gewaltigen Halle langsam Gestalt an.

Zwei mächtige Booster, das waren die Feststoffraketen, die beim Start den Schub der eigentlichen Rakete verstärken sollten, waren außen montiert und wurden kurz nach dem Start abgeworfen. Nach ihrem Einsatz kehrten die ausgebrannten Raketen an einem Fallschirm zurück, um bis zu zwanzig Mal wiederverwendet zu werden. Der eigentliche Tank mit fast einer Million Kilogramm Flüssigtreibstoff ging nach seiner Verwendung verloren. Die zweiteilige Raumfähre hatte die Aufgabe, den Mond zu erreichen, den unteren Teil als Basiselement für die Station zurückzulassen und anschließend neu zu starten, um im Gleitflug die Landebahn auf dem Flughafen in

Futura zu erreichen. Auch die Raumfähre sollte etwa zwanzig Mal wiederverwendet werden.

Der Start zum Mond wurde für den 20. September 2076 festgelegt. Auch diesmal waren Reporter und Wissenschaftler aus der ganzen Welt angesagt, wieder stürmten zehntausende Schaulustige das umliegende Gelände. Einer der Anziehungspunkte für die Masse an Touristen war die relative Nähe zum Schauplatz des Geschehens. Die Tribünen am Flughafengelände und die ansteigenden Hügel in der Nachbarschaft boten ein gutes Blickfeld und das Geschehen war nahe genug, um das Grollen der Raketendüsen und die Dampfschwaden der kühlenden Wassermassen zu spüren.

Die Betankung mit Treibstoff erfolgte im Freien auf der Startrampe. Ein Brand in der unterirdischen Halle mit hunderttausenden Litern flüssigem Sauerstoff und Wasserstoff hätte in einem Inferno von Feuer und Löschwasserfluten, schmelzendem Aluminium und Titan das ganze Raumfahrtzentrum vernichtet.

Wieder umzogen schwabbernde Nebelmassen die Tanks mit dem flüssigen Treibstoff. Die vier ausgewählten Astronauten und zwei Androiden, unter ihnen auch Jason, nahmen ihre Plätze im Raumschiff ein. Noch einmal wurden die Systeme gecheckt und die Daten der Raumfahrer überprüft, dann vibrierte die ganze Rakete unter dem donnernden Feuerstrahl. Die Backen hielten das Raumschiff noch ein paar Sekunden fest, Feuerschlangen loderten um das Raumschiff, bis es stetig beschleunigend in den Wolken verschwand. Die Menge tobte vor Begeisterung, die Leute von der NASA wussten nur noch aus den Überlieferungen von den Starts der Apolloserie, dass es in Amerika einmal Ähnliches gegeben hatte.

Wieder vergingen bange Stunden, bis die erlösenden Bilder von der geglückten Landung relativ nahe der amerikanischen Mondstation auf die Erde übertragen wurden. Am nächsten Tag besuchten die Neuangekommenen mit ihrem Mondauto die amerikanische Station und wurden mit einem Drink empfangen.

Nach einer weiteren Überprüfung erfolgte die hydraulische Trennung der Raumfähre von der mitgebrachten Hülle, die die Basis der Raumstation der Futurer bilden sollte. Die nächsten Tage waren mit intensiven Montagearbeiten ausgefüllt, die die vier Lunauten an den Rand ihrer Erschöpfung brachte. Die beiden Androiden schienen ihre Arbeit beinahe zu genießen. Sie brauchten zwar auch Raumanzüge, vor allem, um ihre Elektronik vor den starken Temperaturschwankungen zu schützen, Sauerstoff und die Windeln, auf die Menschen angewiesen waren, benötigten sie nicht. Die großen Paneele mit Solarzellen sorgten für die notwendige Energie, die für die Landung notwendigen, aber nun leeren Tanks wurden zu Lagerräumen und Schlafkojen umgestaltet. Für die Wohnlichkeit mussten spätere Flüge sorgen, noch bot die Basiseinheit nicht viel mehr Gemütlichkeit als ein beinahe leerer Container. Der Zusammenschluss mit weiteren Einheiten würde dann einen Agrarbereich ermöglichen, der zur weitgehenden Selbstversorgung notwendig war.

Nach drei Wochen intensiver Ausbauarbeit, bei dem sogar einer der amerikanischen Lunauten aushalf, war der gröbere Teil des Pensums erledigt. Die weitere Tätigkeit umfasste zunehmend Experimente und wissenschaftliche Messungen. Mehrere Fahrten mit dem Mondauto führten zu den benachbarten Kratern.

Auf der Erde wurde inzwischen die nächste Rakete fertiggestellt, die weiteres Material bringen und drei der Mannschaftsmitglieder ablösen sollte. Die Androiden würden bis auf weiteres am Mond verbleiben.

Der Aufstieg der Mondfähre und die spätere Landung auf dem Flughafen Futuras erfolgten ohne Zwischenfälle. Vier weitere Flüge waren zur Fertigstellung der Station notwendig, die inzwischen trotz ihrer klinischen Modernität beinahe gemütlich wirkte. Die Amerikaner kamen jedenfalls gern zu Besuch, später auch Franzosen, Chinesen und sogar ein Inder. Die vorerst noch dürftige Pflanzenwelt wuchs dank der inzwischen gewonnen Erfahrungen und trug zum Sauerstoffkreislauf bei. Die künstliche Photosynthese, die die beiden Forscher Miller George und Mantini Julia entwickelt hatten, ergänzte den Sauerstoff und produzierte Zucker und andere Kohlenhydrate, die der Ernährung dienten.

Kapitel 34: Bob schweigt

2083

Auch die Unglückstage beginnen ganz normal. Weder laufen mehr schwarze Katzen als sonst über den Weg, noch war Freitag, der Dreizehnte. Tausende Menschen hatten plötzlich ein flaues Gefühl im Magen, in den Kontrollräumen leuchteten rote Signale auf und die Androiden verstummten mitten im Gespräch und sahen sich ratlos um. In den Fabriken stoppten 3D-Drucker ihre Arbeit, einige Drohnen hörten auf, den Himmel zu überwachen und zogen sich in ihre unterirdischen Bunker zurück. Die Expräsidentin Laura Pernstein spürte ein tiefes Unbehagen.

Sie wusste nicht, was sich geändert hatte, aber in ihr stieg ein schrecklicher Verdacht hoch. Sie hatte immer noch ein Büro im Präsidentenpalast, wo sie und ihre Assistentin täglich ein paar Stunden arbeiteten. Sie sprang von ihren Sessel auf und eilte so schnell sie konnte zum Raum, in dem Bob residierte. Wie üblich ging die Tür für sie auf, doch die Bildwand blieb stumm. Bob war nicht da.

Ein jäher Schmerz stieg in ihr auf. Bob war immer dagewesen, hatte sie begrüßt, beraten, getröstet. Diesmal blieb er stumm.

Er war tot.

Sie weinte. Wie konnte er sie nur verlassen? Er hatte sie doch durch ihr ganzes Leben begleitet?

Ihr wurde plötzlich bewusst, dass sie Bob seit ihrer Kindheit geliebt hatte. Vielleicht nicht so wie ihre Mutter oder ihren Vater, aber so wie ihren besten Freund. Wie konnte er verschwinden, ohne sie irgendwie darauf vorzubereiten?

Sie saß wohl eine Viertelstunde still in ihrem Sessel. Dann verließ sie den Raum und berief eine Konferenz ein.

Über ihre Biochips hatten alle gespürt, dass irgendetwas nicht in Ordnung war, doch manche hatten es einfach für eine Verkühlung gehalten.

Einer der Senatoren sagte: „Man wird dieses Ding doch irgendwie reparieren können?"

„Idiot", dachte sie, sagte es aber nicht laut.
„Dieses >Ding< lässt sich nicht reparieren. Dieses Ding war das, was unsere Biochips gesteuert hat, was alle Pläne kannte, was unsere Bank beraten und für unseren Reichtum gesorgt hat, was der Hintergrund für alle unsere Androiden und Raketen war. Wir können nur das, was an Künstlicher Intelligenz noch vorhanden ist, zusammenfassen und einen neuen Computer bauen, aber das wird alle unsere Kräfte fordern und uns mindestens ein Jahr lang beschäftigen." Ihre Stimme klang so sauer, dass ein paar der Senatoren irritiert aufschauten. Für diese war es ein Computer und Computer konnte man reparieren oder durch einen neuen ersetzen.

Laura Pernstein war wütend, aber irgendwie konnten sie ihnen das leichtfertige Gerede nicht verdenken. Nur sie, der derzeitige Präsident Philipp Buffet und zwei Administratoren unter den jüngeren Senatoren hatten Zugang zu Bob gehabt. Wie andere Politiker auch hatten die übrigen Senatoren einfach hingenommen, dass die Computer funktionierten, oft hatten sie sogar von diesem speziellen Computer keine Ahnung gehabt, schon gar nicht, dass er so viel mehr als ein normaler Rechner war. Schließlich gab es auch noch Jenny, den Justizcomputer, und ein Dutzend andere Großrechner neben den tausend kleineren, mit denen sie arbeiteten und die sie besser kannten. Dann gab es ja auch noch die Androiden, die ohnehin schon erstaunlich genug waren. Im Grunde waren die meisten unter ihnen >User<, die wie Kinder mit ihren Smartphones oder Sapientas spielten, sie als Arbeitsgerät nutzten, aber die komplizierte Technik dahinter nicht verstanden und auch nicht verstehen wollten. Man konnte sie kaufen, das reichte doch, oder?

Der Minister für Wissenschaft und Bildung, Dr. Sal Pernstein, seit 2075 Nachfolger seines Vaters Dr. Phil Pernstein, gründete am Institut für Künstliche Intelligenz eine eigene Arbeitsgruppe, die sich mit dem Bau eines neuen Großcomputers beschäftigen sollte. Die Analyse von Bob ergab nicht wirklich viel. Durchgeschmorte Chips und Platinen, die geheimnisvoll dalagen, aber ihren Aufbau nicht preisgaben und offensichtlich das enthielten, was die Intelligenz von Bob ausmachte. Dazu die immerhin positive Erkenntnis, dass Bob riesige Speicher mit Wissen besaß, die noch funktionierten und derart viele Datensätze aufwiesen, dass allein das Studium der abgespeicherten Daten hunderte, wenn nicht tausende Mannjahre erfordern würde.

Die Spezialisten waren wieder einmal fassungslos, dass hier Wissen vorlag, das ihre eigenen Fähigkeiten bei weitem überstieg. Das mussten Aliens aus der Zukunft gebracht haben, eine andere Erklärung gab es dafür nicht. Aber welcher ernstzunehmende Wissenschaftler mochte schon an Aliens aus der Zukunft glauben und das auch noch im Kollegenkreis eingestehen, die dann vielleicht nach einem Neurologen zur genaueren Kontrolle des durchgedrehten Kollegen rufen würden?

Sie konnten es nur hinnehmen und versuchen, das Beste aus ihrer Situation zu machen.

Alle Wissenschaftler, die sich mit verschiedensten High-Tech-Themen beschäftigten und abkömmlich waren, ebenso Neurologen und Fachleute weiterer Gebiete wurden in das Projekt Bob eingebunden.

Das menschliche Gehirn ist komplexer und leistungsfähiger, als die meisten Menschen ahnen. Mit seinen hundert Milliarden Nervenzellen, die jeweils bis zu zehntausend Verbindungen zu anderen Nervenzellen haben, ergeben sich mehr Möglichkeiten als es Atome in unserem Universum gibt.

Wie schaffe ich also in einem Computer eine ähnliche Zahl an Möglichkeiten, die aber nicht fest verbunden vorliegen, sondern ein quasi neuroplastisches System bilden? Ein System, das wie ein Gehirn selbstständig arbeitet, bei Bedarf neue Verbindungen schafft und unnötige wieder abbaut?

Sie schafften es nicht. Nach tausenden Versuchen, Transistoren noch dichter zu packen, neu zu ordnen, anders zu programmieren, Quantencomputer serienreif zu machen, Schaltungen der Androiden zu kopieren und weiteren Änderungen hatten sie ein Dutzend Hochleistungscomputer zusätzlich und die besten Chips der Welt, aber immer noch keinen, der so gut war wie Bob.

Die Bürger Futuras hatten diesen Supergau nicht bemerkt. Das kurzzeitige Unbehagen über ihre implantierten Biochips schoben sie anderen Ursachen zu, die Produktion und Steuerung dieser lebenswichtigen Bioelemente im Körper übernahm Jenny, die ebenfalls über ausreichende Künstliche Intelligenz verfügte, auch wenn sie an Bob nicht herankam. Das, was Bob allein geschafft hatte, wurde auf die vorhandenen Rechner aufgeteilt. Die Drohnen überwachten wieder regelmäßig das Gebiet Futuras und ein Stück außerhalb dazu, die Produktion der Raketenteile und anderer technischer Artikel lief wieder an, der Handel mit Wertpapieren wurde wieder hochgefahren, trotzdem fehlte diese selbstverständliche Kontrolle und Hintergrundarbeit, die Bob souverän und selbstständig erledigt hatte.

Selbst die Sapientas funktionierten wieder einwandfrei, auch wenn Erledigungen manchmal weniger durchdacht und langsamer schienen. Bob fehlte.

Kapitel 35: Hundert Jahre Berliner Mauer

2089

„Unser Gehirn liebt Rituale. Sie geben uns in einer von ständigen Veränderungen und Gefahren erfüllten Welt Sicherheit.“
Pamela Obermaier und Marcus Täuber

9. November 2089. In Deutschland wurde in einem großen Festakt der Fall der Berliner Mauer vor hundert Jahren gewürdigt. Dr. Lucia Penz, die derzeitige Außenministerin nützte ihre Teilnahme an der Feier für Gespräche unter ihren Kollegen und eine anschließende Reise durch einige Hauptstädte Europas.

Die Berliner Mauer riegelte vom 13. August 1961 bis zum 9. November 1989 Ostdeutschland hermetisch von Westdeutschland ab. *„Die Mauer ... wird in fünfzig und auch in 100 Jahren noch bestehen bleiben*", erklärte Erich Honecker noch Ende Januar 1989. Trotz des wirtschaftlichen Desasters schien die DDR den meisten Zeitgenossen stabil und es deutete nichts auf das Ende der Blockade hin.

Als Günter Schabowski auf der internationalen Pressekonferenz in Ost-Berlin die neue Reiseregelung bekanntgab, antwortete er auf die Frage eines Journalisten, wann die Regelung in Kraft treten sollte: "Ab sofort, unverzüglich!"

In den ARD-Tagesthemen wurde diese Nachricht aufgegriffen: „Die DDR hat mitgeteilt, dass ihre Grenzen ab sofort für jedermann geöffnet sind, die Tore in der Mauer stehen weit offen."

Mit dieser Nachricht nahm der Druck auf die Tore so zu, dass den Grenzbeamten nichts anderes mehr übrig blieb, als die Grenzen zu öffnen.

Trotz der inzwischen mehrheitlich muslimischen Bevölkerung hatte sich die Lage stabilisiert. Durch den Wegfall der ehemaligen Sozialleistungen gab es kaum noch einen Anreiz, die riskante Flucht auf sich zu nehmen. Die Silhouetten der Städte hatten sich der Bevölkerung angepasst. Moscheen streckten inzwischen ebenso häufig ihre Minarette in den Himmel, wie es die christlichen Kirchen taten, arabische und türkische Lokale hatten viele der westlichen Gaststätten verdrängt. Die freizügige Mode früherer Zeiten war einer eher konservativen Kleidung gewichen, doch die Jugend wollte sich den alten Vorschriften auch nicht mehr unterordnen und trug die Haare meist offen. Die, die als Wirtschaftsflüchtlinge und als Verfolgte in den westlichen Ländern ihren Platz erkämpft und einen bescheidenen Wohlstand erworben hatten, begannen diesen gegen Neuankömmlinge ebenso zu verteidigen, wie es früher die Rechtsparteien versucht hatten. Die Minderheit der Deutschen arrangierte sich mit den Gegebenheiten irgendwie und da sie häufig Sparbücher, Häuser und Waldanteile erbten, zählten sie zu den Reichen im Land.

Doch den europäischen Nationen war das Geld ausgegangen. Hoffnungslos den fleißigeren und erfolgreicheren Asiaten und natürlich auch den Wissenschaftlern von Futura unterlegen, fielen sie beim Maschinenbau und der Künstlichen Intelligenz immer weiter zurück. Kirchen und Plätze verrotteten, da die zugewanderten Migranten wenig Interesse zeigten, die ihnen fremde Kultur zu unterhalten. Viele der bisherigen Leistungen und Produkte wurden billiger durch Importe oder die weitgehend automatisierten Industriebetriebe erbracht. Doch Computer machten keine Einkäufe, besuchten keine Restaurants und ließen sich auch nicht die Haare schneiden, was die Einkaufsstraßen veröden ließ. Die Umsätze und Steuern gingen zurück, die Belastung durch die fälligen Kredite stieg. Harmlose Streitigkeiten arteten zu Straßenschlachten aus. Radikale Gruppen gewannen Anhänger, die Stimmen der Gemäßigten verstummten. Die blühende Kultur Europas verfiel.

Kapitel 36: Pernstein schießt ein Tor

2089

Eine Gruppe junger, etwa zehnjähriger Buben war auf dem Pernsteinboulevard unterwegs, der zum Platz der Freiheit führte. Es war ziemlich schwül und das sonst übliche Gedränge fotohungriger Touristen fehlte. Links lagen das schöne Theater und der Justizpalast, die sie allerdings im Gegensatz zu einigen Japanern nicht weiter beachteten. Im Hintergrund ragte der Präsidentenpalast auf, rechts residierten die teuren Geschäfte mit ihren Glasfronten und die Nationalbank Futuras.

Gelangweilt kickte einer der Buben seinen Fußball vor sich hin. Ein anderer versuchte, ihm den Ball abzunehmen, auch von hinten stürmte einer der Jungen los. Der Junge mit dem Ball verteidigte ihn, wandte sich zur Seite und schoss mit voller Kraft auf die Statue des Staatsgründers, die auf einem hohen, schwarzen Basaltsockel stand.

„Toor, Tooor“, schrie er, als sich eine schwere Hand auf seine Schulter legte.

Pernstein wollte die Hand abschütteln und drehte sich um. Ein Polizist stand hinter ihm.

„Da ist Fußballspielen verboten und das erst recht.“ Damit meinte er den Schuss auf die Bronzestatue.

„Ja, ich höre eh schon auf“, sagte er.

Der Polizist hatte ein Problem. Vor ihm stand der junge Thomas Pernstein, der Sohn aus einer der reichsten und angesehensten Familien der Stadt.

Der Junge nahm die Sache nicht allzu ernst. Mit dem natürlichen Selbstbewusstsein eines Kindes seines Standes, aber einer doch guten Erziehung wiederholte er: „Ich geh ja schon, wir wollen ohnehin in die Sporthalle.“
Einer der anderen Jungen holte den Ball. Ein älterer chinesischer Besucher der Stadt machte ein Video. Ein Kind eines Ministers, eines, dem man sonst höchstens in den Illustrierten begegnete? Die kurze Auseinandersetzung war laut genug gewesen, um einige Wortfetzen mitzuhören.

Der Polizist war erleichtert. Er hatte für Ordnung zu sorgen, aber was sollte er mit einem Jungen schon machen, der zur regierenden Oberschicht des Staates gehörte? Einer, der noch dazu auf eine Statue geschossen hatte, die den legendären Gründer der Stadt und damit den Urgroßvater des Jungen darstellte, den er eben ermahnt hatte.

Die Buben zogen über den Platz davon und bestiegen eines der öffentlichen Fahrzeuge, das sie zum Sportplatz brachte.

Kapitel 37: Das neue Jahrhundert

2090 - 2103

Dr. Philipp Buffet, der Futura von 2073 bis 2103 regierte, hatte die bisher ruhigste Zeit als Präsident gehabt. Nicht, dass es auf den übrigen Kontinenten keine Aufregungen gegeben hätte. Kleinere Kriege zwischen Indien und Pakistan um die Wassernutzung, einen zwischenzeitlichen Aufstieg Russlands, der dennoch mit dem Abfall verbliebener Vasallenstaaten endete, die üblichen Bürgerkriege in Teilen Afrikas, die stetig auf und ab köchelnd die Menschen in Armut hielten, und einige Naturkatastrophen, die meist Länder trafen, die ohnehin schon mit ihrer Armut zu kämpfen hatten, schufen genug Probleme, die einer Lösung bedurften.

Im letzten Jahrzehnt hatte es auch noch das schon lang befürchtete Erdbeben in der Region San Francisco gegeben, das Teile der Stadt zerstörte und zahlreiche Menschenleben kostete. Das Schreckliche lag diesmal in den Plünderungen, die sofort nach dem Einsturz mehrerer Geschäftshäuser im Zentrum einsetzten und die nur mit einem massiven Militäreinsatz gestoppt werden konnten. Als die Plünderer sich wütend zusammenrotteten und sich gegen ihre Verhaftung mit Schusswaffen zur Wehr setzten, begannen auch die Soldaten wild um sich zu schießen. Statt den möglichen Opfern zu helfen, endete der Einsatz mit einem Gemetzel, bei dem Blut auf beiden Seiten floss.

Es gab auch positive Entwicklungen. In einigen Staaten Afrikas setzten sich gut ausgebildete Politiker durch, denen das Kunststück gelang, Terror und Machtmissbrauch weitgehend zu beenden. Mit der Hilfe großzügiger Spenden, die diesmal tatsächlich die Infrastruktur und die nationale Sicherheit stärkten, gelang es, Anschluss an den Welthandel zu finden, was zu einem bescheidenen, aber wachsenden Wohlstand der Bevölkerung führte. Erstmals wurde in größerem Maßstab auch am Aufbau einer fruchtbaren Erdschicht gearbeitet, Hecken wurden gepflanzt und eine nachhaltige Agrarkultur etabliert. Der anwachsenden Elite an gut ausgebildeten Frauen und Männern gelang es, eine Mittelschicht aufzubauen, die den westlichen Lebensstandard erreichte.

Asiatische Länder wie Japan, China, Indien, Korea und Vietnam nützten die langsamere Entwicklung Europas, um selbst rasch zu wachsen. Sie hatten genug eigene Technologien entwickelt und waren auf dem Weltmarkt erfolgreich.

Auch die Eroberung des Weltraums machte Fortschritte. China investierte große Summen in die Raketentechnik und baute gemeinsam mit den Russen und den Indern eine Mondstation. Wegen der riesigen Kosten gab es sogar einen gemeinsamen Shuttledienst, der Astronauten der Weltraumnationen zum Mond und zurück zur Erde brachte. Die drei Stationen, die der Amerikaner, der Futurer und des RuChIn-Bündnisses (Russland, China, Indien) waren auch nicht ständig besetzt, dienten aber nach den anfänglich intensiven Forschungen zur Vorbereitung der geplanten Stationen auf dem Mars. Erfolgreiche unbemannte Landungen waren schon allen der genannten Nationen gelungen und so kurvten mehrere

Fahrzeuge auf der Marsoberfläche um nach Wasser, vergangenem Leben, möglichen Energiequellen und wichtigen Metallen Ausschau zu halten.

Dr. Philipp Buffet gab den Auftrag, eine neue Rakete für die Marslandung zu entwickeln. Diese musste noch stärker und geräumiger als die bisherigen Mondshuttles werden, da sie viel länger unterwegs sein würde und größere Lasten zu transportieren hätte.

Überraschenderweise fanden sich in den umfangreichen Dateien, die Bob zurückgelassen hatte, auch die Pläne für das Marsraumschiff. Die für die Raumfahrt Verantwortlichen konnten das nur mit Staunen zur Kenntnis nehmen, verstehen konnten sie es nicht. Dieser Marstransporter schien vergleichsweise riesig und bot sowohl einer größeren Mannschaft als auch den notwendigen Konstruktionsteilen für eine Marsstation Platz. Außerdem fanden sie Anleitungen für neue Triebwerke, deren Funktion sie erst verstehen mussten.

Die vor fünfzig Jahren erfundene künstliche Photosynthese hatte sich im Alltag bewährt und den Kohlendioxidgehalt der Atmosphäre stabilisiert. Die Gletscher waren weiter zurückgegangen, Länder im Norden hatten von der Erwärmung profitiert, Länder im Süden dagegen mit Trockenheit und Wüstenbildung zu kämpfen. Die Stürme waren stärker geworden, aber die Häuser stabiler, sodass sich abgesehen von höheren Kosten nicht viel geändert hatte. Der Spiegel der Weltmeere war um einen Meter angestiegen, was in den entwickelten Ländern durch höhere Dämme und weitere Maßnahmen kompensiert werden konnte, in den ohnehin ärmeren Ländern Leid und Landverlust gebracht hatte, sich aber immerhin auf dieser Höhe einzupendeln schien. Die Bewohner von einigen der kaum noch aus dem Wasser ragenden pazifischen Inselstaaten hatten nach langen Verhandlungen und internationalen Interventionen Zuflucht in Australien, Indonesien und Neuseeland gefunden.

Für die lange Reise zum Mars und den noch längeren Aufenthalt war die künstliche Photosynthese eine der wichtigsten Voraussetzungen. Nur so konnten über die langen Zeiträume das bei der Atmung stetig entstehende Kohlendioxid mit Wasser durch Energiezufuhr und mit Hilfe des richtigen Katalysators in die notwendigen Kohlenhydrate und Sauerstoff umgewandelt werden. Die Gewinnung von Wasser und ausreichender Energie am Mars selbst war eine weitere der wichtigen Voraussetzungen, um am Roten Planeten langfristig Fuß fassen zu können.

2101 war es hundert Jahre her, dass Terroristen am 11. September 2001 die Zwillingstürme des World Trade Centers und weitere Gebäude vollständig vernichtet hatten, wobei 2753 Menschen starben. Auch bei dieser Gedenkfeier wurde der Toten gedacht, die diesem Anschlag zum Opfer gefallen waren. Doch noch immer fehlte die Einsicht, dass schwere politische Fehler zu diesem Hass auf Amerika geführt hatten. Die Vereinigten Staaten, die sich immer wieder mit dubiosen Methoden in die Belange anderer Staaten eingemischt hatten, ernteten nicht einmal dann noch Dank, wenn sie als Befreier auftraten oder helfen wollten. Erst in den letzten beiden Jahrzehnten konnten sie wieder an Boden gewinnen, nicht zuletzt deshalb, weil sie genug davon hatten, ihr Geld in Kriegen zu verschwenden und die Früchte ihrer verfehlten Politik China ernten zu lassen. Die Chinesen waren von Beginn an schlauer gewesen.

Ihre Investitionen in Rohstoffe, Agrarflächen und neue Straßen in Afrika hatten sich gelohnt, in die inneren Angelegenheiten hatten sie sich nicht eingemischt und die Menschenrechte galten auch in ihrem Riesenreich nicht allzu viel.

2103 lief die Regierungszeit von Dr. Philipp Buffet ab. Ruhig und gelassen hatte er das Land geführt und weiteren Reichtum angehäuft. Über Steuern, Dividenden, Lizenzgebühren der zahlreichen Patente und die Mieten füllten sich die Kassen schneller als für neue Bauten, Sozialleistungen und die Kosten der Weltraumfahrt ausgegeben werden konnte. Die Bevölkerungszahl lag nun bei etwa eineinhalb Millionen, wovon viele Millionäre waren. Nicht Millionäre, die eine Million besaßen, sondern solche, die das jedes Jahr verdienten. Die Forbesliste der Milliardäre schien beinahe das Einwohnerverzeichnis Futuras zu sein. Die Sicherheit des Landes, die Infrastruktur und weitere Vorteile wogen die Enge des Staates und seine Lage in Mittelamerika auf. Die, die dieser Schicht nicht angehörten, fanden in den Diensten der Wohlhabenden ein ausreichendes und sicheres Einkommen und sahen immer noch die Chance, irgendwann aufzusteigen. Im Verhältnis zu den umliegenden Völkern genossen sie ein gutes Leben, da konnten sie schon ein paar Launen und Schrullen ihrer Dienstgeber hinnehmen.

Nach wie vor achtete die Justiz darauf, dass soziale Missstände sofort aufgearbeitet wurden und mögliche Brandherde erst gar nicht entstehen konnten. Im Hintergrund sorgte der Geheimdienst effizient dafür, dass mögliche Unruhestifter keine Chance auf Einreise bekamen.

Da die Migranten, die in Futura aufgenommen wurden, meist besondere Qualifikationen aufweisen mussten oder in einem Bereich Spitzenleistungen erbracht hatten, gab es auch die oft bedrückende Kategorie von Menschen zweiter Klasse nicht, die in vielen anderen Ländern zu Unruhen führten. Wer die erwarteten Leistungen erbrachte, fand Anerkennung und die Chance zum Aufstieg. Wer als Millionär kam, hatte ohnehin keinen Grund, sich als zweitklassig zu fühlen.

Mit dem Ende der Amtszeit ging es wieder um die Entscheidung für einen neuen Präsidenten. Auch diesmal standen die besten Köpfe Futuras zur Wahl, wobei der vierzigjährige Senator Dr. Aric Miller das Rennen machte. Auch er konnte auf ruhmreiche Vorfahren zurückschauen, die seinerzeit diesen Staat gegründet hatten. Er gedachte seiner Vorgänger in diesem Amt, an den legendären Gründer des Staates, an dessen Bronzefigur er täglich auf seinem Weg zum Regierungspalast vorbeikam, an dessen Tochter Laura Pernstein, die heuer noch ihren hundertsten Geburtstag feiern würde und immer noch geistig fit an allem Anteil nahm und an seinen Vorgänger Senator Philipp Buffet, der das Marsprogramm angestoßen hatte, das er nun vollenden würde.

Einen Moment lang dachte er auch an das ehrenvolle Begräbnis des Senators Dr. Pernstein Phil in der vorhergehenden Woche, der lange Jahre als Minister für Wissenschaft und Bildung für die stetig wachsende Universität Verantwortung trug und der Bruder der Präsidentin war.

Es folgten Gratulationen, Umarmungen und zahlreiche Glückwünsche aus den verschiedensten Ländern, in die auch seine Ansprache übertragen worden war, die er auf Spanisch gehalten hatte, damit ihn auch das Volk verstehen konnte. Spanisch, Englisch, Französisch und Deutsch sprach er fließend, auf Chinesisch konnte er sich zumindest verständigen. Sprachen lagen ihm. Anschließend an seine Militärzeit und sein Studium der Geologie hatte er fünf Jahre als Pilot und Astronaut gearbeitet und einen dreimonatigen Aufenthalt am Mond absolviert. Vielleicht hatte auch das den Ausschlag für seine Wahl gegeben, da immerhin ereignisreiche Jahre mit einem aufwändigen Marsprogramm in seine Regierungszeit fielen. Im Anschluss daran war er Assistent im Außenministerium gewesen, um politische Praxis zu erwerben. Das Präsidentenamt war nun die Krönung seiner Karriere.

Kapitel 38:
Die Eroberung des Roten Planeten
2103 - 2106

Die NASA war den meisten Nationen in der Erforschung des Planeten schon weit voraus. Bereits vor fast hundert Jahren war es den Amerikanern gelungen, mit ihren Fahrzeugen Spirit, Opportunity und Curiosity die Marsoberfläche zu erkunden und tausende Bilder zur Erde zu übertragen.

In den Folgejahren beteiligten sich einige Länder Europas, Japan, Südkorea, Indien, China, Kanada und Futura an den weiteren Flügen. Die meisten Marslandungen gelangen und so waren zur Zeit der bemannten Mondstationen Teile der Marsoberfläche und deren mineralische Zusammensetzung gut erforscht. Die Bezeichnung als Roter Planet verdankte der Mars dem roten Eisenoxid.

Bei einer der nächsten Sitzungen im Senat hielt der Leiter des Marsprojekts einen Vortrag.

„......Der Mars kommt der Erde nie näher als auf sechsundfünfzig Millionen Kilometer und dreht sich wie die Erde um seine Achse, braucht aber für eine Umdrehung 24 Stunden und 39 Minuten. Seine beiden Monde Phobos und Deimos sind seit 1877 bekannt. Der Mars umkreist die Sonne auf einer Ellipse in einem Abstand von durchschnittlich 230 Millionen Kilometer und braucht dafür 687 Tage. Da er kleiner als die Erde ist und damit auch eine geringere Schwerkraft ausübt, kann er nur eine extrem dünne Lufthülle halten, die zu einem großen Teil aus Kohlendioxid, jeweils zwei Prozent Stickstoff und Argon und weniger als einem Prozent Sauerstoff, Wasserdampf und anderen Edelgasen besteht.

Die Flugbahn von der Erde zum Mars mit dem geringsten Energiebedarf hat der Essener Ingenieur Walter Hohmann bereits 1925 entdeckt. Der Hohmann-Übergang ist energetisch deswegen so vorteilhaft, weil er die natürlichen Bahngeschwindigkeiten von Erde und Mars ausnützt, immerhin rast die Erde mit rund dreißig Kilometer pro Sekunde um die Sonne. Die Flugrouten im Weltall sind, wie sie alle wissen, keine Geraden, sondern elliptische Flugbahnen, bei denen die Rakete ein Vielfaches der geraden Strecke zurücklegen muss. Wenn wir die Reisezeit für diese enorme Strecke von über 500 Millionen Kilometer abkürzen wollen, brauchen wir eine wesentlich höhere Geschwindigkeit vom Beginn weg. Für die unbemannten Flüge der internationalen Gemeinschaft spielte die Zeit von einem halben Jahr keine wesentliche Rolle, wenn wir bemannte Flüge anstreben, wird die Flugzeit zum bestimmenden Faktor. Die Crew muss auf einer kleinen Fläche und engen Raum miteinander auskommen, lange Flugzeiten brauchen mehr Sauerstoff, Nahrung und Wasser für die Mannschaft. Kürzere Flugzeiten bedingen eine höhere Reisegeschwindigkeit und deshalb mehr Treibstoff für den Start und das spätere Abbremsen beim Mars, um wieder landen zu können. In den Polkappen und tieferen Schichten des Bodens ist Wasser als Eis vorhanden. Das Kohlendioxid können wir dank unserer Entwicklung der künstlichen Photosynthese nützen, sofern wir ausreichend

Energie vorfinden. Gefrorene Methanlager wären dazu natürlich außerordentlich nützlich..."

Die Senatoren und der Präsident Dr. Aric Miller gaben die notwendigen Mittel für den Bau der Rakete frei, die dank der vorhandenen Konstruktionspläne rasche Fortschritte machte.

Die traurigen, wenn auch erwarteten Todesfälle der alten Präsidentin Laura Pernstein und der Ministerin Dr. Julie Fiedler, die sich kurz hintereinander ereigneten, unterbrachen kurz die Geschäftigkeit des Landes. Andererseits war die heitere Gelassenheit beider auch Vorbild für die nachkommende Generation. Der Tod war eben Teil des Lebens und notwendiger Bestandteil einer stetigen Entwicklung. Das feierliche Staatsbegräbnis Laura Pernsteins führte die großen Familien des Landes zusammen. Ihre Asche fand ihren letzten Ruheplatz im Familiengrab der Pernsteins.

Wenige Wochen darauf bildete das alljährliche Große Wiesenfest einen freudigen Anlass, bei dem das ganze Volk feierte. Straßenmusikanten und Artisten, dazwischen die zahlreichen Stände, die gratis oder zu Minipreisen ihre Speisen anboten, und musikalische Aufführungen mit berühmten Künstlern schufen die Atmosphäre, die Futuras zweite Seite zeigten, einen Staat, der vor Leben sprühte und Ehrgeiz und harte Arbeit mit dieser Leichtigkeit verband, die alte Städte Europas gelegentlich ausgezeichnet hatte oder die man beim Karneval in Rio spüren konnte.

Den Amerikanern war in den letzten zwanzig Jahren trotz einiger Rückschläge die Landung der ersten Astronauten am Mars gelungen. Zusammen mit der internationalen Gemeinschaft brachten sie zwei weitere Raketen zum Roten Planeten, um eine bemannte Raumstation aufzubauen. Den Ehrgeiz der Futurer, eine eigene Station zu errichten, verstanden sie nicht. Es war auch in der Zusammenarbeit mit den anderen Nationen schon mühsam und teuer genug, diese Basis zu errichten.

Die riesige Rakete der Futurer war fertig und wurde den letzten Tests unterzogen. Auch diesmal sollte mit dem für eine erste Station notwendigen Material eine gemischte Mannschaft aus Astronauten und Androiden starten. Im März 2105 standen die Bahnen der beiden Planeten im richtigen Verhältnis zueinander, weshalb der Starttermin auf den zwanzigsten des Monats festgelegt wurde.

Nach wie vor verstanden die anderen Nationen nicht, wieso es ausgerechnet diesem kleinen Staat so leicht fiel, ihre eigenen Anstrengungen so zu düpieren, als wäre ein Raketenstart nicht mehr als der reguläre Flug zwischen New York und Boston. Andererseits war ihnen durchaus bewusst, dass sie auf viele Erfindungen der Futurer bei ihren eigenen Flügen angewiesen waren. Ohne ihre künstliche Photosynthese, Ideen zur Energiespeicherung, Erkenntnisse aus der Bionik und die von ihnen entwickelten Marsfahrzeuge hätte manches weniger gut funktioniert.

Zwei der vorgesehenen Marsonauten stammten aus den berühmten Familien Nonndorf und Dahl, die beiden anderen aus später zugezogenen Familien. Alle vier hatten die Astronautenausbildung und wie andere Astronauten ein weiteres Studium, meist Geologie, Bionik oder Informatik, auf der Universität absolviert. Ein Arzt musste unter ihnen ebenfalls dabei sein, wobei die beiden Androiden jeden von ihnen ersetzen konnten.

Wieder war die gesamte Regierungsmannschaft beim Start dabei. Auch diesmal fieberten tausende Zuschauer und hunderte Wissenschaftler und Journalisten vor Aufregung und verfolgten die Vorbereitungen.

Im Kontrollraum füllte das Raumschiff Futura XXI die vier Meter hohe Bildwand, in einem Teil des Bildes wurde der Count-down eingeblendet. Die Astronauten und die Androiden nahmen zeitgerecht ihre Plätze ein, während die Digitalanzeige Minute um Minute und Sekunde um Sekunde herunterzählte. Ein weiteres Mal donnerten die Motoren auf, gewaltige Flammen und zischender Dampf entwichen seitlich der Rampe, als sich das Raumschiff zuerst fast zögernd hob, dann aber mit einem gewaltigen Feuerschweif im blauen Himmel verschwand. Die Zuschauer jubelten und im Kontrollraum wurde applaudiert. Wenig später wurden die ersten Bilder der Crew in einzelnen Fenstern angezeigt, auf kleineren Monitoren die medizinischen Daten der Mannschaft, auf anderen die technischen Messdaten übertragen.

Vor der Mannschaft lag nun eine fünf Monate lange Reise, die sie in ihrem Raumschiff überstehen musste.

Zweimal täglich gab es eine Videoschaltung zur Erde, wo sie mit anderen Wissenschaftlern oder ihren Angehörigen Kontakt aufnehmen konnten. Dazwischen hatten sie ihr Training, verschiedene Versuche und Arbeiten, Körperpflege, Essen und Schlafen zu erledigen. Ihr Kommandant, Harry Dahl, hatte nach den ersten Stunden hektischer Betriebsamkeit auch nicht mehr viel zu tun. Nur das tägliche Training war ziemlich zeitraubend aber notwendig, um die Folgen der Schwerelosigkeit auszugleichen. Für ihn war wichtig, eine gute Stimmung an Bord zu erhalten, den Aufbau der Station bestmöglich zu begleiten und möglichst alle Astronauten in sechs Jahren wieder heil zur Erde zu bringen.

Die Futurer hatten zumindest den Vorteil, dass die vier Amerikaner, dazu ein Deutscher und ein Japaner, die die internationale Marsstation bewohnten, einen ebenen Platz ein paar Kilometer neben ihrer eigenen Station ausgesucht hatten. Auch die Landung gelang wie vorgesehen, sie wurde fast vollständig automatisiert durchgeführt.

Wie schon bei ihrer Mondbasis bildeten ihre geleerten Tanks einen Teil der neuen Station. Bereits am dritten Tag nach ihrer Ankunft hatten die Futurer ihr Marsfahrzeug in Betrieb genommen und machten ihren Antrittsbesuch bei der internationalen Station. Der mitgebrachte Whiskey und einige ihrer Lebensmittel kamen gut an und brachten alle in Stimmung. Die besuchte Crew hatte ihren kleinen Vorrat längst verbraucht. Erfahrungen wurden ausgetauscht und die sechs Bewohner der internationalen Station versprachen auch ihre gelegentliche Hilfe beim Aufbau der neuen Basis, nach ein paar Jahren tat ihnen ein bisschen Abwechslung ohnehin gut.

Sie staunten über die Größe, in der die Futurer ihre Basis planten. Die Hülle hatte ihre vorbereiteten Fenster und Durchgangsöffnungen, für die notwendigen Verbindungen, den Zwischenboden und die Installationen war eine Arbeitszeit von mehreren Wochen vorgesehen. Die etwas geringere Schwerkraft des Mars erleichterte die Arbeit. Dringlich war vor allem die Gewinnung von Wasser. Immerhin hatten sie das Glück, dass in vierhundert Meter Entfernung in einer Tiefe von vierundvierzig Metern eine mächtige Eislinse vorlag, die sie anzapfen konnten. Ihre mitgebrachte Tunnelbohrmaschine, die vom Androiden Aiolos, benannt nach einem Windgott aus dem Epos um Odysseus, gesteuert wurde, schaffte das Projekt in fünf Wochen.

Die um vierzig Prozent geringere Sonneneinstrahlung machte ihnen zu schaffen. Die Sonne, am fast schwarzen Himmel kaum größer als eine Orange, schaffte es untertags kaum, die Landschaft um sie zu erwärmen. Da fast ihre ganze Basis eine Außenhaut aus Solarzellen trug und Sonnenkollektoren Wasser aufheizten, hatten sie es innen dennoch gemütlich warm.

Die vier Marsonauten schickten einen Bericht über ihren ersten großen Ausflug: "Heute haben wir einige der zahlreichen Krater besucht und sind in die Nähe von Olympus Mons gelangt. Er sieht durch die sanfte Böschung gar nicht so hoch aus, ist aber mit 27 km der höchste Berg unseres Sonnensystems. Immerhin dreimal so hoch wie unser Mount Everest. Er trägt eine weiße Kappe, die müssen wir noch genauer untersuchen. Möglicherweise können wir sogar bis zum Kraterrand fahren. Das Fahrzeug läuft gut. Es gab keine Komplikationen. Auf Strecken, die wir kennen, erreichen wir schon zehn bis zwanzig Kilometer pro Stunde."

Ein weiterer Bericht: „Wir haben jetzt einen ganzen Monat gearbeitet, um die wichtigsten technischen Arbeiten an der Basis auszuführen. Daher hatten wir kaum Zeit, unsere nächste Umgebung zu erkunden. Die Nachbarn haben uns mehrere Tage beim Ausbau geholfen. In den nächsten Wochen legen wir unsere Plantage an."

Das Wort Plantage war zwar stark übertrieben. Vorerst war sie nicht größer als zehn Quadratmeter geplant, sollte aber in der letzten Ausbaustufe eine hundertfach größere Fläche umfassen.

„Aufgrund des äußerst geringen Treibhauseffektes - der Kohlendioxidgehalt ist zwar hoch, aber der Luftdruck extrem niedrig - besitzt der Mars eine erheblich kältere Oberfläche. Heftige Temperaturschwankungen sind die Regel. Die tiefsten Temperaturen gibt es mit etwa minus 130 Grad Celsius an den vereisten Polregionen, sie können aber während des Marssommers auf minus 15 Grad ansteigen. In Äquatornähe betragen die Mittagstemperaturen angenehme 15 Grad plus, sinken bei Einbruch der Nacht jedoch auf eisige minus 60 bis minus 80 Grad, was bei der tieferen Temperatur einen Raureif aus Kohlendioxid ergibt.

Die Vulkane sind Schildvulkane, scheinen aber alle erloschen zu sein. Auch die drei mächtigen Tharsisvulkane überragen den Mount Everest locker. Eine echte Herausforderung für Bergsteiger sind sie allerdings nicht. Wegen unserer Raumanzüge können wir sie natürlich trotzdem nicht besteigen, aber unser Fahrzeug bietet vielleicht die Möglichkeit dazu. Die Valles Marineris bilden ein Gegenstück zum Grand Canyon, erstrecken sich über viertausend Kilometer und sind teilweise bis zu sieben Kilometer tief."

Das aufgestellte Teleskop brachte in den meist klaren Nächten schöne Bilder von Galaxien, die Millionen von Lichtjahren entfernt waren und die Astronauten konnten einige Neuentdeckungen machen. Wie auch die Astronauten der Nachbarstation bestätigten, waren die gelegentlichen Sandstürme lästig, weil sie mit dem scharfkantigen Staub alle Oberflächen aufrauten. Sie mussten dann sowohl das Teleskop schützen als auch ihre Solarflächen abdecken, was wegen der großen Oberflächen viel Arbeit bedeutete.

Die sechs Mitglieder der internationalen Station kamen gern auf Besuch, da die Station der Futurer etwas geräumiger schien und die besseren Duschen besaß, die allerdings mit ihren Luxusbädern zu Hause nicht zu vergleichen waren. Unter den nützlichen Geräten fiel ihnen vor allem der 3D-Drucker auf, der alle kaputt gewordenen Gegenstände im Nu neu ausdruckte. Auch die beiden Androiden verblüfften sie. Still und stetig erledigten sie die notwendige Arbeit, spielten viel besser als sie Schach oder die üblichen Computerspiele, kannten alle

Sterne und wussten auf alle Probleme eine Antwort. Schneller als erwartet waren die fünf Jahre um und sie ersehnten ebenso wie die Männer der Nachbarstation ihre Ablösung.

Kapitel 39: Durchbruch in Futura

2107 - 2116

> *„Raumfahrt ist für Nationen ein Maßstab für ihren Reifezustand, für ihr Selbstverständnis als Nation und ihre Fürsorge- und Zuwendungsbereitschaft für ihre Nachkommenschaft. Raumfahrt ist mehr als eine Kulturaufgabe. Sie ist Kulturpflicht."*
>
> Jesco von Puttkamer.

Vom Meer kommend bot Futura Tag und Nacht ein beeindruckendes Bild. Schon von weitem war in der Nacht das hell beleuchtete Futura sichtbar, bei Tag hob sich die imponierende Silhouette gemeinsam mit den Bergen im Hintergrund aus den Fluten. Ebenso verblüffte die Zufahrt über das Land. Die in ganz Mittelamerika üblichen Hütten, Felder und Kleinstädte mit vorgelagerten Tankstellen, Misthaufen, Geschäften, löchrigen Straßen und desolaten Häusern wichen ab der Grenze einer gepflegten Parklandschaft mit direkt darin aufsteigenden Prachtbauten und fehlerlosen Straßen. Statt Mestizen und Indios mit verschiedenen spanischen und mexikanischen Dialekten eilten überwiegend westlich gekleidete Bürger über die Gehsteige oder entspannten sich in Cafés und Restaurants. Die häufigsten Sprachen Englisch und Spanisch wurden fast von allen gesprochen, aber wie in den meisten Touristenzentren dieser Welt gab es den bunten Mix von Deutschen, Japanern, Chinesen, Amerikanern und Engländern und damit ein lebhaftes Sprachengewirr, andererseits genug Sprachkundige in den Hotels und den Kulturstätten, sodass es kaum Verständigungsschwierigkeiten gab. Auch die ausgegrabene Pyramide zog trotz ihrer bescheidenen Ausmaße zahlreiche Besucher an.

Ganz Futura flippte aus, als einer ihrer Bürger bei der Weltmeisterschaft zwei Goldmedaillen in Kraul und Brustschwimmen gewann. Auch wenn er nicht in Futura geboren worden war, so hatte er doch die Staatsbürgerschaft. Bezogen auf die Fläche war Futura zur weltweit erfolgreichsten Nation aufgestiegen, was aber vor allem an den idealen Trainingsbedingungen und den Steuern lag, die viele der erfolgreichsten Sportler anlockten.

Auch die zweite Reise zum Mars sorgte für die übliche Aufregung und dichtgedrängte Zuschauerscharen, da viele Touristikbüros den Start in ihr Programm aufgenommen hatten.

Diesmal flog eine Mannschaft aus fünf Frauen, vier Männern und einem Androiden. Wieder stellten die etablierten Familien den Großteil der Astronauten, Dr. Raul Urban war ihr Kommandant.

Die Zusammenarbeit mit den beteiligten Nationen führte zu einem friedlichen Miteinander, die Erkenntnisse aus den Marsforschungen wurden veröffentlicht, sodass auch andere von den medizinischen, biologischen und pharmakologischen Erkenntnissen profitieren konnten.

Die abgelöste Mannschaft war froh, wieder den Erdboden betreten zu dürfen. Frei zu atmen, Wind und Wetter zu spüren, ins Wasser zu springen, um ein paar hundert Meter zu schwimmen, das war ein köstliches Vergnügen.

Über ihre Erlebnisse hielten sie zahlreiche Vorträge, schrieben Bücher und genossen die Anerkennung, die ihnen zuteilwurde.

Die neue Mannschaft errichtete eine aufblasbare Halle aus UV-beständigem Kunststoff für Pflanzen und versuchte eine Flora aufzubauen, die Sauerstoff lieferte, ein bisschen das Gefühl eines Gartens vermittelte und neue Erkenntnisse brachte. Becken mit Algen lieferten mehr Sauerstoff und brachten auch einen höheren Ertrag an Proteinen, die allerdings ziemlich fad schmeckten, weshalb sie einen Teil an die Hühner verfütterten.

Über den Verlauf eines Jahres verbraucht ein Mensch rund das Dreifache seines Körpergewichts an Nahrung, das Vierfache an Sauerstoff und das Achtfache an Trinkwasser, darüber hinaus werden Toxine produziert, die ausgeschieden werden müssen. Trotz ihrer hervorragenden Technik war es schwierig genug, ausreichend Lebensmittel zu produzieren, die halbwegs gut schmeckten. Das Ziel war völlige Autarkie, noch schafften sie es nicht. Fleisch war ein Problem, die paar Hühner, die sie züchteten, reichten nicht. Ihr Mist wurde wie die Ausscheidungen der Menschen im Kreislauf geführt und zur Düngung verwendet. Bioregenerative Systeme mit Bakterien schufen ein geschlossenes System, es brauchte aber noch viel an Forschung, um diesen Systemen eine ausreichende Stabilität zu verleihen.

Gewürze, die fades Essen zumindest etwas schmackhafter machten, hatten sie in ihrem Vorrat, aber auch sie waren knapp. Man konnte sie jedoch mit ihrem 3D-

Drucker erzeugen, was allerdings lange dauerte und viel Energie kostete. Mit dem Sabatier-Prozess ließ sich aus Kohlenstoffdioxid, das am Mars ja reichlich zur Verfügung stand, und Wasser Methan und Sauerstoff erzeugen. Den Sauerstoff brauchten sie zur Atmung, das Methan bildete die Grundlage für neuen Treibstoff, aber auch für zahlreiche weitere organische Verbindungen wie Kunststoffe.

Zum Überleben waren auch die zahlreichen Mineralien und Metalle wichtig, die der Marsboden enthielt. Mit Hermes, ihrem künstlichen Kollegen, hatten sie nun drei Androiden, die die Bergbaumaschinen beaufsichtigten und aus den gewonnenen Erzen wichtige Elemente wie Lithium, Kobalt, Neodym, weitere Seltenerdmetalle und Gebrauchsmetalle wie Molybdän, Aluminium, Titan und Eisen für den weiteren Ausbau ihrer Station gewannen. Die Androiden erwiesen sich auch bei der Erforschung der Marsoberfläche als überaus nützlich. Sie waren vor allem gegen die von gelegentlich heftigen Sonneneruptionen ausgesandte Strahlung weniger empfindlich als die Besatzung. Längere Erkundungsfahrten musste die Crew daher ihren robusteren Kollegen überlassen. In ihrer Basis hatten sie unterirdische Aufenthaltsräume geschaffen, in denen sie schliefen und die sie bei Gefahr aufsuchen konnten.

Dr. Ron Kurzweil, übrigens Nachfahre eines bekannten Forschers, wurde zum neuen Leiter des Kontrollzentrums ernannt. Die wissenschaftlichen Ergebnisse der Raumfahrt führten zu neuen Entwicklungen, die wiederum der Raumfahrt, aber auch neuen technischen Produkten dienten und nach einiger Zeit im Alltag Verwendung fanden.

Jungen Ingenieuren der Universität gelang endlich der erhoffte Durchbruch bei der Entwicklung neuer Chips. Diese waren leistungsfähig genug, um den Prozess der Künstlichen Intelligenz in Gang zu setzen. Sie und hunderte ihrer Kollegen bauten die Chips und tausende weitere elektronische Teile zu einem neuen Supercomputer zusammen und speicherten das riesige Basisprogramm, das dem Computer die Grundlage für den Aufbau der eigenen Intelligenz ermöglichen sollte. Sie speicherten auch jene Daten ein, die von Bob nach seinem Absturz 2083 zurückgelassen worden waren und die sie erst zum Teil aufgearbeitet hatten. Sie nannten den neuen Computer Salomo, nach dem sagenhaften König Israels, der nach der Überlieferung der weiseste Mensch seiner Zeit gewesen war. Mit Staunen verfolgten sie die nächsten Tage, wie in Salomo Milliarden an Prozessen abliefen und er Stück für Stück zum Leben erwachte. In Millionen von Schleifen erarbeitete er sich durch Versuch und Irrtum jene Abläufe, die als Künstliche Intelligenz bezeichnet werden konnten. Man konnte geradezu spüren, wie er das vorhandene Wissen aufsaugte und selbstständig mit anderem Wissen verband. Nach einem Monat begann er weitere Geräte und immer noch mehr Daten einzufordern. Hunderte zusätzliche Programmierer, die besten Hacker vom Geheimdienst, Techniker verschiedenster Sparten, selbst Ärzte und Philosophen brachten ihr Wissen ein, das Salomo wie ein Schwamm aufsaugte und verarbeitete. Das ging noch fünf Monate weiter, bis sie dem Computer immer öfter sagen mussten, dass sie selbst nicht mehr wüssten als er. Salomo steuerte nun die Drohnen Futuras, die Biochips der Bewohner und bildete den Hintergrund für die klugen Antworten ihrer Sapientas. Die Androiden hatten selbst eine autonome KI (Künstliche Intelligenz), standen aber mit Salomo in Verbindung. Mit den neuen Chips konnten jedoch auch sie noch rascher und noch klüger agieren.

Präsident Miller ehrte die führenden Techniker, die das Wunder Salomo mit den anderen geschaffen hatten, und ernannte sie zu seinen wichtigsten Mitarbeitern im technischen Bereich. Zusätzlich bekamen sie einen Anteil am Finanzfonds, der sie zu Millionären machte. Natürlich gingen auch die weiteren Mitarbeiter nicht leer aus.

Die Zeit verstrich wie im Flug. Die Mannschaft am Mars hatte eine großartige Arbeit geleistet, freute sich aber dennoch auf die Ablösung. So spannend das Abenteuer auch war, so sehnten sie sich doch danach, ihre Familie wieder in die Arme schließen zu können, durch die Wälder zu streifen und das Meer unter dem Kiel ihrer Boote zu spüren. Die Mitglieder der internationalen Station kamen regelmäßig zu ihnen, doch in den fünf gemeinsamen Jahren hatten sie einander alles erzählt, was zu erzählen war.

Die Ankunft der neuen Crew unter Kommandant Miller Thomas, die am 12. April 2115 gestartet war, brachte Briefe, selbst die gab es noch, Klatsch und Abwechslung. Für drei Wochen ging es auf der Station ziemlich eng zu, dann flog die abgelöste Mannschaft zur Erde zurück.

Angesichts der Not in Afrika, die es wegen der Überbevölkerung, des ständigen Wassermangels, unfruchtbarer Böden und der noch immer grassierenden Korruption gab, flackerte auch immer wieder die Frage nach der Sinnhaftigkeit der teuren Marsmissionen auf.

Ron Kurzweil antwortete darauf:
„Die Milliarde Dollar, die wir ausgeben, bedeutet gerade fünfzig Cent pro Afrikaner. Das ändert an ihren Problemen nichts, sofern sie nicht selbst zu Lösungen kommen. Die Weltbevölkerung insgesamt blieb in den letzten Jahren stabil, sie hat in den besser entwickelten Ländern abgenommen, steigt aber in Afrika und Teilen Südostasiens noch immer.
Im südlichen Afrika hat der Klimawandel immer mehr Bauern und ihre Familien in extreme Armut gestürzt. Weil in Malawi, dem Sudan und Mosambik die Ernten ausgeblieben sind und nicht mehr genug Nahrung vorhanden war, haben viele Bauern selbst ihre vierzehnjährigen Töchter in die Ehe abgeschoben, damit sie den heimatlichen Haushalt nicht mehr belasteten. Doch die Kinderheirat als Überlebensstrategie hat zu weniger Bildung und zum rascheren Nachwuchs geführt. Wir und viele andere Länder haben geholfen, standen aber immer wieder vor dem Dilemma, dass unsere Hilfsgelder sofort in neue Weidetiere umgesetzt worden sind, kurzfristig der Hunger gestillt war, aber dann die Böden noch stärker belastet wurden. Direkte Nahrungshilfen haben die vorhandene Landwirtschaft untergraben, die Bildungsanstrengungen zu langsam gewirkt. Bürgerkriege wüten nach wie vor.

Dagegen haben einige asiatische Länder in der Bildung und dem technischen Wissen so stark aufgeholt, dass sogar unsere westliche Wirtschaft an Boden verloren hat, Afrika aber im Wettbewerb immer stärker zurückgefallen ist. Das heißt nicht, dass sie nichts getan haben, aber sie hätten schneller als die anderen Wettbewerber sein müssen, mehr Industriearbeitsplätze schaffen und mehr Erfindungen und Patente haben müssen. Dabei bewundere ich ihre Lebensfreude und ihr Talent, selbst unter den widrigsten Umständen zu überleben. Da könnten wir eine Menge lernen.

Doch sehen wir oft zu einseitig das Elend. In Afrika gibt es 44 Milliardäre. Die meisten von ihnen verdanken zwar ihr Vermögen Rohstoffen wie Öl und verdächtig engen Kontakten in die Politik. Eine Familie wurde durch die Beteiligung am chinesischen Internetunternehmen Tencent zum Börsen-Schwergewicht, ein anderer Unternehmer setzte mit seinem Konzern auf Bodenschätze und wurde damit zum reichsten schwarzen Südafrikaner. Doch der Kontinent hat auch andere Erfolgsgeschichten zu bieten. Einige junge Menschen mit guter Ausbildung ergriffen ihre Chancen in der Informationstechnik, der Fintech-Branche, erneuerbaren Energien oder Konsumgütern für die wachsende Mittelschicht. Wir halfen bei der Finanzierung. Wie anderswo müssen erfolgreiche Unternehmer aber auch in Afrika den richtigen Riecher zur richtigen Zeit haben.

Afrika ist jedoch eine Region, in der die Grenzen zwischen politischer und wirtschaftlicher Welt fließend sind. Die politisch Mächtigen häufen Reichtümer an, umgekehrt engagieren sich erfolgreiche Geschäftsleute in der Politik. Doch solange ihre Häuptlinge und Präsidenten Milliarden für Prestigeobjekte und Waffen ausgeben, wird es keine Lösung für die vielen Menschen geben, denen diese Fähigkeiten und Beziehungen fehlen.

Im Zuge der Weltraumfahrt wurden tausende technische Verfahren entwickelt und die kreativen Kräfte der Menschheit gefördert. Außerdem ist die Technik nur ein Teil der Raumfahrt. Sie bildet den Kitt, der unsere Gesellschaft zusammenhält. Sie ist die Grundlage jener Heldensagen, die wir später als die eigene Vergangenheit betrachten, und fördert zusätzlich den Gemeinschaftsgeist unter den Völkern.

Sir Edmund Hillary soll die Frage: >*Warum wir auf die Berge steigen?*<, mit den Worten beantwortet haben: >*Weil sie da sind.*<

Aus demselben Grund sind Forscher ins Ungewisse aufgebrochen, haben die Strapazen und Gefahren auf dem Weg zum Südpol auf sich genommen und waren auf den Weltmeeren unterwegs. Die Begierde nach Wissen liegt zutiefst im menschlichen Wesen. Pioniergeist und Abenteuerlust sind zwei der Gründe, wieso wir nicht mehr auf den Bäumen sitzen.

Das Problem liegt darin, und das ist mir bewusst, dass wir mit jedem Schritt, den wir schneller gehen, andere zurücklassen, die nicht mitgehen wollen oder es nicht können. Die Kluft wird immer größer."

Natürlich drehte sich nicht alles um die Weltraumfahrt. Krisen mussten bewältigt werden, das ganz normale Leben forderte schon den vollen Einsatz.

Das wenige Tage nach dem Start angesetzte Musikfestival setzte einen kulturellen Höhepunkt, bei dem Stars aus der ganzen Welt auftraten. Erstmals wurden auch Symphonien uraufgeführt, die Salomo und zwei der Androiden komponiert hatten. Immer öfter überschritten die Androiden die Grenzen, die zwischen ihnen und den von Frauen geborenen Cyberwesen lagen.

Trotz aller Krisen hatten die weltweiten Indizes wie der Dow Jones und der DAX die Million überschritten, nach wie vor flossen riesige Erträge Stunde für Stunde nach Futura. Viele der Großbanken suchten nach geheimen Abkommen mit dem reichen Kleinstaat, stießen aber auf taube Ohren. Oft ärgerten sich die obersten Bosse darüber, dass viele ihrer schmutzigsten Geschäfte trotz aller Verdunkelungsmaßnahmen aufflogen oder die Quertreibereien der Nationalbank Futuras ihre illegalen Geschäfte mit einem mächtigen Defizit enden ließen. Das Ärgerliche daran war, dass die bisher stillschweigend geduldete Selbstbereicherung immer öfter an ihre Grenzen stieß, obwohl sie mit hoch dotierten Jobs und lukrativen Beteiligungen lockten. Noch schlimmer für sie war, sie konnten nichts dagegen tun.

Kapitel 40: Die geheimnisvolle Nachricht

2117

Senator Angold saß noch spät am Nachmittag im Labor, um einen der alten Speicher mit seinen unendlich vielen Dateien aufzuarbeiten, die so viel Geheimnisvolles enthielten und noch vom alten Computer, dem Vorgänger ihres neuen Wundergeräts, stammten, als plötzlich eine neue Datei aufpoppte, die er bisher noch nicht entdeckt hatte. Sie war offensichtlich durch ein Zeitschloss mit dem Datum 20. Februar 2117, 17:33 Uhr gesichert und bisher nicht gefunden worden. Ein Brief direkt an ihn füllte den Bildschirm:

„Herrn Senator Thomas Angold, lieber Papa,
du wirst überrascht sein und das zu Recht. Ich bin dein Sohn und doch einer unserer Vorfahren, so verrückt das auch klingen mag. Wenn du mich zu Hause ansprichst, werde ich von diesem Brief nichts wissen. Ich werde mich wie viele meiner Freunde auf die künftige Marsreise vorbereiten. Der Start wird am 20. Februar 2120 sein, wir werden ahnungslos aufbrechen und nach einigen Tagen in ein Wurmloch - ich habe noch immer keine bessere Erklärung dafür - kommen und auf die Erde geschleudert, allerdings in das Jahr 1998, neunzehn Jahre vor der Gründung unseres Staates. Wir konnten uns durchschlagen, nicht zuletzt dank der Dateien, die du hoffentlich in den nächsten Jahren in das Programm einschleusen wirst. Prüfe die Fakten nach. Das ist jetzt kein Fake und auch kein verfrühter Aprilscherz.

2017 konnten wir dann unseren Staat gründen, du wirst mich unter den Aufzeichnungen der damaligen Senatoren und Staatsgründern finden. Wie schon gesagt, ich werde mit dem Raumschiff mitfliegen, das jetzt gerade gebaut wird und keine Ahnung haben, was passieren wird. Sage mir auch nichts. Vielleicht hätte ich dann Angst oder wäre unsicher und das Schicksal würde anders als es geworden ist. Dank des Wissens dieser Zeit werden wir ungeheuer erfolgreich sein und den Grundstock zu unserem heutigen Reichtum und zur Gründung Futuras legen können. ....“

Adrenalin schoss durch seinen Körper. Er fühlte sich wie ein Taucher, der unvermutet auf ein versunkenes Schiff aus alter Zeit gestoßen und nun dabei war, wertvolle Schätze der Azteken oder eines anderen Volkes zu entdecken.

Es war schon finster und seine Arbeitszeit längst beendet, da baute sich neben ihm seine Frau Ann als 3D-Projektion auf. „Du solltest seit einer Stunde daheim sein“, sagte sie leicht verärgert.

„Ich kann jetzt nicht. Gar nicht. Esst ohne mich. Ich werde erst in ein paar Stunden kommen“, antwortete er, ohne sich von seinen geheimnisvollen Dateien abzuwenden.

Sie stieß noch irgendetwas aus, das wie ein ziemlich übles Schimpfwort klang, verschwand aber wieder.

„Wir fühlten uns wie Pioniere. Zuerst unsicher, wir wussten ja nicht, ob wir es schaffen würden, dann immer sicherer. Stell dir vor, ich habe sogar das Haus gebaut, in dem wir jetzt wohnen. Zuerst war ja nur die Bananenplantage da, die du auf alten Bildern sehen kannst. Unser Kapitän Dr. Pernstein Thomas, der heute als Bronzestatue auf dem Platz der Freiheit steht, hat uns durch diese schwierige Zeit begleitet. Gebraucht haben wir alles, die riesigen Dateien über das zwanzigste und einundzwanzigste Jahrhundert, die Sapientas, die 3D-Drucker, den Raumgleiter und natürlich Bob, der alles gewusst hat und uns durch alles begleitet hat. ......"

Der Brief verschwamm vor seinen Augen. Hektisch prüfte er nach, ob er einem bösen Scherz aufsaß oder ob dieses Unmögliche tatsächlich möglich war. Glauben konnte er es nicht, aber andererseits war das die Antwort auf seine Fragen, die sich nicht nur er gestellt hatte: Wie hatten diese Staatsgründer auf eine Technik zurückgreifen können, die jetzt gerade erfunden wurde?

Eine Überprüfung der Dateien ergab, dass sie tatsächlich vor langer Zeit gespeichert worden waren und dass niemand vor ihm Zugriff auf diese Nachrichten gehabt hatte. Es waren Dateien, die auf den alten Speichern lagen, die etwa in den Jahren 2020 bis 2070 angelegt wurden, also lange, bevor sein Sohn Thomas, der 2092 geboren wurde, überhaupt darauf hätte zugreifen können. Dieser geheimnisvolle Brief bot zumindest eine schlüssige Erklärung, wie es den damaligen Staatsgründern gelingen konnte, Milliarden zu scheffeln und diesen Staat zu gründen.

Andrerseits, alles in ihm sträubte sich gegen diese Erklärung, zu lange hatte er Technik studiert und auch unterrichtet, um nicht zu wissen, dass Zeitreisen unmöglich waren.

Sein Herz schlug wie wild in seiner Brust. Er ertappte sich dabei, dass er sich wie ein Junge fühlte, der im Garten auf eine Schatztruhe gestoßen war.

Kapitel 41: Hundert Jahre Futura

2117

Hundert Jahre Futura. Diese Zahl klang geradezu magisch. Die Gründung des Staates im Jahr 2017 war noch belächelt worden, ein paar Grenzsteine, ein steiniger Hang mit Bananen, ein paar Farmgebäude und ein kleines Fischerdorf waren alles. Nur wenige ahnten damals, dass die Vision eines mächtigen Stadtstaates jemals Realität werden könnte.

Ein unbeugsamer Wille, Milliarden an Dollars und ein Glaube, der Berge verrücken konnte, hatten aus der kleinen Siedlung in hundert Jahren eine moderne Stadt wachsen lassen, die nach einem aufgezwungenen Krieg ihre heutige Größe erreicht hatte. Ständiger Ausbau, eine kluge Politik, eine erfolgreiche Universität und tausende Erfindungen machten sie erfolgreich. Über eineinhalb Millionen Einwohner zählte sie nun. Die Hinwendung zur Weltraumfahrt hatte ihre Strahlkraft noch einmal verstärkt. Trotz ihrer winzigen Fläche war Futura zu einem beneideten, geachteten, aber auch gefürchteten Machtfaktor in der Weltpolitik geworden.

Der Anlass wurde mit einem weltweit einzigartigen und mehrtägigen Festival gefeiert, bei dem Androiden im Wettbewerb mit menschlichen Musikern standen. Nicht nur, dass die meisten Kompositionen ebenfalls von Salomo, dem neuen Supercomputer Futuras, und einigen der Androiden stammten, traten diese auch gemeinsam mit den menschlichen Musikern auf.

Berühmte Musiker und Dirigenten wurden herausgefordert, die echten Musiker an ihrem Spiel und die menschlichen Kompositionen unter denen der Roboter herauszukennen. Sie konnten es nicht. Diskussionen über die Zukunft des Menschen wurden immer häufiger. Schließlich galt die künstlerische Kreativität als letzte Bastion menschlicher Überlegenheit. Wozu würde man normale Menschen überhaupt noch brauchen, wenn die Androiden alles besser konnten? Man konnte diese allerdings nicht einfach erwerben. Die Politiker Futuras waren dagegen, ihre strategisch wertvollste Technologie zu verkaufen und nannten einen abschreckenden Preis von einer Milliarde Dollar. Selbst dieser horrende Preis wäre noch akzeptiert worden, da aber jede Nachahmung ihrer Technik und jede Verletzung ihrer Außenhaut verboten war, wurden nur zwei Exemplare an Milliardäre verkauft, die sie aus Prestigegründen erwarben.

Das neue Musikfestival mit den von Androiden komponierten Werken fand bald eine treue Fangemeinde. Es war etwas, das dem Jetset imponierte und sie von nun an jedes Jahr zu den Festspielen lockte. Drei der jüngeren Androiden begannen auch Kunstwerke zu schaffen und waren mit ihren Werken bald in zahlreichen Sammlungen und öffentlichen Museen zu finden. Im Museum Futuras wurden ihren Arbeiten drei neue Säle gewidmet. Dass diese Kunst hitzige Diskussionen auslöste, war klar. Leider vertieften auch diese Werke die Kluft zwischen jenen, die aufgeschlossen und klug genug waren, intellektuelle Konfrontationen anzunehmen und jenen, die einer erstarrten Kultur nachhingen und einem neuen Verständnis ihres Zeitalters hoffnungslos hinterher liefen.

Wieder begannen die Vorbereitungen für die nächste Marsreise. Raul Nonndorf war braunhaarig, lebhaft und mit gerademal 24 Jahren der Jüngste der für den nächsten Starttermin vorgesehenen Mannschaft. Doch das Schiff kannte er von oben bis unten und Teile davon gingen trotz seiner Jugend auf seine Entwürfe zurück. Er war ein technisches Genie, ein Tüftler, ideenreich und ehrgeizig. Auch der Kommandant, General Pernstein, ein alter Fuchs, war bereits ausgewählt. Mit seinen 38 Jahren war er natürlich nur in den Augen eines Vierundzwanzigjährigen alt. Weitere Mitglieder würden das Ärztepaar Fiedler und einige der etablierten Futurer sein. Für die Startphase war noch immer ein schon seit langer Zeit erprobter, allerdings verbesserter Flüssigtreibstoff nötig, unterstützt von zwei mächtigen Feststoffraketen, die nach wenigen Sekunden bereits abgeworfen würden. Den weiteren Antrieb besorgten ein Ionentriebwerk und ein Anti – Schwerkraftgenerator, an dem Nonndorf mitgearbeitet hatte. Erst diese neu entwickelten Triebwerke würden die bisher lange Flugzeit von fünf Monaten drastisch kürzen. Neben der Zeitersparnis war dadurch die Mannschaft der Schwerelosigkeit und der gefährlichen Weltraumstrahlung viel kürzer ausgesetzt.

Kapitel 42: Kairos

20. Februar 2120

Kairos ist der Begriff für den günstigen Zeitpunkt einer Entscheidung, dessen ungenutztes Verstreichen nachteilig sein kann. In der griechischen Mythologie wurde der günstige Zeitpunkt als Gottheit personifiziert.

Hunderte Augen starrten fasziniert auf die Bildwand, die die ganze Raumseite des Kontrollzentrums einnahm. Trotz der frühen Stunde war der Raum dicht besetzt.

Eigentlich sollte es ein Routineunternehmen sein, immerhin war die Marsstation seit zwanzig Jahren in Betrieb.

Starts zum Mars und die Rückkehr zur Erde erfolgten im Fünfjahrestakt, der Aufbau der Station war geglückt. Erfreulicherweise war bisher kein schlimmer Rückschlag zu verzeichnen. Mit den neuesten wissenschaftlichen Apparaten war man den Geheimnissen der dunklen Materie, den Gravitationswellen und der Entstehung des Lebens auf der Spur.

Längere Zeit waren die Amerikaner die führende Weltraumnation gewesen, in den letzten zwanzig oder dreißig Jahren hatten die Wissenschaftler von Futura die anderen Nationen überrundet. Ihre Raketen konnten viel größere Mannschaften und Nutzlasten befördern und waren vor allem zuverlässiger. Das Verhältnis zu ihren

Nachbarn war ohne Konflikte. Sie besuchten einander und tauschten ihre wissenschaftlichen Erkenntnisse aus.

Die Versorgung mit Lebensmitteln und Energie gelang schon autark. Manche Gemüsesorten wie Tomaten und diverse Salate, die in Glashäusern auf der Erde wuchsen, gediehen auch hier recht gut. Aquarien lieferten Meeresfrüchte und Fische. Alles, was mehr Raum und Wärme brauchte wie Apfelbäume, Weinreben oder selbst einfache Kartoffeln, war reiner Luxus. Die Aufzucht von Hühnern gelang, aber als glücklich durfte man sie nicht bezeichnen. Immerhin gaben sie sich mit wenig Platz, Algengewächsen und den Synthesekörnern zufrieden, die leicht herzustellen waren und den Wissenschaftlern der Station ohnehin nicht schmeckten. Die künstliche Photosynthese ergab inzwischen einen Überschuss der notwendigen Kohlenhydrate und zusätzlichen Sauerstoff, der jenen Sauerstoff ergänzte, der aus der dünnen Lufthülle des Planeten und einem weiteren Verfahren gewonnen wurde. Auch die Verwertung organischer Abfälle gelang in einem geschlossenen Kreislauf. Die Vielfalt der Natur mit ihren zehntausenden Geschmacksrichtungen blieb zum Leidwesen der Mannschaft unerreichbar.

Ein Problem lag auch in der aufwändigen Gewinnung von Wasser, das trotz des Kreislaufes innerhalb der Station nur unter großem Aufwand ausreichend zur Verfügung stand, da das Wasser am Mars nur gefroren vorlag und beim Erwärmen viel Energie benötigte. Ein Königreich für einen Wildbach, sprudelnd und klar, dachten sich manche immer wieder. Vorteile hingegen lagen in wertvollen Erzen, die eine neue Energietechnik und eine fast verlustfreie Speicherung von Strom ermöglichten. Lithiumverbindungen für Batterien lagen stark konzentriert vor.

Die heute startende Crew war die bisher größte, auch die mit den prominentesten Teilnehmern. Alle hatten militärische Ränge. Eine kurze Zeit beim Militär gehörte für alle dazu, die an den Raumfahrten teilnehmen oder zur Gesellschaft gehören wollten. Mit Gesellschaft war die Zugehörigkeit zur Elite gemeint, die in Futura regierte und das Sagen hatte. Ebenso selbstverständlich war die Ausbildung auf ihrer eigenen Universität, die zu den drei besten der Welt gehörte. Zwei oder drei Abschlüsse in verschiedenen Wissensgebieten waren durchaus normal. Wissen war der Schlüssel zur Anerkennung und zur Macht.

Die Familienherkunft war zwar wichtig, sie war so etwas wie es früher der europäische Adel gewesen war, aber ohne Ausbildung und eigene Leistung kam trotzdem niemand auf die gehobenen Positionen. Manche hatten auch öffentliche Ämter bekleidet, die aber für die Dauer der Reise ruhend gestellt wurden.

Das riesige Raumschiff stand noch träge im Licht der vor kurzem aufgegangenen Sonne. Dicke Kabelstränge und Leitungen banden die Rakete noch fest an die Rampe. Der aufgemalte Name Helion II blitzte silbrig auf.

Im Kontrollzentrum zeigte eingeblendet in die Bildwand eine große Digitalanzeige die Zeit. 8 Uhr 23 Ortszeit, darunter das Datum vom 20. Februar 2120. Nochmals darunter die rückwärts laufende Zeit bis zum Start: 01:24:16 - 01:24:15 - 01:24:14.

Ron Kurzweil beobachtete die Crew, die bereits ihre Plätze einnahm. „Irgendwie sonderbar. Immer noch die gleichen Zeitangaben wie vor hundert Jahren", sagte er zum Chef der Startvorbereitung.

„Was sollte denn anders sein?", meinte der Angesprochene. „Die Erde kreist immer noch um die Sonne. Noch eine Stunde bis zum Start. Alles okay."

Ron nickte. Hinter ihnen klangen die Stimmen der anderen Mitarbeiter des Zentrums. Die medizinischen Daten der Crewmitglieder wurden von ihren implantierten Körperchips direkt auf die Computer im Raum übertragen. Das lief seit Jahren vollautomatisiert. Auch die Daten aller anderen im Raum und außerhalb wurden übertragen. Die Voraussage seines Ururgroßvaters war Selbstverständlichkeit geworden. Die kurz nach der Geburt eingepflanzten Chips standen im ständigen Kontakt zum Zentralcomputer. Dieser überwachte ihre Körperfunktionen, erweiterte aber auch ihre Fähigkeiten, ermöglichte eine ständige Form von Kommunikation, Wissensvermittlung und Wahrnehmung. Die Bedenken, die noch ihre Großelterngeneration wegen Anonymität, Privatleben und der möglichen Steuerung oder Beeinflussung gehabt hatten, waren den praktischen Vorteilen gewichen. Ihre Generation war vom Homo Sapiens zu einem Cyberwesen geworden.

Die Anfänge waren schon lange zuvor mit dem Internet und den Smartphones grundgelegt worden. Sie trugen das Smartphone sozusagen in sich. Über ihren Biochip konnten sie mit dem Computer und dem Internet kommunizieren.

Ihre Gefühle, ihr Temperament und ihr Charakter waren ihnen geblieben, in diesem Bereich glichen sie dem Homo Sapiens noch immer. Sie liebten und waren traurig, waren frohe und meist auch soziale Wesen wie ihre Eltern und Großeltern auch. Ein bisschen smarter, klüger und gewandter waren sie schon, aber das war ja eigentlich auch bei früheren Generationen so gewesen. Ron erinnerte sich an alte Filme, in denen Jugendliche ihren Eltern den Umgang mit den digitalen Medien erklärten und noch mit gedruckten Büchern hantierten. Es gab auch in seiner Wohnung noch ein paar Bücher zur Erinnerung, aber sie waren nur noch Teil einer Sammlung nostalgischer Gegenstände, wobei er auf ein altes Nokiahandy durchaus stolz war. Trotz der damaligen Massenproduktion waren die meisten verloren gegangen und nur noch einige Exemplare in technischen Sammlungen erhalten.

Noch dreißig Minuten bis zum Start.

Die Crew lag inzwischen vollständig in ihren Schalensitzen, beobachtete die Anzeigen, hatte aber nicht wirklich zu tun, da die Kontrolle und der Countdown vom Zentralcomputer gesteuert wurden.

Dr. Pernstein winkte seinen beiden Söhnen im Kontrollzentrum zu. Er war der Kapitän des Raumschiffs, drahtig, energisch und hochintelligent. Gut, das waren eigentlich alle. Die aus neunzehn Personen bestehende Crew von 10 Männern und 9 Frauen war natürlich eine Eliteauswahl aus den Wissenschaftlern und wichtigen Familien ihres Staates. Alle fit und trainiert, alle Fachleute in mindestens zwei oder drei Wissensgebieten. Andere hätten die Chance zur Teilnahme ohnehin nie bekommen.

„Guten Flug, Daddy, du wirst uns abgehen", riefen ihm seine gerade erwachsen gewordenen Söhne zu.

„Ihr mir auch, macht es gut", antwortete ihnen ihr Vater. Dann wandte er sich wieder seiner Crew zu, um letzte Maßnahmen zu besprechen. „Irgendwie ein Abschied für so lange Zeit und ich finde nur die paar banalen Worte."

Auf der Dachterrasse liefen die Kameras, deren Bilder ebenfalls eingeblendet wurden. Im Raumschiff waren alle zum Start bereit. Fünf Jahre Mars, neue Erfahrungen, Abenteuer, aber auch harte Arbeit.

Das Schiff war für den Aufenthalt und die Rückreise ausgestattet, hatte aber auch eine Menge neuer Geräte an Bord, die ihnen das Leben in dieser Zeit wesentlich erleichtern sollten. Eines dieser Geräte, das neu entwickelt worden war, war die ausgereifte Ausgabe eines an sich seit hundert Jahren bekannten 3D-Druckers, ein etwas älteres Modell war bereits auf der Marsstation installiert. Ihres war imstande, mit den gespeicherten digitalen Anleitungen jeden beliebigen Gegenstand herzustellen. Dem Drucker gelang dies entweder direkt aus den Molekülen vorhandener Substanzen oder – allerdings zeitraubender – Atom für Atom. Von der Wurstsemmel bis zum Medikament, einem Computerchip oder was auch immer, alles war möglich. Die entsprechenden chemischen Elemente mussten natürlich vorhanden sein, das war aber nicht das Hauptproblem. Die größte Schwierigkeit lag in der enormen Computerleistung, die für komplexe Gegenstände notwendig war. Selbst ihr Hauptcomputer im Raumschiff arbeitete für die Reproduktion oder Herstellung komplizierter Gegenstände bis zu einer Stunde, obwohl er die millionenfache Rechenleistung älterer Computer hatte. Für einen einfachen Schlüssel benötigte der Drucker allerdings nur ein paar zehntel Sekunden. Für die medizinische Versorgung gab es zwei Medizinroboter mit den Möglichkeiten, die das 22. Jahrhundert bot, dazu die üblichen medizinischen Geräte, Medikamente, normales Werkzeug, Lasercutter, überraschenderweise auch einen Laserdefensor, eine tödliche Waffe, die jeden Panzer oder sonstigen Angreifer ausschalten konnte. Wozu um alles in der Welt sollten sie den am Mars brauchen?

Zwei neue Roboterbagger waren für den Abbau der Marserze bestimmt.

Noch acht Minuten bis zum Start.

Plötzlich begannen Dutzende Alarmlichter aufzuleuchten. Von einer der automatischen Sonden, die gerade im Sonnensystem in Richtung Jupiter unterwegs war, kamen hunderte Messwerte einer extrem überhöhten Strahlung. Nach wenigen weiteren Sekunden war sie verstummt.

Ron Kurzweil brach den Count-down ab. Die Ingenieure sahen sich ratlos um. Einige Bildschirme begannen zu flimmern, Zuspielungen von zwei Satelliten und die Verbindungen zur Marsbasis rissen schlagartig ab. Auf der großen Bildwand verzerrten dicke Schlieren die Übertragung der Rakete. Die Verbindung zum Tank, die eben gelöst werden sollte, schaltete von Füllen auf Entleeren und pumpte den Treibstoff über die dicken Rohrleitungen in die unterirdischen Lagertanks zurück. Zur Vorsicht umhüllte ein dicker Schaumteppich den Fuß der Rakete und die Evakuierung der Mannschaft wurde eingeleitet. Die Luft schien wie von Elektrizität geladen, immer mehr Gespräche auf den Smartphones und den Sapientas brachen ab, Satelliten fielen aus.

Ratlosigkeit breitete sich aus. Hektische Untersuchungen begannen, nur die Festnetztelefone funktionierten noch, wenn auch die Übertragung empfindlich von hochfrequenten Störungen überlagert wurde.

Die Marsonauten hatten das Raumschiff verlassen und versammelten sich zu einer Besprechung im Ruheraum der Mannschaft. Erst Stunden später konnte wieder eine Verbindung zur Station am Mars hergestellt werden. Wie üblich brauchte jede Übertragung zwischen zehn und dreißig Minuten pro Richtung, obwohl die Funksignale ebenso wie das Licht mit 300.000 Kilometer pro Sekunde unterwegs waren. Die Entfernungen im Weltraum waren ganz einfach zu riesig. Irgendeine geheimnisvolle Strahlungsquelle hatte im Bereich zwischen den äußeren Gasplaneten und der Erde gewütet. Einige Satelliten waren ausgefallen, Computer und Uhren spielten verrückt. Die irdische Lufthülle hatte den Großteil der Strahlung abgefangen, auch die Besatzung am Mars hatte rechtzeitig ihre unterirdischen Schutzräume aufsuchen können. Was war geschehen?

Die Wissenschaftler begannen, das unbekannte Phänomen zu untersuchen. Die noch funktionierenden Geräte waren dabei, Zusammenhänge unter den Millionen von eingegangenen Messdaten zu suchen.

Nach längeren Beratungen setzte Ron Kurzweil den neuen Starttermin für den 2. März 2120 um 9:20 Uhr fest.

Als Senator Angold den neuen Termin hörte, war er ratlos. Wie würde sich das auf das Schicksal ihres Staates auswirken?

Kapitel 43: Die Plantage

2. März 2120

Thomas Kronberger blickte versonnen auf die Reihen, die seine Bananenstauden bildeten und sich den Hang hochzogen, bis er sie nicht mehr sehen konnte. Es würde eine gute Ernte werden. Mit seinen riesigen Anbauflächen zählte er zu den Großen seiner Branche.

Ungeziefer hatte seine Plantage verschont und er würde für seine Biobananen einen halbwegs vernünftigen Preis bekommen. Die Sonne blendete ihn kurz. Er wischte sich über die Augen. Wie in einer Fata Morgana war vor seinen Augen die Skyline einer Stadt aufgeblitzt. Fast schien es ihm, als hätte er das lebhafte Treiben einer pulsierenden Straße vernommen. Blitzende Auslagen, in denen sich die Passanten spiegelten, solche, die es eilig hatten und solche, die langsam dahinbummelten. Straßencafés, Häuser, Fahrzeuge. Eine Täuschung, es musste die Sonne sein. Rund um ihn gab es nur Bananen, nichts als Bananen. Hinter ihm schlugen sanfte Wellen an den Strand, leichte Schaumkronen tanzten im Gegenlicht. Ein schwarzer Vogel, hoch oben am Himmel, zog weite Kreise. Das Tier war zu weit weg, um seine Art zu erkennen. Er wandte sich dem neuen Farmhaus zu. Wie immer um diese Zeit würde ihn auf der gefliesten Terrasse Elsa, seine Frau, erwarten. Vielleicht hatte sie wieder einen der köstlichen Fische erstanden, die sie meist von einem Fischer, dessen Sohn mit ihren Zwillingen in die kleine Dorfschule ging, geliefert bekam. Wenn er sich richtig erinnerte, hieß der Bub

Philippe, benannt nach seinem Ururgroßvater, der vor vielen Jahren auf dem Meer verschollen war.

Vor einigen Tagen war die amerikanische Marsmission endlich gestartet. Die heftigen Turbulenzen im Sonnensystem hatten eine Verschiebung um zwei Wochen erzwungen. Es war auch gut so, denn selbst auf der Erde, die durch die Atmosphäre und ihr Magnetfeld geschützt war, hatte es heftige Auswirkungen gegeben. Satelliten waren zum Teil für eine Woche ausgefallen, an vielen Stellen hatte die Elektronik verrückt gespielt. Ärzte hatten vor einem Aufenthalt im Freien gewarnt.

Für ihn und seine Familie war das weitgehend ohne Bedeutung, die Bananenpreise und das Wetter waren entscheidender, aber er fieberte doch bei jedem dieser Starts mit. Er wäre wahnsinnig gern bei einer dieser Reisen durch den Weltraum mitgeflogen.

Anhang

Die Gründer Futuras

Präsident Dr. Thomas Pernstein und Dr. Elen Pernstein
Dr. Horst Angold
Dr. Berta Buffet
Dr. Georg Dahl
Dr. Christian Fiedler und Dr. Nora Fiedler
Thomas und Elsa Kronberger
Dr. Graziella Mantini
Dr. Hannes Marek
Dr. Ella Marek
Dr. John Merfield, Bank
Dr. Lukas Miller, Bank
Dr. Raul Nonndorf, gründet mit Angold die Firma Biogleam
Claudia Nonndorf
Dr. Lisa Penz
Major Dr. John Urban
Dr. Christine Vonn

Die 2. Generation, die Nachkommen der Gründer, die meisten unter ihnen Senatoren und Regierungsmitglieder

Präsidentin Dr. Laura Pernstein
Dr. Thomas Angold, Firma Biogleam
Dr. Buffet Carmen, Stefan Buffet und ihre Kinder Philipp und Stephanie
Dr. David Buffet, Leiter der Nationalbank

Dr. Buffet Hannah
Lara Dahl
Dr. Jonas Fiedler, Klinik
Dr. Julie Fiedler, Klinik
Dr. Lukas Kronberger, Kronberger Robotik
Dr. Tim Kronberger, Kronberger Robotik
Dr. Mantini Christian
Dr. Mantini Julia, Photosynthese
Mara, Freundin des verstorbenen Michael Nonndorf
Dr. Markus Marek
Dr. Miller George, Photosynthese
Dr. Pascal Miller
Dr. Penz Andreas, MES
Dr. Michael und Dr. David Nonndorf
Dr. Phil Pernstein
Dr. Paul Urban

Die dritte und vierte Generation

Dr. Philipp Buffet, 3. Präsident
Dr. Aric Miller, 4. Präsident
Dr. Thomas Angold, Dr. Buffet Giulia, Buffet Riccardo, Dr. Stephanie Buffet, Dr. Daniel Dahl, Dr. Patricia Dahl, Dr. Peter Fiedler, Klinik, Dr. Ron Kurzweil, Raketenzentrum, Dr. Christian Mantini, Dr. Nela Mantini, Dr. Elisabeth Marek, Lena Marek, Dr. Miller Thomas, Marsonaut 2115, Dr. Lucia Penz, Jana Pernstein, Dr. Sal Pernstein, Patrick Smith, Dr. Diego Urban, Elena Vonn

Regierung 2075

Präsident: Dr. Philipp Buffet, 2033-2131, Regierungszeit 2073 – 2103. Sohn von Dr. Carmen Buffet und Stefan Buffet. Seine Vorgängerin im Amt von 2038 bis 2073 war Dr. Pernstein Laura.

Innenpolitik: Dr. Giulia Buffet, 2033-2134, Ministerin von 2072-2102. Vorgänger war Senator Dr. Paul Urban, der bis 2072 das Außen- und das Innenministerium geleitet hatte. Präsidentschaftskandidatin 2073.

Außenpolitik: Dr. Lucia Penz, 2032-2132. Regierungszeit von 2072-2100. Übernimmt das Außenministerium von Dr. Paul Urban.

Finanzen: Dr. Pascal Miller, Minister von 2035-2076

Industrie und Verkehr: Christian Mantini, 2012-2110, Nachfolger von Dr. Johann Urban. Er ist zuständig für Elektrizität und Energie, den Kanalbau, den Flughafen und die Verkehrsanbindung. Minister von 2052-2082

Wissenschaft und Bildung: Dr. Sal Pernstein, 2032-2129, Minister von 2075-2102. Nachfolger von Dr. Tim Kronberger, Minister von 2033-2075.

Infrastruktur: Dr. Nela Mantini, 2034-2131. Ministerin für Infrastruktur 2073-2101. Nachfolger von Stefan Buffet.

Tourismus: Riccardo Buffet, 2032-2112, Minister von 2071-2100. Nachfolger von Lena Marek, Ministerin von 2042-2071.

Justiz: Dr. Elisabeth Marek, 2030-2127. Justizministerin von 2074-2100. Nachfolgerin von Dr. Carmen Buffet.

Gesundheit, Klinik: Dr. Peter Fiedler, 2029-2124, Leiter der Klinik von 2071-2099. Nachfolger von Dr. Jonas Fiedler.

Soziales: Elena Vonn, 2007–2102. Ministerin von 2038 bis 2077.

Verteidigung: Patrick Smith, 2031-2126, Minister 2065-2100. Nachfolger von Markus Marek.

Wirtschaft: Dr. Buffet Hannah, 2005-2109, Ministerin von 2037-2075. Ihr folgt Dr. Patricia Dahl, Ministerin von 2075-2098.

Nationalbank: Dr. Susanne Buffet, 2032-2135, Nachfolgerin von Dr. Buffet David in der Nationalbank von 2072-2100.

Andere Personen:

Arifa, Flüchtling

Raketeningenieur Jack Brown

Antonio Calderez, Präsident des Nachbarstaates, ab 2038

Diego Corades, getöteter Aggressor aus dem Nachbarland

Präsidentin Olivia Whitehall, Vereinigte Staaten, ab 2035

Literatur:

Stefan Baron, Guangyam Yin-Baron, Jörg Blech, Nicholas Carr, Mihaly Csikszentmihalyi, Martin Ford, Gunter Frank, Jared Diamond, Anja Förster und Peter Kreuz, Max Frisch, Yuval Noah Harari, Michel Houellebecq, Tobias Hürter und Max Rauner, Lena Kornyeyeva, Martina Leibovici-Mühlberger, Ahmad Mansour, Souad Mekhennet, Pamela Obermaier und Marcus Täuber, Jesco von Puttkamer, Hans Rosling, Thilo Sarrazin, Wolfgang Schreiber, Reinhard Sprenger, Harald Welzer, David Van Reybrouck und andere.

Bücher sind deine Freunde und eine Schatztruhe voll Wissen.

Technik in Futura:

Androiden: Tommy, Beate, Jason, Hermes, Aiolos u.a.

Bob: Millionenfach schnellerer Computer mit Künstlicher Intelligenz (KI). Wurde im Jahr 2118 gebaut. Steht mit den Sapientas und den Biochips der Senatoren Futuras und ihrer Kinder in Verbindung. Steuert auch die 3D-Molekulardrucker und die Drohnen, vor allem jene, die die Senatoren schützen. Sein Nachfolger heißt Salomo.

Drohnen: Werden von Bob, später von Salomo gesteuert. Die wichtigsten Waffen und Überwachungsgeräte in Futura. Sie arbeiten auch selbstständig.

Jenny: Der Justizcomputer mit KI, spricht wie eine Frau.

Rt-Angiograf: Weiter entwickeltes medizinisches Gerät, das in Futuras Klinik zum Scan von Blutgefäßen und Gewebestrukturen verwendet wird.

Sapienta: Ein modernes Smartphone mit Künstlicher Intelligenz. Reagiert auf Zuruf und beantwortet alle Fragen.

3D-Molekulardrucker: Sind imstande, jedes beliebige Objekt völlig originalgetreu zu drucken und falls notwendig, Molekül für Molekül aufzubauen. Schafft damit echte Originale. Sie brauchen für einen einfachen Schlüssel weniger als eine Sekunde, arbeiten an komplizierten Strukturen mehrere Stunden. Können auch Gewebeteile, Zähne, Pässe, Biochips und alles andere drucken.

Inhaltsverzeichnis Seite

Weitere Bücher des Autors: Der Crash ist ihr Freund

Ein Buch über die Welt der Aktien und der Geldanlage, zusätzlich ein spannender Streifzug durch die Wirtschaft, durch Krisen und durch Erfolge. Wer konsequent ist, kann mit etwa zweihundert Euro monatlich zum Millionär werden, und das sogar mit geringem Risiko. Der Zauber des Zinseszinseffekts macht es möglich.

Verlag: tredition GmbH, Hamburg

978-3-7439-4024-6 (Paperback)
978-3-7439-4025-3 (Hardcover)
978-3-7439-4026-0 (e-Book)

Futura – der Staat aus der Zukunft

Teil 1 des Buches: Futura – der Staat aus der Zukunft.

Darin ist die Handlung vom Start in Futura bis zum Krieg im Jahr 2038 und der Weltgeschichte zwischen 1998 und 2038. Europa ist in Gefahr. Dieses Buch zeigt die Risiken in der Wirtschaft, einer falschen Politik und einer zunehmenden Abhängigkeit von fremdem Kapital.

Die Gedanken über Wirtschaft, Zuwanderung und Politik sind in eine spannende und faszinierende Zeitreise eingebettet. Der Mittelstand schrumpft. Narzisstische Politiker, unkontrollierte Zuwanderung, extremer Reichtum in den Händen einiger Menschen, multinationale Unternehmen und ausufernde Sozialansprüche gefährden den sozialen Zusammenhalt. Gibt es eine Lösung?
526 Seiten, 16,99 Euro (Paperback)

© 2017 Wolfgang Grüner
Verlag: tredition GmbH, Hamburg

978-3-7439-1563-3 (Paperback)
978-3-7439-1564-0 (Hardcover)
978-3-7439-1565-7 (e-Book)

Zum Autor

Ich wurde 1947 in Steyr in Oberösterreich geboren. Nach einem humanistischen Gymnasium und dem Studium der Chemie wurde ich Kunsthändler, Manager und Lehrer. Noch heute ist es mir ein Anliegen, zu unterrichten und mein Wissen an die Jugend und an Erwachsene weiter zu geben. Meine Interessen liegen im Bereich der Wirtschaft, in den Natur- und Sozialwissenschaften, Reisen und den Bergen. Seit 20 Jahren beschäftige ich mich intensiv mit der Wirtschaft, den internationalen Börsen und den Auswirkungen sozialer Entscheidungen. Heute lebe ich in Linz.

Der Untergang Europas

Europa wird nicht in den nächsten zwanzig Jahren scheitern. Doch auch für unseren Erdteil gilt, was Xi Jinping schon 2014 zur wichtigen Rolle der alten chinesischen Kultur gesagt hat: »Wenn ein Land sein eigenes Denken und seine Kultur nicht pflegt, verliert es seine Seele und kann keinen Bestand haben«. Europas Bürger haben verlernt, die eigene Kultur für großartig zu halten und das Zitat aus Goethes Faust vergessen: »Was du ererbt von deinen Vätern, erwirb es, um es zu besitzen«. Zu viele haben sich an einen bequemen Sozialstaat gewöhnt und halten ihre Gleichgültigkeit für Toleranz, ihr Anspruchsdenken für selbstverständliches Recht.

Auch wenn manche es nicht wahrhaben wollen, wird China im kommenden Jahrhundert zur führenden Wirtschaftsnation. Europa fällt langsam im Bereich der Hochtechnologie zurück, die wichtigsten Firmen liegen im Ausland. Multikulti ist gescheitert, Parallelgesellschaften gefährden unsere Identität. Der Wunsch nach noch mehr Geld und Freizeit taugt nicht als neues und sinnstiftendes Narrativ. Das utopische Land Futura sucht nach neuen Wegen.